Experimente
der Kernphysik und
ihre Deutung II

2 3. Mai 1988

Experimente der Kernphysik und ihre Deutung II

von
Dr. Erwin Bodenstedt
o. Prof.
an der Universität Bonn

2., durchgesehene Auflage

Bibliographisches Institut Mannheim/Wien/Zürich
B.I.-Wissenschaftsverlag

CIP-Kurztitelaufnahme der Deutschen Bibliothek

Bodenstedt, Erwin
Experimente der Kernphysik und ihre Deutung. –
Mannheim, Wien, Zürich: Bibliographisches Institut.
Teil 2. – 2., durchges. Aufl. – 1978.
ISBN 3-411-01551-9

Alle Rechte, auch die der Übersetzung in fremde Sprachen, vorbehalten. Kein Teil dieses Werkes darf ohne schriftliche Genehmigung des Verlages in irgendeiner Form (Fotokopie, Mikrofilm oder ein anderes Verfahren), auch nicht für Zwecke der Unterrichtsgestaltung, reproduziert oder unter Verwendung elektronischer Systeme verarbeitet, vervielfältigt oder verbreitet werden.
© Bibliographisches Institut AG, Zürich 1978
Druck: Zechnersche Buchdruckerei, Speyer
Bindearbeit: Pilger-Druckerei GmbH, Speyer
Printed in Germany
ISBN 3-411-01551-9

Inhalt

	Vorwort	15
I	Bemerkungen zu den Wechselwirkungskräften der Natur und der Rolle der Kernphysik bei ihrer Erforschung	17
II	Experimente zur natürlichen Radioaktivität und die Entdeckung der Atomkerne	20
III	Experimente zu den Eigenschaften der wichtigsten elementaren Partikel und die Systematik der zusammengesetzten Atomkerne	73
IV	Experimente zur Starken Wechselwirkung	190
V	Experimente zur Schwachen Wechselwirkung	291
VI	Experimente zur elektromagnetischen Wechselwirkung zwischen Atomkern und Umgebung	450
VII	Experimente zur Erforschung der inneren Struktur der Atomkerne	650
	Nachwort	852

Die Experimente

I. TEIL

1. Der Millikan-Versuch zur Bestimmung der Elementarladung 21
2. Die Entdeckung der natürlichen Radioaktivität durch Becquerel 24
3. Die Entdeckung und chemische Isolierung von Polonium und Radium durch Pierre und Marie Curie .. 24
4. Die Bestimmung der absoluten Ladung der Alpha-Teilchen durch Rutherford und Geiger 31
5. Beobachtung des optischen Emissionsspektrums neutralisierter Alpha-Teilchen durch Rutherford und Royds 33
6. Das Rutherfordsche Streu-Experiment und die Entdeckung der Atomkerne 36
7. Untersuchung der elastischen Streuung von 40 MeV Alpha-Teilchen an schweren Elementen durch Wegner, Eisberg und Igo 44
8. Die Beobachtung der Elektronenbeugung und die „de Broglie-Beziehung" 48
9. Die massenspektroskopische Trennung der Isotope durch Aston (1919) 56
10. Die Systematik des Zusammenhangs zwischen Alpha-Energie und Halbwertszeit 70
11. Die Entdeckung des Neutrons durch J. Chadwick (1932) 73
12. Die Entdeckung des Deuteriums durch Urey, Brickwedde und Murphy 82
13. Die Entdeckung des Foto-Zerfalls des Deuterons und die Präzisionsbestimmung der Neutronenmasse ... 84
14. Das Robson-Experiment zum radioaktiven Zerfall des Neutrons 89

Experimente

- (15) Die experimentelle Bestimmung des Spins und der Statistik des Protons ... 101
- (16) Die erste Messung des magnetischen Moments des Protons durch Ablenkung eines H_2-Molekularstrahls im inhomogenen Magnetfeld ... 103
- (17) Die Präzisionsbestimmung des magnetischen Moments des Protons durch die Kernresonanzmethode in Verbindung mit einer Messung der Zyklotron-Frequenz im gleichen Magnetfeld ... 107
- (18) Die Messung des magnetischen Moments des Neutrons durch Alvarez und Bloch ... 115
- (19) Das Hofstadter-Experiment zur elektromagnetischen Struktur des Protons ... 118
- (20) Ergebnisse der Streuexperimente mit hochenergetischen Elektronen für die Ladungsverteilung im Proton, im Neutron und in den zusammengesetzten Kernen ... 133
- (21) Die Entdeckung des μ-Mesons durch Anderson, Neddermeyer, Stevenson und Street ... 139
- (22) Das Experiment von Conversi, Pancini und Piccioni zur Wechselwirkung von μ^--Mesonen mit Atomkernen ... 141
- (23) Die Entdeckung des π-Mesons durch Lattes, Muirhead, Occhialini und Powell ... 148
- (24) Die erste künstliche Erzeugung von π-Mesonen am 184" Synchro-Zyklotron in Berkeley ... 153
- (25) Die Untersuchung der Wechselwirkung zwischen π-Mesonen und Nukleonen durch Streuexperimente ... 156
- (26) Die Präzisionsbestimmung der Kernmassen und die Systematik der Kernbindungsenergien ... 165
- (27) Die Entdeckung der Kernspaltung durch Hahn und Strassmann ... 186
- (28) Die Bestimmung des elektrischen Quadrupolmoments des Deuterons durch Kellogg, Rabi, Ramsey und Zacharias ... 192

VIII Experimente

- (29) Messung des totalen Wirkungsquerschnitts für die Neutron-Proton-Streuung zwischen 0,8 eV und 15 eV mit Hilfe eines Flugzeitspektrometers und Extrapolation auf $\sigma_{\text{tot}}(E=0)$ 211
- (30) Messung des totalen Wirkungsquerschnitts für die Neutron-Proton-Streuung im Energiegebiet zwischen 20 keV und 2,5 GeV 214
- (31) Messung des differentiellen Wirkungsquerschnitts der Neutron-Proton-Streuung $\frac{d\sigma}{d\Omega}(\theta)$ als Funktion der Energie 218
- (32) Die Beobachtung der kohärenten Streuung von Neutronen an Ortho- und Parawasserstoff und die Spinabhängigkeit der Kernkräfte 239
- (33) Die Beobachtung und Ausmessung der destruktiven Interferenz zwischen Coulomb-Streuung und Kernstreuung bei Proton-Proton-Streuexperimenten ... 258
- (34) Messung des differentiellen Wirkungsquerschnitts der Proton-Proton-Streuung bei tiefen Energien ... 260
- (35) Beobachtung der Polarisation nach der Proton-Proton-Streuung 272
- (36) Experimente zur Bestimmung der Wolfenstein-Parameter 278
- (37) Der Angleich eines halbempirischen Potentials an die Gesamtheit der experimentellen Nukleon-Nukleon Streudaten durch Hamada und Johnston 286

II. TEIL

- (38) Die Entdeckung des Positrons durch Anderson und Neddermeyer 303
- (39) Die Entdeckung des Antiprotons durch Chamberlain, Segrè, Wiegand und Ypsilantis 307
- (40) Das Neutrinorückstoßexperiment von Rodebach und Allen 310

Experimente

㊶	Das Los Alamos-Experiment zur Bestimmung des totalen Wirkungsquerschnitts der Antineutrinoabsorption durch Protonen	321
㊷	Das Davis-Experiment	324
㊸	Experimente zur Gestalt der „erlaubten" β-Spektren und zur Beobachtung des „Fierz"-Interferenzterms	341
㊸a	Die Systematik der reduzierten Halbwertszeiten (fT-Werte) bei β-Zerfällen	349
㊹	Die experimentelle Bestimmung der absoluten Größe der Kopplungskonstanten g der Schwachen Wechselwirkung	354
㊺	Das Wu-Experiment zur Verletzung der Parität beim Beta-Zerfall	373
㊻	Die experimentelle Untersuchung der Longitudinalpolarisation der β-Strahlung	381
㊼	Das Zeitumkehrexperiment am Beta-Zerfall des freien Neutrons von Burgy et al.	388
㊽	Die Elektron-Neutrino-Richtungskorrelationsexperimente	395
㊾	Das Goldhaber-Experiment zur Bestimmung der Longitudinalpolarisation der beim EC-Zerfall emittierten Neutrinos	408
㊿	Messung der Korrelation zwischen Beta-Emissionsrichtung und Neutronenspin an freien Neutronen	418
51	Experimente zur Bestimmung der Kopplungskonstante beim Beta-Zerfall des μ-Mesons	426
52	Der experimentelle Nachweis der Verschiedenheit von ν_μ und ν_e	432
53	Das Lobashov-Experiment zum Nachweis einer Paritätsmischung in Kernzuständen	443
54	Beobachtung der Hyperfeinstruktur optischer Spektrallinien mit Hilfe eines Perot-Fabry-Interferometers	451
55	Präzisionsmessungen der Hyperfeinstruktur an freien Atomen durch Methoden der Atomstrahlradiofrequenz-Spektroskopie	468

Experimente

(56) Das ENDOR-Verfahren (Elektron-Kern-Doppelresonanz) und die dynamische Kernausrichtung ... 475

(57) Systematik der Spins, Paritäten und statischen Multipolmomente der Atomkerne mit ungerader Massenzahl und Vergleich mit dem Schalenmodell 497

(58) Versuch einer Beobachtung des elektrischen Dipolmoments des Neutrons durch Smith, Purcell und Ramsey 504

(59) Die Entdeckung des Mößbauer-Effekts 507

(60) Beobachtung der Hyperfeinstrukturaufspaltung der 14,4 keV Gamma-Linie des ^{57}Fe mit Hilfe des Mößbauer-Effekts 515

(61) Das Experiment von Pound und Rebka zum Gewicht der Lichtquanten 521

(62) Bestimmung der g-Faktoren der ersten Anregungszustände stark deformierter gg-Kerne mit Hilfe des Mößbauer-Effekts 524

(63) Die Bestimmung der Verhältnisse elektrischer Quadrupolmomente mit Hilfe des Mößbauer-Effekts am Beispiel der 2^+-Rotationszustände der Isotope ^{176}Hf, ^{178}Hf und ^{180}Hf 532

(64) Bestimmung der Halbwertszeiten von Gamma-Übergängen durch verzögerte Koinzidenzen „pulsed beam"-Techniken und durch chemische Methoden 548

(65) Bestimmung von kurzen Halbwertszeiten aus der natürlichen Linienbreite von Gamma-Übergängen und durch Ausnutzung des Rückstoßes bei Anregung durch eine Kernreaktion 556

(66) Bestimmung extrem kurzer Halbwertszeiten von Kernniveaus durch Messung des Wirkungsquerschnitts für Resonanzstreuung am Beispiel der 6,91 MeV und 7,12 MeV Niveaus von ^{16}O 561

(67) Bestimmung reduzierter Übergangswahrscheinlichkeiten $B(EL)$ aus dem Wirkungsquerschnitt für Coulomb-Anregung 569

Experimente

(68) Systematik der Übergangswahrscheinlichkeiten für elektromagnetische Multipolstrahlungen 572

III. TEIL

(69) Messung und Analyse von Gamma-Gamma-Richtungskorrelationen am Beispiel der Untersuchung einer Rotationsbande des ^{177}Hf 585
(70) Messung von Gamma-Gamma-Linearpolarisationskorrelationen 590
(71) Messung magnetischer Momente angeregter Kernzustände durch die PAC-Methode 598
(72) Beobachtung der Kernspinpräzession im elektrischen Feldgradienten eines Einkristalls am Beispiel des ^{181}Ta 604
(73) Beobachtung der „Resonanz" zwischen elektrischer und magnetischer Hyperfeinstrukturstörung einer Richtungskorrelation 609
(74) Beobachtung der zeitabhängigen Störung von Gamma-Gamma-Richtungskorrelationen bei (3^+)-Ionen der Seltenen Erden in wäßrigen Lösungen 613
(75) Das NMR-Experiment am 235 nsec-Niveau des ^{100}Rh von Matthias, Shirley, Klein und Edelstein 620
(76) Bestimmung von Multipolmischungen aus Konversionsdaten unter Verwendung der L-Unterschalenverhältnisse am Beispiel des ^{177}Hf 632
(77) Die Beobachtung anormaler Konversion und die experimentelle Bestimmung von „penetration"-Matrixelementen 637
(78) Die Beobachtung von „$E0$"-Konversionsübergängen und die Bestimmung von „$E0$"-„penetration"-Matrixelementen 647
(79) Systematik niedrig angeregter Zustände sphärischer Kerne 650

Experimente

- (80) Das Doppelstreuexperiment von Heusinkveld und Freier und der direkte Nachweis der Spinbahnkopplung im Kernpotential 657
- (81) Messung der Energieabhängigkeit des Wirkungsquerschnitts für Kernreaktionen und die Beobachtung von Resonanzen 662
- (82) Prüfung der Zeitumkehrinvarianz von Kernreaktionen durch Bodanski et al. 686
- (83) Die Ableitung von Bahndrehimpulsquantenzahlen von Einteilchenzuständen aus der Winkelverteilung von Stripping-Prozessen am Beispiel der $^{16}O(d,p)$ ^{17}O-Reaktion 693
- (84) Die Entdeckung der charakteristischen j-Abhängigkeit von Stripping-Prozessen 701
- (85) Die Entdeckung isomerer Kernzustände und die Messung ihrer g-Faktoren durch die Methode der $(\alpha, xn\gamma)$-Spektroskopie, gezeigt am Beispiel des ^{210}Po 706
- (86) Beobachtung der Neutronenbeugung an Atomkernen und das optische Modell 714
- (87) Die Entdeckung der Analog-Zustände durch Wong und Anderson 723
- (88) Das Morinaga-Experiment zur systematischen Untersuchung der Rotationsbanden stark deformierter gg-Kerne 729
- (89) Untersuchung der Änderung der Kernladungsverteilung bei der Rotation durch Beobachtung der Isomerie-Verschiebung mit Hilfe des Mößbauer-Effekts 744
- (90) Untersuchung der Änderung der Kernladungsverteilung bei der Rotation durch Messung der $2+ \to 0+$ Gamma-Übergänge in μ-mesonischen Atomen ... 753
- (91) Systematik der g_R-Faktoren der stark deformierten gg-Kerne im Gebiet $150 \leqslant A \leqslant 190$ 761
- (92) Systematik der g_R-Faktoren stark deformierter ug- und gu-Kerne 774

Experimente/Modelle XIII

- (93) Die direkte Messung elektrischer Quadrupol-Momente von 2+ Zuständen der gg-Kerne mit Hilfe des Reorientierungseffekts 777
- (94) Systematik der Einzelteilchen-Zustände und der Rotationsbanden stark deformierter Kerne und der Vergleich mit Nilsson-Modell und Bohr-Mottelson-Modell 794
- (95) Experimentelle Beobachtung des Entkopplungs-Phänomens bei $K = 1/2$ Rotationsbanden 804
- (96) Experimente zur $K =$ Auswahlregel 807
- (97) Beobachtung der Riesenresonanz für Kern-Photoprozesse und die elektrische Dipol-Schwingung der Atomkerne 813
- (98) Systematik der Quadrupol- und Oktupol-Vibration der gg-Kerne 822
- (99) Systematik der $M1$-Beimischungen bei Gamma-Übergängen zwischen Vibrations- und Rotationszuständen stark deformierter gg-Kerne 832
- (100) Beobachtung von „Core"-Anregungsmultipletts nach Coulomb-Anregung mit Hilfe von ^{16}O-Ionen 846

Die Modelle

1.) Das Tröpfchen-Modell und die Weizsäcker-Formel der Kernbindungsenergien .... 171ff.
2.) Das Schalenmodell von Mayer, Jensen und Süß 486
3.) Das optische Modell 714
4.) Die Weisskopf-Abschätzung für elektro-magnetische Übergänge 543
5.) Das Schmidt-Modell der magnetischen Momente .. 480
6.) Das Nilsson-Modell für Einzelteilchenbewegungen im deformierten Potential 783
7.) Das Bohr-Mottelson-Modell der Rotationsbewegungen 764
8.) Das Modell der Oberflächen-Oszillationen 820

Modelle

9.) Das Modell der Rotations-Vibrationskopplung von
Greiner, Fässler und Sheline 743
10.) Das Compound-Kern-Modell der Kernraktionen und
die Breit-Wigner Formel für den Wirkungsquerschnitt
in der Umgebung einer einzelnen Resonanz 660, 668
11.) Das Butler-Modell für die „stripping"-Reaktion 693
12.) Das de Shalit-Modell der Core-Anregung 844
13.) Das Modell der Strom-Strom-Kopplung der Schwachen
Wechselwirkung von Feynman und Gell-Mann 435
14.) Das phänomenologische Modell der Kernkräfte von
Hamada und Johnston .... 286ff.

V. EXPERIMENTE ZUR SCHWACHEN WECHSELWIRKUNG

Wir hatten bereits einige Eigenschaften des β-Zerfalls kennengelernt. Wir hatten gesehen, daß die meisten stabilen Isotope nach einer Bestrahlung mit Neutronen durch Neutroneneinfang in ein „β-aktives" Isotop übergehen. Der β-Zerfall erfolgt langsam. Die meisten beobachteten Halbwertszeiten liegen zwischen einer Sekunde und einigen Jahren. Da im Gegensatz zum Alpha-Zerfall bei der Emission eines negativen Elektrons kein Tunneleffekt erforderlich ist, muß man aus der geringen Übergangswahrscheinlichkeit schließen, daß die Wechselwirkung zwischen den Partnern des β-Zerfalls nur schwach ist.

Experimentell beobachtete man zunächst nur β-Zerfälle, bei denen negativ geladene Elektronen emittiert werden. Der Grund lag darin, daß in den natürlich radioaktiven Zerfallsreihen nach Alpha-Zerfällen Kerne entstehen, die neutronenreicher sind als die Kerne der Sohle des Energietals, und deshalb kommen in den natürlichen Zerfallsreihen nur β^--Strahler vor. Bei der Diskussion des Energietals war jedoch bereits erwähnt worden, daß auch β-Zerfälle zwischen zwei isobaren Kernen möglich sind, bei denen der energiereichere Kern die größere Ordnungszahl hat. Diese β-Zerfälle erfolgen unter Einfang eines Elektrons der eigenen Atomhülle oder auch unter Emission eines positiven Elektrons oder Positrons.

Die Existenz der Positronen wurde noch vor ihrer Entdeckung durch Dirac vorausgesagt.

Wir wollen im folgenden den Gedanken Diracs verfolgen, da die Diracsche Theorie die Grundlage für die heutige Formulierung der Theorie der Schwachen Wechselwirkung bildet.

Die Schrödinger-Gleichung ist für die Behandlung des β-Zerfalls ungeeignet, da relativistische* Geschwindigkeiten auftreten und die Schrödinger-Gleichung nicht Lorentz-invariant ist.

---

* Man rechnet leicht nach, daß z.B. ein β-Teilchen von 2 MeV eine Geschwindigkeit von 98% der Lichtgeschwindigkeit hat.

Auf Seite 281 wurde als relativistische Erweiterung der Schrödinger-Gleichung die Klein-Gordon-Gleichung eingeführt. Man erhält die Klein-Gordon-Gleichung, indem man vom relativistischen Zusammenhang zwischen Impuls und Energie für die kräftefreie Bewegung eines Teilchens der Ruhenergie E_0:

(213) $$p^2 = \frac{1}{c^2} \cdot (E^2 - E_0^2)$$

ausgeht und die kinetischen Größen durch die Operatoren ersetzt: $p = -i\hbar \operatorname{grad}$ und $E = i\hbar \cdot \partial/\partial t$. Man erhält

(214) $$-\hbar^2 \cdot \Delta\psi = -\frac{1}{c^2} \cdot \hbar^2 \cdot \frac{\partial^2 \psi}{\partial t^2} - \frac{(m_0 c^2)^2}{c^2} \psi.$$

In der β-Theorie wird häufig ein Maßsystem verwendet, in dem man $\hbar = c = 1$ setzt*. Dann lautet der relativistische Zusammenhang zwischen Energie und Impuls:

(215) $$E^2 = p^2 + m_0^2$$

und die Klein-Gordon-Gleichung:

(216) $$\frac{\partial^2 \psi}{\partial t^2} = (\Delta - m_0^2) \cdot \psi.$$

Die Klein-Gordon-Gleichung erlaubt keinen Hamilton-Operator (Operator der Totalenergie), denn es wäre:

(217) $$H = \sqrt{p^2 + m_0^2},$$

und die Wurzel aus einem Operator ist nicht definiert.

Dirac versuchte, einen Hamilton-Operator durch den Ansatz einzuführen:

(218) $$H = \alpha \cdot \mathbf{p} + \beta \cdot m_0,$$

---

* Auch wir werden im folgenden dieses Maßsystem benutzen. Bei numerischen Berechnungen werden wir jedoch zum internationalen Maßsystem zurückkehren.

Experimente zur schwachen Wechselwirkung

wobei der Vektoroperator α und der skalare Operator β so beschaffen sein sollen, daß

$$H^2 = p^2 + m_0^2.$$

Dieser Ansatz führt auf die Wellengleichung:

(219) $\quad \dfrac{\partial \psi}{\partial t} + \alpha \cdot \nabla \psi + i m_0 \beta \cdot \psi = 0 \quad$ (Dirac-Gleichung).

Die Bedingung $H^2 = p^2 + m_0^2$ führt durch Einsetzen des Diracschen Ansatzes auf die folgenden Bedingungen für die Operatoren α und β:

$$\alpha_x^2 = \alpha_y^2 = \alpha_z^2 = \beta^2 = 1,$$

$$\alpha_x \alpha_y + \alpha_y \alpha_x = \alpha_x \alpha_z + \alpha_z \alpha_x = \alpha_y \alpha_z + \alpha_z \alpha_y = 0,$$

$$\alpha_x \beta + \beta \alpha_x = \alpha_y \beta + \beta \alpha_y = \alpha_z \beta + \beta \alpha_z = 0.$$

Ein mathematisches Studium dieser Bedingungen zeigt, daß man bei der Matrizendarstellung dieser Operatoren mindestens vierrangige Matrizen für $\alpha_x, \alpha_y, \alpha_z$ und β braucht, um alle Gleichungen zu erfüllen. Eine spezielle Lösung sind die folgenden Matrizen:

(220)*
$$\alpha_x = \begin{Bmatrix} 0 & 0 & 0 & 1 \\ 0 & 0 & 1 & 0 \\ 0 & 1 & 0 & 0 \\ 1 & 0 & 0 & 0 \end{Bmatrix}; \alpha_y = \begin{Bmatrix} 0 & 0 & 0 & -i \\ 0 & 0 & i & 0 \\ 0 & -i & 0 & 0 \\ i & 0 & 0 & 0 \end{Bmatrix};$$

$$\alpha_z = \begin{Bmatrix} 0 & 0 & 1 & 0 \\ 0 & 0 & 0 & -1 \\ 1 & 0 & 0 & 0 \\ 0 & -1 & 0 & 0 \end{Bmatrix} \text{ und } \beta = \begin{Bmatrix} 1 & 0 & 0 & 0 \\ 0 & 1 & 0 & 0 \\ 0 & 0 & -1 & 0 \\ 0 & 0 & 0 & -1 \end{Bmatrix}.$$

---

* Unter Verwendung der zweirangigen Einheits-Matrix $\epsilon = \begin{Bmatrix} 1 & 0 \\ 0 & 1 \end{Bmatrix}$ und der Paulischen Spinmatrizen (157) lassen sich diese Matrizen auch so schreiben:

$$\alpha_x = \begin{Bmatrix} 0 & \sigma_x \\ \sigma_x & 0 \end{Bmatrix}; \alpha_y = \begin{Bmatrix} 0 & \sigma_y \\ \sigma_y & 0 \end{Bmatrix}; \alpha_z = \begin{Bmatrix} 0 & \sigma_z \\ \sigma_z & 0 \end{Bmatrix} \text{ und } \beta = \begin{Bmatrix} \epsilon & 0 \\ 0 & -\epsilon \end{Bmatrix}.$$

294 Experimente zur schwachen Wechselwirkung

Durch Einsetzen in die Bedingungsgleichungen läßt sich leicht verifizieren, daß sämtliche Forderungen erfüllt werden.

Da die Operatoren α und β weder den Ortsvektor **r** noch den Impuls **p** des Teilchens enthalten, müssen sie Eigenschaften des Teilchens repräsentieren, die nicht allein aus der Angabe von Ort und Impuls des Teilchens folgen. Wegen der Erfüllung der Bedingung $H^2 = p^2 + m_0^2$ sind alle Lösungen der Dirac-Gleichung zugleich auch Lösungen der Klein-Gordon-Gleichung. Die Wellenfunktionen der Dirac-Gleichung enthalten nur zusätzlich zu der Aussage über die Bewegung des Partikels im Raum noch eine Aussage über weitere Eigenschaften. Aus dem Rang 4 der Matrizen α und β folgt, daß es sich um Eigenschaften handelt, die zu genau vier verschiedenen Zuständen führen.

Die Eigenfunktionen der Dirac-Gleichung lassen sich deshalb in der Form schreiben:

(222) $\qquad \psi_k = \psi(\mathbf{r}, t) \cdot u_k, \qquad$ mit $k = 1, 2, \ldots, 4,$

wo $\psi(\mathbf{r}, t)$ die Bewegung im Ortsraum beschreibt und u_k die Amplitude angibt, mit der sich das Teilchen im Zustand k der zusätzlichen Eigenschaften befindet.

Wir wollen die Eigenfunktionen und Eigenwerte des Diracschen Hamilton-Operators:

$$H = \boldsymbol{\alpha} \cdot \mathbf{p} + \beta\, m_0$$

aufsuchen.

Die Eigenwertgleichung lautet:

$$H|\psi_k\rangle = E|\psi_k\rangle,$$

oder wenn man den Ortsanteil $\psi(\mathbf{r}, t)$ abspaltet:

$$H|u_k\rangle = E|u_k\rangle$$

Experimente zur schwachen Wechselwirkung

oder ausgeschrieben:

$$\left\{\begin{matrix} m_0 & 0 & p_z & -ip_y+p_x \\ 0 & m_0 & +p_x+ip_y & -p_z \\ p_z & -ip_y+p_x & -m_0 & 0 \\ +p_x+ip_y & -p_z & 0 & -m_0 \end{matrix}\right\} \cdot \left\{\begin{matrix} u_1^i \\ u_2^i \\ u_3^i \\ u_4^i \end{matrix}\right\} =$$

$$= \left\{\begin{matrix} E_i & & & 0 \\ & E_i & & \\ & & E_i & \\ 0 & & & E_i \end{matrix}\right\} \cdot \left\{\begin{matrix} u_1^i \\ u_2^i \\ u_3^i \\ u_4^i \end{matrix}\right\}.$$

Zur Diagonalisierung der Hamilton-Matrix* lösen wir die Säkular-Gleichung:

---

* An dieser Stelle wird zum erstenmal die Matrix-Formulierung der Quantenmechanik verwendet.

Allgemein bedeutet sie folgendes:

Die Quantenmechanik definiert zu jeder Eigenschaft O einen Operator O_{op} und zu jedem Operator O_{op} Matrizendarstellungen O_{ik} durch den Ausdruck:

$$O_{ik} = \int u_i^* O_{op} u_k d\tau = \langle i | O_{op} | k \rangle.$$

Die Funktionen u_k stellen ein beliebiges vollständiges Orthogonalsystem dar, und der Index k durchläuft im allgemeinen alle Werte von 1 bis ∞.

Die Eigenwerte (beobachtbare Werte) der Eigenschaft O erhält man, indem man die Matrix, die in einem beliebigen Orthogonalsystem, der Basis, dargestellt ist, auf Hauptachsen transformiert. Die Mathematik lehrt, daß man zur Durchführung der Hauptachsentransformation die sogenannte Säkulargleichung zu lösen hat.

Nach der Hauptachsentransformation sind die Diagonalelemente die Eigenwerte der Eigenschaft O. Die Spalten der Transformationsmatrix bilden die Komponentendarstellung der Eigenfunktionen in der Basis der u_k. Man nennt diese Koordinatenspalten auch die Lösungsvektoren im Hilbertraum.

Dem Leser, der mit dieser Formulierung nicht vertraut ist, sei empfohlen, die Methoden der Matrizenmechanik in einem Lehrbuch der Quantenmechanik nachzulesen.

$$\begin{vmatrix} m_0 - E_i & 0 & +p_z & -ip_y + p_x \\ 0 & m_0 - E_i & p_x + ip_y & -p_z \\ p_z & -ip_y + p_x & -m_0 - E_i & 0 \\ p_x + ip_y & -p_z & 0 & -m_0 - E_i \end{vmatrix} = 0$$

oder

$$(E_i^2 - m_0^2 - p^2)^2 = 0$$

mit den Lösungen

(223)
$$\begin{aligned} E_1 &= +\sqrt{m_0^2 + p^2} = +E, \\ E_2 &= +\sqrt{m_0^2 + p^2} = +E, \\ E_3 &= -\sqrt{m_0^2 + p^2} = -E, \\ E_4 &= -\sqrt{m_0^2 + p^2} = -E. \end{aligned}$$

Die zugehörigen, noch nicht normierten Eigenfunktionen lauten:

$$u_k^1 = \left\{ \begin{array}{c} 1 \\ 0 \\ \dfrac{p_z}{E + m_0} \\ \dfrac{p_x + ip_y}{E + m_0} \end{array} \right\}; \quad u_k^2 = \left\{ \begin{array}{c} 0 \\ 1 \\ \dfrac{p_x - ip_y}{E + m_0} \\ \dfrac{-p_z}{E + m_0} \end{array} \right\}; \quad u_k^3 = \left\{ \begin{array}{c} \dfrac{p_z}{E - m_0} \\ \dfrac{p_x + ip_y}{E - m_0} \\ 1 \\ 0 \end{array} \right\};$$

(224)
$$u_k^4 = \left\{ \begin{array}{c} \dfrac{p_x - ip_y}{E - m_0} \\ \dfrac{-p_z}{E - m_0} \\ 0 \\ 1 \end{array} \right\}$$

Experimente zur schwachen Wechselwirkung 297

Das wichtigste Resultat ist das Auftreten negativer Energiezustände mit der Energie $-E$. Man deutet die Dirac-Gleichung als die relativistische Bewegungsgleichung für Spin 1/2-Teilchen, denn damit lassen sich die vier Zustände als die zwei Spinzustände der Teilchen bei positiver Gesamtenergie E und die entsprechenden zwei Spinzustände bei negativer Gesamtenergie erklären.

Daß es sich tatsächlich bei der Aufspaltung der Wellenfunktion der Dirac-Gleichung in vier Komponenten um je zwei verschiedene Spinzustände der $+E$ und $-E$ Komponente handelt und daß der Spin 1/2 ist, läßt sich in folgender Weise beweisen:

Da die oben eingeführte Dirac-Gleichung die kräftefreie Bewegung von Partikeln beschreibt, muß der Drehimpulserhaltungssatz gelten. Wir wollen prüfen, ob der Bahndrehimpuls der Dirac-Teilchen eine Konstante der Bewegung ist. Die Quantenmechanik liefert als notwendiges und hinreichendes Kriterium dafür die „Vertauschbarkeit" mit dem Hamilton-Operator, d.h. die Forderung:

$$[H\mathbf{L}] = H\mathbf{L} - \mathbf{L}H = 0.*$$

Wir prüfen durch Einsetzen der Operatoren $H = \boldsymbol{\alpha} \cdot \mathbf{p} + \beta m_0$ mit $\mathbf{p} = -i\nabla$ und $\mathbf{L} = \mathbf{r} \times \mathbf{p}$, ob diese Bedingung erfüllt ist. Man erhält unter steter Beachtung, daß $\mathbf{p}$ ein Differentialoperator ist:

$[H\mathbf{L}] =$

$= (\boldsymbol{\alpha} \cdot \mathbf{p} + \beta m_0)\,\mathbf{L} - \mathbf{L} \cdot (\boldsymbol{\alpha} \cdot \mathbf{p} + \beta m_0)$

$= (\boldsymbol{\alpha} \cdot \mathbf{p}) \cdot (\mathbf{r} \times \mathbf{p}) + \beta m_0(\mathbf{r} \times \mathbf{p}) - (\mathbf{r} \times \mathbf{p}) \cdot (\boldsymbol{\alpha} \cdot \mathbf{p}) - (\mathbf{r} \times \mathbf{p}) \cdot \beta m_0$

$= -i(\mathbf{r} \times \mathbf{p}) + \mathbf{r} \times (\boldsymbol{\alpha} \cdot \mathbf{p}) \cdot \mathbf{p} - (\mathbf{r} \times \mathbf{p}) \cdot (\boldsymbol{\alpha} \cdot \mathbf{p}) = -i(\boldsymbol{\alpha} \times \mathbf{p}) \neq 0.$

Der Bahndrehimpuls ist also keine Konstante der Bewegung und kann deshalb auch nicht den gesamten Drehimpuls darstellen, d.h., das Teilchen muß noch einen Eigendrehimpuls $\mathbf{S}$ enthalten, so daß der Gesamtdrehimpuls $\mathbf{I} = \mathbf{L} + \mathbf{S}$ eine Konstante der Bewegung wird.

---

* $[H\mathbf{L}]$ ist der „Kommutator" von H und $\mathbf{L}$ und bedeutet $H\mathbf{L} - \mathbf{L}H$.

Für den Eigendrehimpuls $S = 1/2$ gibt es die folgende Darstellung des Spinoperators im Raum der vier Teilchenzustände der Dirac-Gleichung:

(225) $\qquad \mathbf{S} = \dfrac{1}{2}\,\boldsymbol{\sigma}_{(4)}$, mit $\boldsymbol{\sigma}_{(4)} = \left\{\begin{array}{l} \sigma_x(4) \\ \sigma_y(4) \\ \sigma_z(4) \end{array}\right\}$.

Hier bedeuten:

$$\sigma_x(4) = \left\{\begin{array}{cc} \sigma_x & 0 \\ 0 & \sigma_x \end{array}\right\};\; \sigma_y(4) = \left\{\begin{array}{cc} \sigma_y & 0 \\ 0 & \sigma_y \end{array}\right\} \text{ und } \sigma_z(4) = \left\{\begin{array}{cc} \sigma_z & 0 \\ 0 & \sigma_z \end{array}\right\}.$$

Die Matrizen σ_x, σ_y und σ_z sind die zweirangigen Diracschen Spinmatrizen.

Die Matrix $\sigma_z(4)$ ist nämlich in dieser Darstellung diagonal, und man liest als Eigenwerte von S_z ab:

$$\langle S_z \rangle = +1/2;\; -1/2,\; +1/2 \text{ und } -1/2.$$

Ferner ist auch $\mathbf{S}^2$ diagonal:

$$\mathbf{S}^2 = \dfrac{1}{4} \cdot \{\sigma_x(4)^2 + \sigma_y(4)^2 + \sigma_z(4)^2\} = \left\{\begin{array}{cccc} 3/4 & & & 0 \\ & 3/4 & & \\ & & 3/4 & \\ 0 & & & 3/4 \end{array}\right\},$$

und alle Eigenwerte von $\mathbf{S}^2$ sind, wie man für den Spin $S = 1/2$ fordern muß:

$$\langle \mathbf{S}^2 \rangle = S \cdot (S + 1) = 3/4.$$

Wir prüfen, ob nun der Gesamtdrehimpuls mit H vertauschbar ist, d.h., ob $[H\mathbf{I}] = 0$ gilt. Es ist:

$$[H\mathbf{I}] = [H\mathbf{L}] + [H\mathbf{S}].$$

Wir berechnen $[H\mathbf{S}]$:

Für die j-Komponente dieses Vektoroperators gilt mit $H = \boldsymbol{\alpha} \cdot \mathbf{p} + \beta m_0$ und $\mathbf{S} = \dfrac{1}{2}\,\boldsymbol{\sigma}_{(4)}$:

$[H\mathbf{S}]_j =$

$$= \frac{1}{2} \cdot \sum_i (\alpha_i \cdot \sigma_j(4) - \sigma_j(4) \cdot \alpha_i) \cdot p_i + \frac{1}{2} m_0 \cdot (\beta\, \sigma_j(4) - \sigma_j(4) \cdot \beta)$$

$$= \sum_i \left\{ \begin{matrix} 0 & \frac{1}{2}[\sigma_i\sigma_j] \\ \frac{1}{2}[\sigma_i\sigma_j] & 0 \end{matrix} \right\} \cdot p_i + \frac{1}{2} m_0 \cdot \left\{ \begin{matrix} \sigma_j - \sigma_j & 0 \\ 0 & -\sigma_j + \sigma_j \end{matrix} \right\}$$

Man rechnet durch Ausmultiplizieren leicht nach, daß für die Paulischen Spinmatrizen die Vertauschungsregeln gelten:

$$[\sigma_i, \sigma_i] = 0,$$
$$[\sigma_x \sigma_y] = 2i\sigma_z; \quad [\sigma_y \sigma_z] = 2i\sigma_x; \quad [\sigma_z \sigma_x] = 2i\sigma_y$$

und allgemein

$$[\sigma_i \sigma_j] = \sum_k \epsilon_{ijk} \cdot 2i\sigma_k,$$

wo $\epsilon_{ijk} = +1$ gilt, wenn ijk eine gerade Permutation von x, y, z ist und $\epsilon_{ijk} = -1$ gilt, wenn ijk eine ungerade Permutation von x, y, z ist. Damit erhält man:

$$[H\mathbf{S}]_j = i \cdot \sum_{ik} \epsilon_{ijk} \cdot \alpha_k \cdot p_i$$

und damit:

$$[H\mathbf{S}] = i \cdot (\boldsymbol{\alpha} \times \mathbf{p}).$$

Insgesamt ergibt sich:

$$[H\mathbf{I}] = [H\mathbf{L}] + [H\mathbf{S}] = -i(\boldsymbol{\alpha} \times \mathbf{p}) + i(\boldsymbol{\alpha} \times \mathbf{p}) = 0;$$

d.h., **I** ist tatsächlich eine Konstante der Bewegung, was zu zeigen war.

Experimente zur schwachen Wechselwirkung

In normalen Maßsystemen lauten die obigen vier Eigenzustände:

$$u_k^1 = C_0 \left\{ \begin{array}{c} 1 \\ 0 \\ \dfrac{p_z c}{E + m_0 c^2} \\ \dfrac{(p_x + ip_y)c}{E + m_0 c^2} \end{array} \right\} \quad ; \quad u_k^2 = C_0 \left\{ \begin{array}{c} 0 \\ 1 \\ \dfrac{(p_x - ip_y)c}{E + m_0 c^2} \\ \dfrac{-p_z c}{E + m_0 c^2} \end{array} \right\} ;$$

(226)

$$u_k^3 = C_0 \left\{ \begin{array}{c} \dfrac{p_z c}{E - m_0 c^2} \\ \dfrac{(p_x + ip_y)c}{E - m_0 c^2} \\ 1 \\ 0 \end{array} \right\} \quad ; \quad u_k^4 = C_0 \left\{ \begin{array}{c} \dfrac{(p_x - ip_y)c}{E - m_0 c^2} \\ \dfrac{-p_z c}{E - m_0 c^2} \\ 0 \\ 1 \end{array} \right\} .$$

Sie sind jetzt in normierter Form geschrieben mit dem Normierungsfaktor:

$$C_0 = \dfrac{1}{\left\{ 1 + \dfrac{c^2 p^2}{(|E| + m_0 c^2)^2} \right\}^{1/2}} .$$

Es ist interessant zu sehen, welche Spinzustände u_k^1 und u_k^2 darstellen. Dazu muß man den Erwartungswert von $\langle \sigma_{(4)} \rangle$ berechnen.

$$\langle \sigma_{(4)} \rangle = \left\{ \begin{array}{c} \langle \sigma_x(4) \rangle \\ \langle \sigma_y(4) \rangle \\ \langle \sigma_z(4) \rangle \end{array} \right\} .$$

Wir betrachten den Spezialfall, daß sich die Elektronen in Richtung der z-Achse bewegen; d.h. $p_x = p_y = 0, p_z = p$, dann ist:

Experimente zur schwachen Wechselwirkung

$\langle u_k^1 | \sigma_x | u_k^1 \rangle =$

$= C_0^2 \cdot \begin{pmatrix} 1 & 0 & \dfrac{p_z c}{E + m_0 c^2} & 0 \end{pmatrix} \cdot \begin{pmatrix} 0 & 1 & 0 & 0 \\ 1 & 0 & 0 & 0 \\ 0 & 0 & 0 & 1 \\ 0 & 0 & 1 & 0 \end{pmatrix} \cdot \begin{pmatrix} 1 \\ 0 \\ \dfrac{p_z c}{E + m_0 c^2} \\ 0 \end{pmatrix}$

$= C_0^2 \cdot \begin{pmatrix} 1 & 0 & \dfrac{p_z c}{E + m_0 c^2} & 0 \end{pmatrix} \cdot \begin{pmatrix} 0 \\ 1 \\ 0 \\ \dfrac{p_z c}{E + m_0 c^2} \end{pmatrix} = 0,$

$\langle u_k^1 | \sigma_y | u_k^1 \rangle =$

$= C_0^2 \cdot \begin{pmatrix} 1 & 0 & \dfrac{p_z c}{E + m_0 c^2} & 0 \end{pmatrix} \cdot \begin{pmatrix} 0 & -i & 0 & 0 \\ i & 0 & 0 & 0 \\ 0 & 0 & 0 & -i \\ 0 & 0 & i & 0 \end{pmatrix} \begin{pmatrix} 1 \\ 0 \\ \dfrac{p_z c}{E + m_0 c^2} \\ 0 \end{pmatrix} = 0,$

$\langle u_k^1 | \sigma_z | u_k^1 \rangle =$

$= C_0^2 \cdot \begin{pmatrix} 1 & 0 & \dfrac{p_z c}{E + m_0 c^2} & 0 \end{pmatrix} \cdot \begin{pmatrix} 1 & 0 & 0 & 0 \\ 0 & -1 & 0 & 0 \\ 0 & 0 & 1 & 0 \\ 0 & 0 & 0 & -1 \end{pmatrix} \cdot \begin{pmatrix} 1 \\ 0 \\ \dfrac{p_z c}{E + m_0 c^2} \\ 0 \end{pmatrix}$

$= C_0^2 \cdot \begin{pmatrix} 1 & 0 & \dfrac{p_z c}{E + m_0 c^2} & 0 \end{pmatrix} \begin{pmatrix} 1 \\ 0 \\ \dfrac{p_z c}{E + m_0 c^2} \\ 0 \end{pmatrix} = C_0^2 \cdot \left(1 + \dfrac{p_z^2 c^2}{(E + m c^2)^2} \right)$

$= +1.$

Man sieht also, daß der Spin im Zustand u_k^1 in Richtung der positiven z Achse orientiert ist. In entsprechender Weise ergibt sich, daß u_k^2 den Zustand darstellt mit:

$$\langle \sigma_z \rangle = -1$$
$$\langle \sigma_x \rangle = 0$$

und

$$\langle \sigma_y \rangle = 0.$$

Auch im allgemeinen Fall, bei beliebiger Flugrichtung des Teilchens, steht der Spin von u_k^1 in Richtung der positiven z-Achse; allerdings ist $\langle \sigma_z \rangle$ nicht exakt $+1$, sondern etwas kleiner. (Das Korrekturglied ist von der Ordnung $(v/c)^2$.)

Die Vorstellung, daß es zu allen Teilchenzuständen entsprechende Zustände mit negativer Energie geben soll, führt zunächst auf Schwierigkeiten. Man sieht nicht ein, warum die positiven Energiezustände stabil sind und nicht durch Emission elektromagnetischer Strahlung in die negativen Energiezustände übergehen. Dirac führte zur Erklärung die Hypothese ein, daß alle negativen Energiezustände vollständig mit Teilchen besetzt sind, so daß das Pauli-Prinzip Über-

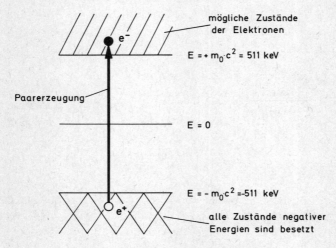

Figur 101: Schematische Darstellung der Paarerzeugung.

gänge verbietet. Man würde experimentell die Elektronen, die z.B. diese „Diracsche Unterwelt" ausfüllen, nicht beobachten können; denn wenn sie in den negativen Energiezuständen den unendlichen Raum gleichmäßig ausfüllen, würden sie weder ein elektrisches noch ein magnetisches Feld produzieren, noch würden sie sich irgendwie anders bemerkbar machen. Es sei denn, daß es durch Aufwendung einer Energie, die größer als die zweifache Ruhenergie eines Elektrons ist, möglich sein sollte, ein Elektron aus einem negativen Energiezustand in einen positiven Energiezustand anzuheben (s. Figur 101). Das Loch in der „Diracschen Unterwelt" verhält sich dann wie ein Teilchen der Ladung $+e$ und einer Masse, die identisch zur Elektronenmasse ist*. Der Experimentator würde von der Erzeugung eines Elektron-Positron-Paares sprechen, und er würde die in der Anregung zu überbrückende Lücke von $2\,m_0\,c^2$ als die Energie interpretieren, die zur Produktion der Ruhmasse zweier Elektronen aufzuwenden ist.

Die hier wiedergegebene Spekulation von Dirac erscheint geheimnisvoll und unglaubwürdig. Es ist nicht selbstverständlich, daß sich die in der Quantenmechanik nicht-relativistischer Teilchen bewährten Operatoren ohne Korrektur auf relativistische Geschwindigkeiten übertragen lassen, und die „Linearisierung" des Hamilton-Operators erscheint als eine formale Operation, für die man kaum erwarten kann, daß sie etwas mit physikalischen Realitäten zu tun hat.

Tatsächlich entdeckte man jedoch die Positronen wenige Jahre nach der Entwicklung der Diracschen Theorie:

(38) Die Entdeckung des Positrons durch Anderson und Neddermeyer

Lit.: Anderson, Science 77, 432 (1933)
Anderson, Phys.Rev. 43, 491 (1933)
Anderson and Neddermeyer, Phys.Rev. 42, 1034 (1933)
Gray and Tarrant, Proc.Roy.Soc. A 136, 662 (1932)

---

* Die Masse des Positrons ist nicht etwa $-m_0$, sondern die Masse eines Elektrons im negativen Energiezustand ist $-m_0$, und wenn man ein solches Elektron aus der „Diracschen Unterwelt" entfernt, so hat man in der „Unterwelt" eine Masse $+m_0$ erzeugt, als deren Träger das Loch anzusehen ist.

Experimente zur schwachen Wechselwirkung

Das Positron wurde 1932 durch Anderson entdeckt. Er durchmusterte systematisch 1300 Nebelkammeraufnahmen von Teilchenspuren, die durch Höhenstrahlteilchen erzeugt wurden. Die Nebelkammer befand sich in einem äußeren Magnetfeld von 15000 Gauß, um aus der Krümmung der Teilchenspuren auf die Ladung schließen zu können. Anderson fand 15 Spuren einfach positiv geladener Teilchen mit einer Masse, die etwa gleich der Elektronenmasse war.

In einem weiteren Experiment versuchten Anderson und Neddermeyer, Positronen künstlich durch Beschuß von Blei mit harter Gamma-Strahlung zu erzeugen. Als Quelle verwendeten sie die 2,6 MeV Gamma-Strahlung von Radio-Thorium. Der gut kollimierte Gamma-Strahl wurde auf eine im Innern einer Nebelkammer aufgestellte Bleiplatte gerichtet. Die Anordnung ist schematisch in Figur 102 dargestellt. Figur 103 zeigt eine Originalaufnahme von Anderson und Neddermeyer mit einer langen Positronenspur neben mehreren Elektronenspuren. Das Positron passiert die Aluminiumplatte und hat danach eine stärkere Krümmung; dies rührt daher, daß das Positron in der Aluminiumplatte Energie verloren hat.

Die Paarerzeugung durch ein Gamma-Quant funktioniert nicht im Vakuum, da das Gamma-Quant als Teilchen mit verschwindender Ruhmasse immer

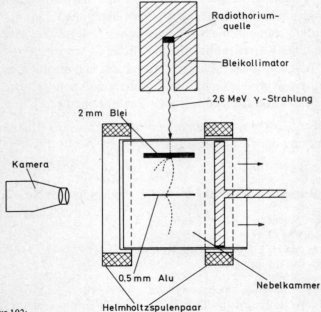

Figur 102: Entdeckung des Positrons. Anordnung von Anderson und Neddermeyer, Phys.Rev. 43, 1034 (1933).

Figur 103:

Originalaufnahme einer langen Positronen-Spur neben mehreren Elektronenspuren in der Anordnung von Figur 102. Diese Figur ist der Arbeit von Anderson und Neddermeyer, Phys.Rev. 43, 1034 (1933), entnommen.

einen größeren Impuls hat als Teilchen der gleichen Totalenergie mit einer Ruhmasse $\neq 0$. Die Paarerzeugung kann deshalb nicht gleichzeitig Energie- und Impulssatz erfüllen*.

Damit die Paarerzeugung möglich ist, müssen Impuls und Energie an einen weiteren Partner übertragen werden. Aus diesem Grunde funktioniert die Paarbildung im starken elektrischen Feld in der Umgebung eines Kerns, wo eine Impulsübetragung an den Kern durch die elektromagnetischen Kräfte möglich ist.

* Die Energie des Gamma-Quants sei $h \cdot \nu$, und sein Impuls ist damit $p_\gamma = h \cdot \nu/c$. Den maximalen Impuls übernimmt das Positron-Elektron-Paar bei der Paarerzeugung, wenn es in Flugrichtung des Gamma-Quants weiterfliegt. Sein Impuls ist dann in streng relativistischer Rechnung:

$$p = \frac{1}{c} \cdot (E^2 - E_0^2)^{1/2}$$

$$= \frac{1}{c} \cdot \{(h \cdot \nu)^2 - (2 m_0 c^2)^2\}^{1/2}$$

und damit immer kleiner als $\dfrac{h \cdot \nu}{c}$!

Experimente zur schwachen Wechselwirkung

Durch folgende Nebelkammerexperimente hat man sichergestellt, daß tatsächlich keine einzelnen Positronen, sondern immer Elektron-Positron-Paare erzeugt werden.

Die Positronen haben in der Nähe von Materie keine lange Lebensdauer. Spätestens, wenn sie zur Ruhe gekommen sind, wird ein Elektron das Loch in der „Diracschen Unterwelt" unter Emission elektromagnetischer Strahlung ausfüllen. Wieder müssen Energie- und Impulssatz erfüllt werden. Der einfachste und tatsächlich auch wahrscheinlichste Zerfallsprozeß liegt darin, daß zwei Gamma-Quanten von je 511 keV Energie entstehen, die diametral auseinanderfliegen. Schon 1932 beobachteten Gray und Tarrant diese sogenannte Vernichtungsstrahlung von 511 keV bei Bestrahlung von Materie mit harter Gamma-Strahlung. Anderson und Neddermeyer gaben die richtige Erklärung dieser Strahlung.

Heute ist es ganz leicht, den Vernichtungsprozeß von Positronen nachzuweisen. Unter den neutronenarmen radioaktiven Isotopen, die sich vor allem durch Kernreaktionen, z.B. $(\alpha, x\, n)$-Prozesse, erzeugen lassen, findet man viele Positronenstrahler. Man verwendet eine dicke Quelle und beobachtet mit zwei unter $180°$ in einiger Entfernung aufgestellten Gamma-Detektoren die Vernichtungsquanten in Koinzidenz. Die Anordnung ist schematisch in Figur 104 dargestellt. Wenn man die Detektoren in hinreichend großer Entfernung aufstellt, hat man praktisch keinen Untergrund mehr von Koinzidenzen von Kern-Gamma-Strahlung. Mit Hilfe von Einkanaldiskriminatoren kann man die Detektoren selektiv für 511 keV Gamma-Quanten empfindlich machen und durch eine Veränderung des Winkels sofort nachweisen, daß fast nur bei $\theta = 180°$ Koinzidenzen auftreten. Geringe Abweichungen von $180°$ sind möglich, wenn die Vernichtung von Positronen im Flug erfolgt. Allerdings ist die Wahrscheinlichkeit für diesen Prozeß sehr klein.

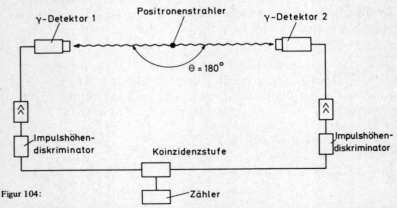

Figur 104:
Schematische Darstellung einer Anordnung zur Beobachtung der beiden 511 keV Vernichtungsquanten bei der Vernichtung eines Positrons in Koinzidenz.

Die Entdeckung der Positronen, der Paarbildung und der Positron-Elektron-Vernichtung war eine entscheidende Bestätigung der Dirac-Theorie. Die bedeutenden Erfolge der Dirac-Theorie auf allen Gebieten der Physik haben heute alle Zweifel an ihrer Richtigkeit beseitigt.

Offen blieb zunächst die Frage, ob es negative Energiezustände, auch Antizustände genannt, zu allen Spin 1/2-Teilchen, insbesondere also auch zu den Nukleonen gibt. Um Antiprotonen und Antineutronen zu erzeugen, braucht man im Schwerpunktsystem eine Energie von 2 mal der Ruhenergie eines Nukleons, d.h. 1,876 GeV. Nach der Fertigstellung des 6,3 GeV Proton-Synchrotrons in Berkeley, dem sogenannten Bevatron, hatte man eine hinreichend hohe Energie zur Verfügung, und es gelang tatsächlich, Antiprotonen zu erzeugen.

39) Die Entdeckung des Antiprotons durch Chamberlain, Segrè, Wiegand und Ypsilantis

Lit.: Chamberlain, Segrè, Wiegand, and Ypsilantis, Phys.Rev. 100, 947 (1955)
Segrè: CERN Symposium 1956, II, Seite 107
Bertram, Carroll, Eaudi, Hübener, Kern, Kötz, Schmüser, Skronn, and Buschhorn, Physics Letters 21, 471 (1966)

Zur Abschätzung der zu erwartenden Einsatzschwelle für die Antiprotonenerzeugung durch Beschuß eines Targets mit Protonen können wir die auf Seite 152 entwickelte Formel (Gleichung 69) verwenden:

(227) $$E_i = \frac{\Delta E^2}{2\, m_2\, c^2} + \Delta E \cdot \left(1 + \frac{m_1}{m_2}\right).$$

Die Bindung der Nukleonen im Targetkern muß man bei diesen hohen Energien vernachlässigen, und man hat deshalb sowohl für die Masse der einlaufenden Teilchen m_1 als auch für die Masse der ruhenden Targetteilchen m_2 die Protonenmasse einzusetzen. Für eine verfügbare Energie von

$$\Delta E = 1{,}876 \text{ GeV}$$

muß das einlaufende Teilchen eine Energie von

$$E_i = \left(\frac{1{,}876^2}{2 \cdot 0{,}938} + 1{,}876 \cdot 2\right) \text{GeV} = 5{,}62 \text{ GeV}$$

haben. Tatsächlich sollte die Einsatzschwelle noch etwas niedriger liegen, da die Nukleonen im Targetkern nicht in Ruhe sind. Für diejenigen Nukleonen des Targetkerns, die zufällig dem einlaufenden Teilchen entgegenlaufen, ist die verfügbare Energie größer. Chamberlain et al. schätzten ab, daß bei einer mittleren kinetischen Energie der Nukleonen im Kern von 25 MeV die Einsatzschwelle für die Nukleonenpaarerzeugung auf 4,3 GeV erniedrigt wird.

In Figur 105 ist die Anordnung schematisch dargestellt, mit der es Chamberlain et al. 1955 erstmalig gelang, Antiprotonen zu erzeugen und nachzuweisen.

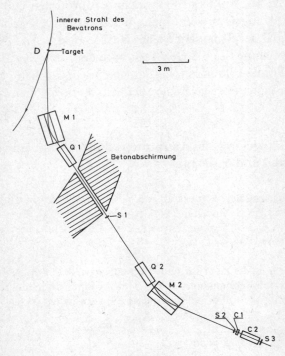

Figur 105:

Experimentelle Anordnung von Chamberlain et al. zur Beobachtung von Antiprotonen. Diese Figur ist der Arbeit von Chamberlain, Segrè, Wiegand und Ypsilantis, Phys.Rev. 100, 947 (1955), entnommen.

Der innere Protonenstrahl des Bevatrons* trifft mit einer kinetischen Energie von 6,3 GeV auf das bei D aufgestellte Kupfertarget. Da die im Schwerpunktsystem verfügbare Energie gerade zur Nukleonenpaarerzeugung ausreicht, ist die kinetische Energie der beiden neu entstandenen Nukleonen im Schwerpunktsystem klein, und man erwartet deshalb, daß die Antiprotonen sich

* Protonensynchrotron in Berkeley (Kalifornien).

etwa mit der Schwerpunktgeschwindigkeit weiterbewegen. Sie werden wegen der negativen Ladung im Streufeld des Bevatronmagneten nach außen abgelenkt. Negative Teilchen, die genau den Impuls $p = 1,19$ GeV/c haben, werden durch den Magneten M 1 auf den Szintillationszähler S 1 und durch den Magneten M 2 auf den Szintillationsdetektor S 2 abgebildet*.

Die Fokussierung wird durch die Quadrupollinsensysteme Q 1 und Q 2 bewirkt.

Zur Identifizierung der Teilchen wird zusätzlich zur Impulsmessung eine unabhängige Messung der Geschwindigkeit durchgeführt. Dazu werden zwei Methoden verwendet:

1. Durch die Technik der verzögerten Koinzidenzen wird die Flugzeit zwischen S 1 und S 2 bestimmt.
2. Es werden zwei Čerenkov-Zähler (geschwindigkeitsselektive Zähler) C 1 und C 2 verwendet (siehe S. 158).

Teilchen der Protonenmasse mit einem Impuls von $p = 1,19$ GeV/c haben eine Geschwindigkeit von $v = 0,78 \cdot c$. Der Detektor C 2 registriert nur geladene Partikel mit

$$0,75 \leq \frac{v}{c} \leq 0,78$$

und der Detektor C 1 mit

$$\frac{v}{c} > 0,79.$$

Durch geeignete Koinzidenz- und Antikoinzidenzschaltungen aller Detektoren war es möglich, den sehr starken Untergrund an π-Mesonen zu unterdrücken und eindeutig negativ geladene Partikel der Protonenmasse, die erwarteten Antiprotonen, nachzuweisen.

Man hat die Eigenschaften der Antiprotonen in vielen folgenden Arbeiten gründlich untersucht. Insbesondere hat man auch sofort die Vernichtung zwischen Protonen und Antiprotonen beobachten können. Die frei werdende Energie wird nicht als elektromagnetische Strahlung emittiert, sondern im wesentlichen in die Erzeugung freier π-Mesonen umgesetzt.

---

* Die Krümmung der Bahn geladener Teilchen im Magnetfeld hängt bekanntlich nur vom Impuls und nicht von der Energie ab. Der relativistische Ausdruck lautet:

$$R = \frac{p}{e \cdot B}$$

mit e = Ladung; B = Magnetfeld und R = Krümmungsradius.

Experimente zur schwachen Wechselwirkung

Die Nukleonenpaarerzeugung gelingt auch durch elektromagnetische Strahlung. Der Nachweis dieses Prozesses gelang Bertram et al. 1966 am Deutschen Elektronensynchrotron in Hamburg.

Wir nehmen heute an, daß es zu allen Teilchen Antiteilchen gibt. Diese Annahme hat interessante kosmologische Konsequenzen. Es ist denkbar, daß ganze Himmelskörper aus Antimaterie bestehen. Der Kontakt mit einem Himmelskörper aus normaler Materie hätte eine kosmische Explosion unvorstellbaren Ausmaßes zur Folge.

Nach diesem Ausflug in die Konsequenzen der Dirac-Theorie wollen wir uns nun wieder dem β-Zerfall zuwenden.

Wir hatten die Beobachtung diskutiert, daß im Gegensatz zum Alpha-Zerfall das Energiespektrum der β-Strahlung kontinuierlich ist. Dies führte zu der Hypothese, daß beim β-Zerfall ein weiteres Teilchen, das sogenannte Neutrino, emittiert wird. Denn auf andere Weise lassen sich Energie- und Impulssatz nicht gleichzeitig erfüllen. Die Masse dieses hypothetischen Teilchens muß als sehr klein angenommen werden, da die beobachteten Maximalenergien der β-Teilchen (Ruhenergie eingeschlossen) in den β-Spektren recht genau der Massendifferenz zwischen Mutterkern und Tochterkern äquivalent sind, so daß damit für die Ruhenergie des Neutrino kein Restbetrag mehr übrig bleibt.

Die Richtigkeit der Neutrinohypothese wurde durch die direkte Beobachtung des Neutrinorückstoßes nachgewiesen:

(40) Das Neutrinorückstoßexperiment von Rodeback und Allen

Lit.: Rodeback and Allen, Phys.Rev. 86, 446 (1952)

Für die Beobachtung des winzigen Neutrinorückstoßes ist es notwendig, daß die β-zerfallenden Atome als freie Atome im Vakuum vorliegen. Rodeback und Allen verwendeten den Elektroneneinfang-Zerfall (EC-Zerfall) des Argon^{37}:

$$^{37}A + e^- = {}^{37}Cl + \nu + Q.$$

EC-Zerfälle sind für dieses Experiment besonders geeignet, da hier im Gegensatz zum β^--Zerfall oder β^+-Zerfall ein Zweiteilchenzerfall vorliegt und da-

Experimente zur schwachen Wechselwirkung

mit die dem Tochterkern vom Neutrino übertragene Rückstoßenergie eindeutig festgelegt ist. Wir wollen zunächst die Größe dieser Rückstoßenergie berechnen. Wir setzen dabei voraus, daß die Ruhenergie des Neutrinos verschwindet.

Aus der bekannten Massendifferenz zwischen den Isotopen ^{37}Cl und ^{37}A ergibt sich für die Wärmetönung des EC-Zerfalls der Wert:

$$Q = 0{,}816 \text{ MeV}.$$

Das ^{37}A Atom sei vor dem Zerfall in Ruhe, dann gilt für die kinetischen Energien T_ν und T_{Cl} der Zerfallsprodukte:

$$T_\nu + T_{Cl} = Q,$$

sowie für die Impulse der Zerfallsprodukte:

$$\mathbf{p}_\nu + \mathbf{p}_{Cl} = 0.$$

Wir verwenden nun die Beziehung

$$p^2 = \frac{1}{c^2}(E^2 - E_0^2) = \frac{1}{c^2} \cdot (T^2 + 2TE_0),$$

um die Impulse durch die kinetischen Energien auszudrücken. Man erhält:

$$p_{Cl}^2 = \frac{1}{c^2} \cdot (T_{Cl}^2 + 2\, T_{Cl} \cdot E_0(Cl)),$$

oder da $T_{Cl}^2 \ll 2\, T_{Cl} \cdot E_0(Cl)$:

$$p_{Cl}^2 = \frac{1}{c^2} \cdot 2\, T_{Cl} \cdot E_0(Cl)$$

und

$$p_\nu^2 = \frac{1}{c^2} \cdot T_\nu^2.$$

Der Impulssatz lautet damit:

$$\frac{1}{c^2} \cdot 2 \cdot T_{Cl} \cdot E_0(Cl) = \frac{1}{c^2}\, T_\nu^2$$

oder:

$$2\, T_{Cl} \cdot E_0(Cl) = T_\nu^2.$$

Da die Ruhenergie des ^{37}Cl Atoms sehr viel größer als Q und damit auch als T_ν ist, muß:

$$T_{Cl} \ll T_\nu$$

gelten, so daß aus dem Energiesatz folgt:

$$T_\nu \approx Q.$$

Man erhält damit:

$$T_{Cl} = \frac{T_\nu^2}{2\,E_0(Cl)} \approx \frac{Q^2}{2\,E_0(Cl)}\,.$$

Mit den Zahlenwerten: $Q = 0,816$ MeV und $E_0\,(^{37}Cl) = 37 \cdot 938$ MeV ergibt sich:

$$T_{Cl} = \frac{0,816^2}{2 \cdot 37 \cdot 938}\ \text{MeV} = 9,67\ \text{eV}.$$

Die zu erwartende Rückstoßenergie ist zwar recht klein; sie ist jedoch immer noch sehr viel größer als die mittlere kinetische Energie der Argon-Atome im thermischen Gleichgewicht bei Zimmertemperatur:

$$\frac{1}{2}\,m v^2 = \frac{3}{2}\,kT \approx 0,025\ \text{eV}.$$

Durch den Neutrinorückstoß erhalten die ^{37}Cl Atome eine Geschwindigkeit von:

$$v = \sqrt{\frac{2\,T_{Cl}}{m_{Cl} \cdot c^2}} \cdot c = \sqrt{\frac{2 \cdot 9,67 \cdot 10^{-6}}{37 \cdot 938}} \cdot 3 \cdot 10^{10}\ \text{cm/s}$$

$$= 0,71\ \text{cm/}\mu\text{s}.$$

Rodeback und Allen haben versucht, diese Rückstoßgeschwindigkeit durch eine Laufzeitmethode direkt zu messen.

Die experimentelle Anordnung ist in Figur 106 schematisch dargestellt. Die Kammer ist mit trägerfreiem radioaktivem ^{37}A gefüllt. Der Druck beträgt nur 10^{-5} Torr, so daß keine gaskinetischen Zusammenstöße der ^{37}Cl Rückstoßatome zu befürchten sind. Um die Rückstoßgeschwindigkeit messen zu können, ist zunächst ein Startsignal erforderlich. Das Neutrino selbst kann man natürlich nicht verwenden, da es keinen Detektor für Neutrinos gibt. Glücklicherweise sind mit dem EC-Prozeß schnelle Sekundärprozesse in der

Experimente zur schwachen Wechselwirkung 313

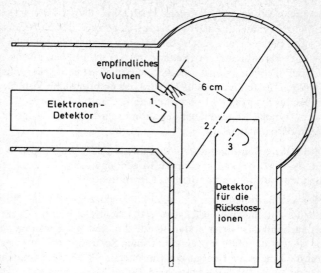

Figur 106:

Schematische Darstellung der Anordnung von Rodeback und Allen, Phys.Rev. 86, 446 (1952) zur Beobachtung des Neutrinorückstoßes.

Atomhülle verbunden, die sich für das Startsignal ausnutzen lassen. Der EC-Prozeß erfolgt hauptsächlich aus der K-Schale der Atomhülle, da die Wellenfunktionen der K-Elektronen am Kernort die größten Amplituden haben. Das Auffüllen des Lochs in der K-Schale durch Übergänge von Elektronen äußerer Schalen ist mit der Emission von Röntgen-K-Strahlung verbunden. Diese charakteristische Röntgenstrahlung wäre als Startsignal geeignet, da die Röntgen-Übergänge in sehr kurzen Zeiten erfolgen*.

Die Energie der charakteristischen Röntgenstrahlung von Argon liegt jedoch unter 3 keV und ist damit für den Nachweis mit Szintillationsdetektoren zu niedrig. Andererseits hat die tiefe Energie der Röntgenstrahlung den Vorteil, daß der Rückstoß der Röntgenquanten gegenüber dem Neutrinorückstoß zu vernachlässigen ist.

Sehr häufig wird jedoch die Energie der Röntgenübergänge nicht durch elektromagnetische Strahlung emittiert, sondern einem Elektron der äußeren Atomhülle übertragen, das dann als sogenanntes „Auger"-Elektron das Atom verläßt. Das Energiespektrum der „Auger"-Elektronen von ^{37}A zeigt Maxima bei 2600 eV, 2400 eV und 200 eV. Der direkte Nachweis dieser Elektronen

---

* Man hat mit Kristallspektrometern die natürliche Linienbreite von charakteristischer Röntgenstrahlung messen können und kam zu Lebensdauern von 10^{-15} bis zu 10^{-16} sec.

gelingt mit einem Sekundärelektronenvervielfacher. Man verwendet eine Fotomultiplierröhre, aus der das Fenster mit der Fotokathode herausgesprengt worden ist. Die Energie der „Auger"-Elektronen reicht aus, um beim Auftreffen auf die erste Dynode mehrere Sekundärelektronen herauszuschlagen, die dann durch den Vervielfachungsprozeß zu einem kräftigen elektrischen Impuls verstärkt werden. Durch die Blende 1* wird das empfindliche Volumen für den Nachweis des Startsignals festgelegt. Die Laufzeit der „Auger"-Elektronen bis zur ersten Dynode ist gegenüber der zu messenden Laufzeit der ^{37}Cl Rückstoßatome zu vernachlässigen.

Die ^{37}Cl Rückstoßatome sind durch die Emission der „Auger"-Elektronen ionisiert; deshalb ist es wichtig, dafür zu sorgen, daß die Laufstrecke feldfrei ist. Die Blenden 1 und 2 sind deshalb auf Erdpotential.

Die ^{37}Cl Rückstoßatome haben natürlich keine Vorzugsrichtung. Nur diejenigen Atome, die zufällig einen Rückstoß in der richtigen Richtung erfahren haben, treten durch das Gitter in der Blende 2 in den Rückstoßionendetektor ein. Dieser besteht ebenfalls aus einem offenen Sekundärvervielfacher. Allerdings reicht die kinetische Energie der Rückstoßionen nicht aus, um aus der ersten Dynode ein Sekundärelektron zu befreien. Deshalb wendet man zwischen dem Gitter 2 und dem Gitter 3 eine Beschleunigungsspannung von

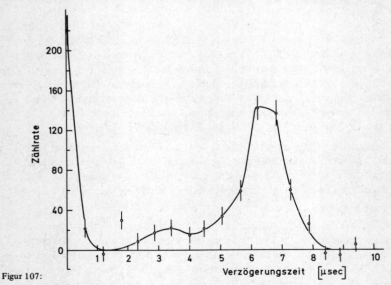

Figur 107:

Zeitspektrum der Koinzidenzen zwischen den Auger-Elektronen und den Rückstoß-Ionen, gemessen in der Anordnung von Figur 106. Die Figur ist der zitierten Arbeit von Rodeback und Allen entnommen.

---

* Siehe Figur 106.

Experimente zur schwachen Wechselwirkung

– 4500 V an, die die ^{37}Cl-Ionen nach dem Durchtritt durch das Gitter 2 beschleunigt.

Man mißt mit einer Koinzidenzschaltung die Koinzidenzen zwischen den Signalen beider Detektoren als Funktion der Länge einer Verzögerungsleitung, die man hinter dem Detektor der „Auger"-Elektronen einschaltet. Da die Laufstrecke 6 cm beträgt, erwartet man Koinzidenzen, wenn diese Verzögerungsleitung gerade die Flugzeit der Rückstoßionen von

$$T = \frac{6}{0{,}71} \frac{\text{cm} \cdot \mu\text{s}}{\text{cm}} = 8{,}5\ \mu\text{s}$$

kompensiert. Das Meßresultat ist in Figur 107 aufgetragen. Tatsächlich beobachtete man verzögerte Koinzidenzen bei etwa der richtigen Flugzeit der Rückstoßionen. Daß eine etwas kürzere Flugzeit als der erwartete Wert von 8,5 μsec beobachtet wurde, konnten Rodeback und Allen dadurch erklären, daß das starke Nachbeschleunigungsfeld einen Durchgriff durch das Gitter 2 hat, so daß die Beschleunigung tatsächlich schon etwas früher einsetzt und die Flugzeit entsprechend verkleinert wird.

Das Neutrinorückstoßexperiment von Rodeback und Allen bestätigt nicht nur die Richtigkeit der Neutrinohypothese, sondern es zeigt auch, daß zumindest bei EC-Prozessen nur ein Neutrino emittiert wird. Würden nämlich mehr als ein Neutrino emittiert, so gäbe es ein Kontinuum von Rückstoßenergien der ^{37}Cl Atome, und das Zeitspektrum der Koinzidenzen würde nicht einen ausgeprägten „peak", sondern ein breites Kontinuum zeigen.

Der EC-Zerfall scheint der einfachste der drei beobachteten Typen des β-Zerfalls zu sein, und man hat den fundamentalen Prozeß so zu schreiben:

$$\text{p} + e^- \to \text{n} + \nu.$$

Man nennt die leichten Teilchen Elektron, Positron und Neutrino auch die Leptonen, und die Schwache Wechselwirkung ist die Wechselwirkung zwischen den Leptonen und den Nukleonen. Eine schematische Darstellung des EC-Prozesses ist in Figur 108 wiedergegeben. Zum Vergleich ist in der gleichen Figur die Starke Wechselwirkung in entsprechender Weise schematisch skizziert.

Die Schwache Wechselwirkung ist offensichtlich ein Austauschprozeß in ähnlicher Weise wie die Starke Wechselwirkung. Wir haben

Experimente zur schwachen Wechselwirkung

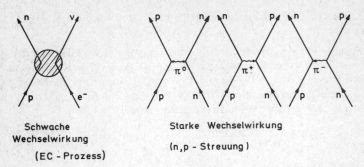

Figur 108: Schematische Darstellung der Schwachen Wechselwirkung und der Starken Wechselwirkung.

gesehen, daß bei der Starken Wechselwirkung der Austausch durch die Übertragung eines Bosons, vornehmlich eines π-Mesons, erfolgt. Der Verdacht liegt nahe, daß auch bei der Schwachen Wechselwirkung ein Boson übertragen wird. Jedoch hat man bis heute noch nicht sicher experimentell nachweisen können, daß dieses sogenannte „intermediäre Boson des β-Zerfalls" wirklich existiert. Deshalb wurde in der schematischen Darstellung der Figur 108 das „intermediäre Boson" nicht eingezeichnet, sondern statt dessen der unbekannte Mechanismus der Schwachen Wechselwirkung durch den schraffierten Bereich angedeutet. Es ist selbstverständlich, daß der Nachweis der Existenz der „intermediären Bosonen" und die Bestimmung ihrer Ruhmasse zu einer Aussage über die Reichweite der Schwachen Wechselwirkungskraft führen würde in ganz entsprechender Weise, wie die Masse der π-Mesonen die Reichweite der Kernkraft bestimmt.

Andererseits legt die schematische Gegenüberstellung der Figur 108 nahe, daß man versuchen sollte, durch Streuexperimente nähere Aussagen über das Potential der Schwachen Wechselwirkung zu gewinnen in ähnlicher Weise, wie man das Potential der Kernkraft durch die Nukleon-Nukleon-Streuung erforscht hat.

Leider läßt sich diese Methode zur Erforschung der Schwachen Wechselwirkung bis heute noch nicht anwenden. Der Grund liegt darin, daß die Wechselwirkung zu schwach ist. Man muß sich klar machen, daß bei einem EC-Prozeß kontinuierlich eine kräftige Überlappung der Elektronenwellenfunktion der K-Elektronen des Atoms mit der Wellenfunktion der Protonen im Kern vorliegt und über Sekunden oder Stunden oder mehrere Jahre hindurch anhält, bis die Wechselwirkung stattfindet. Die Wahrscheinlichkeit für eine Wechselwirkung während der winzigen Überlappungszeit bei einer Elektron-Proton-Streuung muß deshalb verschwindend klein sein.

Falls dagegen die EC-Reaktion genügend exotherm ist, um ein Elektron aus der „Diracschen Unterwelt" zu befreien, d.h., wenn $Q > 2\,m_0c^2 = 1{,}022$ MeV ist, dann sollte der Einfang eines solchen Elektrons in vergleichbarer Intensität vor sich gehen, wie der Einfang eines Hüllenelektrons; denn die Amplitude der „Unterweltelektronen" am Kernort ist von vergleichbarer Größe. Der Experimentator beobachtet in diesem Fall das verbliebene Loch in der „Diracschen Unterwelt" als Positronenemission, d.h., er beobachtet den Prozeß:

$$\mathrm{p} \to \mathrm{n} + \beta^+ + \nu.$$

Der Umkehrprozeß des EC-Zerfalls wäre die Neutrino-Neutron-Streuung:

$$\nu + \mathrm{n} \to \mathrm{p} + e^-.$$

Auch die Durchführung dieses Streuprozesses wird ungeheuer erschwert durch den geringen Wirkungsquerschnitt. Dieser Elementarprozeß ist jedoch exotherm, wie wir aus der Bilanz der Ruhmasse wissen, und da außerdem bei den Neutrinos die Energielücke von $2\,m_0c^2$ zwischen Welt und Antiwelt wegen $m_\nu = 0$ entfällt, kann das Neutron mit großer Wahrscheinlichkeit ein Neutrino der „Diracschen Unterwelt" einfangen, und es verbleibt ein Antineutrino, d.h., der Prozeß verläuft nach der Gleichung:

$$\mathrm{n} \to \mathrm{p} + e^- + \bar{\nu}.$$

Dies ist jedoch genau die Reaktionsgleichung des normalen β-Zerfalls. Wir haben damit alle drei Erscheinungsformen des β-Zerfalls, den β^--Zerfall, den β^+-Zerfall und den EC-Zerfall unter Verwendung der Diracschen Vorstellung auf einen einzigen Prozeß zurückgeführt:

$$\mathrm{p} + e^- = \mathrm{n} + \nu.$$

Experimente zur schwachen Wechselwirkung

Man nennt diesen Prozeß auch die Normalgleichung des β-Zerfalls.

Ob es allerdings irgendeinen Sinn hat, zwischen Neutrino und Antineutrino zu unterscheiden, kann nur experimentell geklärt werden. Vorerst ist keine Eigenschaft zu erkennen, durch die sich diese beiden Teilchen unterscheiden könnten.

Die absolute Größe des Wirkungsquerschnitts für die Lepton-Nukleon-Streuung z.B. entsprechend der Gleichung:

$$\nu + n \to p + e^-$$

läßt sich in folgender Weise aus der gemessenen Halbwertszeit des Neutrons ableiten:

Wir betrachten ein beliebiges Volumen V, in dem sich ein ruhendes Neutron befinden möge, und berechnen die Wahrscheinlichkeit dafür, daß innerhalb einer Sekunde ein Streuprozeß mit einem Neutrino der Diracschen Unterwelt stattfindet.

Wir gehen für diese Abschätzung von der vereinfachenden Annahme aus, daß der Wirkungsquerschnitt für den Streuprozeß vom Impuls p des Neutrinos unabhängig sei, und außerdem setzen wir wie oben voraus, daß der gesamte Phasenraum des „Dirac-Sees" mit Neutrinos voll besetzt ist.

Ein Neutrino tastet innerhalb der Zeit von einer Sekunde das Gebiet ab:

$$\Delta V = \sigma \cdot c.$$

Die Wahrscheinlichkeit dafür, daß das Neutron getroffen wird, ist damit:

$$\Delta W = \frac{\Delta V}{V} = \frac{\sigma \cdot c}{V}.$$

Die Zahl der Neutrinos im Volumen V mit einem Impuls zwischen p und $p + \mathrm{d}p$ sei $N(p) \cdot \mathrm{d}p$. Dann ist die Gesamtwahrscheinlichkeit für eine Streuung (Zerfallskonstante des Neutrons):

$$\lambda = \int_0^\infty \frac{\sigma \cdot c}{V} \cdot N(p) \cdot \mathrm{d}p.$$

Experimente zur schwachen Wechselwirkung

Die Impulsverteilungsfunktion der Neutrinos $N(p) \cdot dp$ läßt sich direkt berechnen. Man braucht nur zu berücksichtigen, daß das Volumen im Phasenraum* für die Neutrinos im Impulsintervall zwischen p und $p + dp$ den Wert hat:

$$dV_{ph} = V \cdot 4\pi p^2 \cdot dp.$$

Mit Rücksicht darauf, daß in jedem Volumenelement des Phasenraums der Größe h^3 zwei Neutrinos Platz haben, ergibt sich für $N(p) \cdot dp$:

$$N(p) \cdot dp = \frac{2}{h^3} \cdot dV_{ph} = \frac{2V \cdot 4\pi p^2 \cdot dp}{h^3}.$$

Damit erhält man λ zu:

$$\lambda = \int_0^{p_{max}} \frac{\sigma \cdot c}{V} \cdot \frac{2V \cdot 4\pi p^2}{h^3} \, dp.$$

Das Volumen V fällt heraus. Dies ist selbstverständlich, denn man betrachtet zwar umsomehr Neutrinos, je größer man das Volumen V wählt; diese Neutrinos müssen aber auch ein umso größeres Volumen nach dem einzelnen Neutron absuchen.

Die Integration ergibt:

$$\lambda = \frac{\sigma \cdot c \cdot 8\pi}{h^3} \cdot \frac{p_{max}^3}{3}.$$

Man erhält damit für den Wirkungsquerschnitt:

$$\sigma = \frac{3}{8\pi} \cdot \frac{\lambda \cdot h^3}{c \cdot p_{max}^3}.$$

Die obere Grenze des Neutrino-Impulses p_{max} ist durch die Wärmetönung der Reaktion:

$$\nu + n \rightarrow e^- + p$$

---

*Der Phasenraum ist der Produktraum aus Ortsraum und Impulsraum.

vorgegeben; der Impuls des Neutrinos, das den schwachen Wechselwirkungsprozeß durchführt, ist natürlich identisch mit dem Impuls des nach dem Beta-Zerfall des Neutrons auslaufenden Lochs im „Dirac-See", d.h. gleich dem Impuls des auslaufenden Anti-Neutrinos. Dieses kann maximal die gesamte Wärmetönung übernehmen. Wir hatten oben (siehe Seite 93) gesehen, daß diese Energie den Wert hat:

$$E_{max} = 0{,}781 \text{ MeV}.$$

Berücksichtigt man, daß für Teilchen verschwindender Ruhmasse die Beziehung gilt:

$$p = \frac{E}{c},$$

so erhält man:

$$\sigma_{\nu+n} \approx \frac{3\lambda \cdot h^3 c^3}{8\pi c \cdot E_{max}^3} = 3\pi^2 \cdot \frac{\lambda \cdot (\hbar c)^3}{c \cdot E_{max}^3}.$$

Nach Einsetzen der Zahlenwerte (λ ist heute etwas genauer bekannt als das auf Seite 93 zitierte Ergebnis; der genauere Wert lautet: $\lambda = 1{,}02_3 \cdot 10^{-3} \text{ sec}^{-1}$) ergibt sich:

$$\sigma_{\nu+n} \approx 3\pi^2 \cdot \frac{1{,}02 \cdot 10^{-3} \cdot (2 \cdot 10^{-11})^3}{3 \cdot 10^{10} \cdot 0{,}781^3} \cdot \frac{\text{sec}^{-1}(\text{MeV})^3 \cdot \text{cm}^3 \text{sec}}{\text{cm} \cdot (\text{MeV})^3}$$

$$\approx 1{,}7 \cdot 10^{-44} \text{ cm}^2.$$

Tatsächlich muß $\sigma_{\nu+n}$ energieabhängig sein, denn in die absolute Übergangswahrscheinlichkeit geht die Energiedichte der Endzustände in Form eines Phasenraumfaktors der auslaufenden Elektronen ein.

Dieser Wirkungsquerschnitt ist so winzig, daß ein Neutrino die ganze Erde durchdringen kann, ohne einen einzigen Streuprozeß zu erleiden. Trotzdem sind zahlreiche Versuche unternommen worden, einen Lepton-Nukleon-Streuprozeß zu beobachten. Eines dieser Experimente ist erfolgreich gewesen; es handelt sich um die Streuung von Antineutrinos an Protonen:

41) Das Los Alamos-Experiment zur Bestimmung des totalen Wirkungsquerschnitts der Antineutrinoabsorption durch Protonen

Lit.: Reines and Cowan, Phys.Rev. 92, 830 L (1953)
Reines and Cowan, Phys.Rev. 113, 273 (1959)
Reines, Ann.Rev.Nucl.Sc. 10, 1 (1960)

Die Umkehrung des β-Zerfalls des Neutrons, der EC-Zerfall des Protons in einem Wasserstoffatom, findet nicht von selbst statt, da dieser Prozeß endotherm ist. Er sollte jedoch durch Beschuß von Wasserstoffatomen mit Antineutrinos möglich sein, wenn die Antineutrinos die erforderliche Energie mitbringen. Die Reaktionsgleichung wäre genau die Umkehrreaktion des β-Zerfalls des Neutrons:

$$\bar{\nu} + p + e^- \to n.$$

Bei hinreichend hoher Energie des Antineutrinos kann auch ein Elektron der „Diracschen Unterwelt" eingefangen werden, und der Prozeß lautet dann:

$$\bar{\nu} + p \to n + \beta^+.$$

Die Beobachtung dieses Prozesses hat besondere Aussicht auf Erfolg, da sich beide Reaktionsprodukte verhältnismäßig leicht nachweisen lassen.

Als äußerst intensive Antineutrinoquelle verwendet man einen Kernreaktor. Die Spaltprodukte des Urans haben wegen der Krümmung des Energietals einen Neutronenüberschuß. Unter den Spaltprodukten findet man deshalb ausnahmslos β^--Strahler und keine β^+-Strahler oder EC-Zerfälle. Der β^--Zerfall ist aber mit der Emission eines Antineutrinos verbunden. Wegen des hohen Neutronenüberschusses sind die β-Zerfallsenergien der Spaltprodukte meist sehr hoch, und man erwartet deshalb hochenergetische Antineutrinostrahlung.

Mit der Leistung des Reaktors kennt man die Zahl der Uranspaltungen pro Sekunde. Da außerdem bekannt ist, mit welcher Ausbeute die verschiedenen Spaltprodukte gebildet werden und durch welche β-Zerfallsreihen sie in stabile Isotope übergehen, läßt sich aus der Leistung des Reaktors auch recht genau die Zahl der Antineutrinos berechnen, die pro Sekunde in den Brennelementen erzeugt werden. Diese verlassen den Reaktor wegen des extrem kleinen Wirkungsquerschnitts praktisch ohne Verluste und ohne Streuungen auch durch die Abschirmwände hindurch. Man kann leicht abschätzen, daß außerhalb eines Leistungsreaktors ein Antineutrinofluß von etwa 10^{13} $\bar{\nu}/cm^2 sec$ herrscht. Dieser Fluß ist ausreichend, um bei einem hinreichend großen Target auch bei einem Wirkungsquerschnitt von nur etwa 10^{-43} cm^2 eine noch gerade meßbare Zahl von Reaktionen zu erhalten.

Reines und Cowan benutzten als Target einen Wasserbehälter von ca 1 m² Grundfläche und 8 cm Höhe.

Man schätzt die Zahl der pro Sekunde zu erwartenden Reaktionen leicht ab:

$$N = \phi_{\bar{\nu}} \cdot \sigma_{(\bar{\nu} + p)} \cdot n.$$

Mit

$n =$ Zahl der Targetkerne

$$= 2 \cdot \frac{V \cdot \rho \cdot L}{M} = \frac{8 \cdot 10^4 \cdot 1 \cdot 6 \cdot 10^{23} \cdot 2}{18} = 5{,}3 \cdot 10^{27},$$

$$\sigma \approx 10^{-43} \text{ cm}^2$$

und

$$\phi_{\bar{\nu}} \approx 10^{13} \; \bar{\nu}/\text{cm}^2\text{sec}$$

erhält man:

$$N = 10^{13} \cdot 10^{-43} \cdot 5{,}3 \cdot 10^{27} \cdot \text{sec}^{-1} = 5{,}3 \cdot 10^{-3} \cdot \text{sec}^{-1} = 19 \, h^{-1}.$$

Zum Nachweis der Neutrinoeinfangreaktionen verwendeten Reines und Cowan die in Figur 109 skizzierte Anordnung.

Das nach der Reaktion

$$\bar{\nu} + p \rightarrow n + \beta^+$$

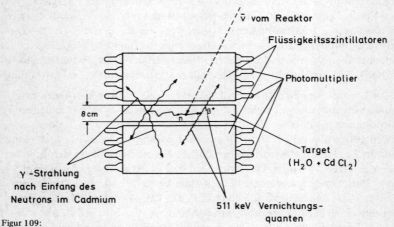

Figur 109:

Experimentelle Anordnung von Reines und Cowan, Phys.Rev. 92, 830 L (1953) und Phys.Rev. 113, 273 (1959) zur Beobachtung der Antineutrino-Absorption durch Protonen.

im Target entstandene Positron wird nach der Abbremsung vernichtet, und es werden die 511 keV Vernichtungsquanten in entgegengesetzten Richtungen emittiert. Sie werden in den beiden großen Flüssigkeitsdetektoren nachgewiesen. Die Lichtblitze in den ausgedehnten Szintillationstanks werden durch eine große Zahl parallel geschalteter Photomultiplier empfangen. Durch eine Koinzidenzschaltung zwischen beiden Szintillatoren wird der Untergrund reduziert.

Das bei der Reaktion entstandene Neutron wird zunächst im Wasser moderiert. Nach einigen μsec hat es thermische Energien erreicht und wird dann sofort vom im Target enthaltenen Cadmium absorbiert, da Cadmium für thermische Neutronen einen sehr großen Wirkungsquerschnitt hat. Nach dem Neutroneneinfang entsteht ein hochangeregter Kern, der seine Anregungsenergie durch viele rasch aufeinanderfolgende γ-Übergänge abgibt. Diese sogenannte Neutroneneinfang γ-Strahlung wird wieder von beiden Szintillatoren in Koinzidenz gemessen.

Zum Nachweis der Antineutrinoabsorption mißt man beide Koinzidenzereignisse in verzögerter Koinzidenz, wobei die eingestellte Verzögerung der mittleren Moderationsdauer der Neutronen im Target entspricht.

Reines und Cowan beobachteten die Zahl der auf diese Weise erhaltenen Ereignisse bei Betrieb des Reaktors und bei ausgeschaltetem Reaktor. Tatsächlich war die bei eingeschaltetem Reaktor gemessene Zählrate höher.

Das Experiment wurde in mehreren Variationen wiederholt. Das genaueste Resultat der Messungen für den mittleren Wirkungsquerschnitt der Antineutroneneinfangreaktion ist:

$$\bar{\sigma} = (11 \pm 2{,}6) \cdot 10^{-44} \text{ cm}^2.$$

Dieser Wert ist in guter Übereinstimmung mit dem aus der Halbwertszeit des β-Zerfalls des Neutrons theoretisch berechneten* mittleren Wirkungsquerschnitt von

$$\bar{\sigma}_{\text{theor.}} = (10 \pm 1{,}6) \cdot 10^{-44} \text{ cm}^2.$$

Das Gelingen des Los-Alamos-Experiments beseitigt die letzten Zweifel an der Existenz des Neutrinos.

Um herauszufinden, ob sich Neutrino und Antineutrino in ihren physikalischen Eigenschaften unterscheiden, kann man untersuchen, ob die Antineutrinos des Reaktors in der Lage sind, eine

---

* Diese Berechnung berücksichtigt die Energieabhängigkeit des Wirkungsquerschnitts.

Reaktion hervorzurufen, die aufgrund der Normalgleichung des
β-Zerfalls nur durch Neutrinos möglich sein sollte.

Ein solches Experiment wurde von Davis durchgeführt:

㊷ Das Davis-Experiment

Lit.: Davis, Phys.Rev. 97, 766 (1955)
 Davis, Bull.Am.Phys.Soc. 1, 219 (1956)
 Davis, Phys.Rev.Letters 12, 303 (1964)

Davis untersuchte, ob sich der bekannte EC-Zerfall des ^{37}A:

$$^{37}A + e^- \rightarrow {}^{37}Cl + \nu,$$

der mit einer Halbwertszeit von $T_{1/2} = 34d$ vor sich geht, durch Bestrahlung von ^{37}Cl mit den Antineutrinos eines Reaktors umkehren läßt, d.h., ob die Reaktion gelingt:

$$\bar{\nu} + {}^{37}Cl \rightarrow {}^{37}A + e^-.$$

Wegen des zu erwartenden winzigen Wirkungsquerschnitts ist es notwendig, sehr große Mengen von ^{37}Cl zu bestrahlen und dann das eventuell gebildete radioaktive ^{37}A quantitativ aus der bestrahlten Substanz zu extrahieren.

Davis löste dieses Problem auf folgende Weise:

Er bestrahlte ca. 4000 l Tetrachlorkohlenstoff mehrere Wochen lang am Brookhaven-Reaktor und später an einem Kernkraftwerksreaktor, der einen noch höheren Antineutrinofluß lieferte. Nach der Bestrahlung wurde der Tetrachlorkohlenstoff längere Zeit mit gasförmigem Helium durchgespült. Vorversuche mit inaktivem Argon hatten ergeben, daß eventuell im Tetrachlorkohlenstoff gebildetes Argon quantitativ mit dem Helium herausgespült wird.

Durch Ausfrieren an mit flüssigem Stickstoff gekühlter Aktivkohle konnte das Argon nachträglich wieder vom Helium getrennt werden. Anschließend wurde die Radioaktivität des Argon gemessen.

Davis erhielt das Resultat, daß der Wirkungsquerschnitt kleiner ist als

$$0,9 \cdot 10^{-45} \text{ cm}^2/^{37}\text{Cl-Atom},$$

während der für den Fall, daß Neutrino und Antineutrino ununterscheidbare Teilchen sind, erwartete Wirkungsquerschnitt den Wert hat:

$$\bar{\sigma}_{theor} = 2{,}6 \cdot 10^{-45} \text{ cm}^2/^{37}\text{Cl-Atom}.$$

Man muß daraus den Schluß ziehen, daß Neutrino und Antineutrino tatsächlich verschiedene Teilchen sind. Die Messungen von Davis wurden durch zwei Umstände erschwert:

1. ^{37}A wird auch durch den Einfang von μ-Mesonen der kosmischen Strahlung produziert.

2. Man erwartet, daß die Fusionsprozesse auf der Sonne, die die Sonnenenergie liefern, mit einer intensiven Neutrinostrahlung verbunden sind. Diese Neutrinostrahlung könnte ebenfalls ^{37}A produzieren.

Die Störung durch μ-Mesoneneinfang läßt sich dadurch ausschließen, daß man die Untersuchung im Inneren der Erde in einem tiefen Bergwerk vornimmt. Davis schätzte ab, daß der durch die μ-Mesonen verursachte Untergrund in 1500 m Tiefe unterhalb der Erdoberfläche um etwa einen Faktor 10 kleiner ist als die für die Sonnenneutrinos erwartete ^{37}A Produktionsrate (Davis, Phys.Rev.Letters 12, 303 (1964)).*

Es wäre für kosmologische Untersuchungen von größtem Interesse, die Sonnenneutrinos nachzuweisen. Zur Unterscheidung von eventuellen Neutrinos der Milchstraße läßt sich ausnutzen, daß die Erdbahn um die Sonne kein exakter Kreis ist und deshalb der mittlere Fluß der Sonnenneutrinos einer periodischen Schwankung unterworfen sein muß.

Das Davis-Experiment ergab, daß Neutrino und Antineutrino verschiedene Teilchen sind. Wodurch sie sich tatsächlich unterscheiden, konnte wenige Jahre später aufgeklärt werden.

Bevor wir jedoch diese interessanten Experimente diskutieren, wollen wir versuchen, die Gestalt der kontinuierlichen β-Spektren zu verstehen.

Sowohl beim β^--Zerfall als auch beim β^+-Zerfall können im Prinzip alle drei Zerfallsprodukte die Reaktionsenergie als kinetische Energie übernehmen. Eine einfache Abschätzung ergibt jedoch, daß der Tochterkern aufgrund des Impulserhaltungssatzes nur einen vernachlässigbar kleinen Anteil der Zerfallsenergie übernehmen kann.

---

*Erste Experimente dieser Art ergaben merkwürdigerweise wesentlich weniger Reaktionen mit Sonnenneutrinos als erwartet.

Experimente zur schwachen Wechselwirkung

Wir wollen deshalb untersuchen, welches β-Spektrum man erhalten würde, wenn man von der Hypothese ausgeht, daß die Verteilung der verfügbaren Reaktionsenergie allein auf die beiden Partner Elektron und Antineutrino und allein nach den Gesetzen der Statistik erfolgt. Wir haben lediglich die Nebenbedingung des Energiesatzes zu erfüllen:

$$T_e + T_{\bar{\nu}} = E_{tot}$$

mit T_e = kinetische Energie der Elektronen,
$T_{\bar{\nu}}$ = kinetische Energie der Antineutrinos,
E_{tot} = Wärmetönung (Reaktionsenergie) des β-Zerfalls.

Aus später ersichtlichen Gründen wollen wir für die verfügbare Reaktionsenergie E_{tot} ein kleines endliches Intervall ΔE_{tot} zulassen.

Nach den Gesetzen der Statistik ist die Wahrscheinlichkeit, mit der jede spezielle Verteilung der Energie auf die beiden Partner Elektron und Antineutrino auftritt, proportional zur Größe des zu dieser speziellen Verteilung zugehörigen Volumens im Phasenraum* und damit proportional zu der Zahl der Quantenzellen** in diesem Phasenvolumen; denn die Zahl der verfügbaren Quantenzellen gibt die Anzahl der Realisierungsmöglichkeiten dieser speziellen Verteilung wieder.

Wir betrachten vorgegebene Volumina V im Ortsraum, die Elektron und Antineutrino zur Verfügung stehen mögen, und berechnen die Größe des Phasenvolumens, das für einen Zerfall zur Verfügung steht, bei dem das Elektron einen Impuls zwischen p_e und $p_e + dp_e$ übernimmt. Man erhält

$$d\Delta V_{ph} = V^2 \cdot 4\pi\, p_e^2 \cdot dp_e \cdot 4\pi\, p_{\bar{\nu}}^2 \cdot \Delta p_{\bar{\nu}}$$

---

* Der Phasenraum eines Systems von N Partikeln ist der $6N$ dimensionale Produktraum aus Ortsraum und Impulsraum.

** Die Quantenzellen im Phasenvolumen eines Teilchens haben die Größe h^3. Das Pauli-Prinzip erlaubt, jede Quantenzelle im Phasenraum mit höchstens zwei identischen Teilchen vom Spin 1/2 zu besetzen.

oder mit

$$p_{\bar{\nu}} = \frac{E_{tot} - T_e}{c} \quad \text{und} \quad \Delta p_{\bar{\nu}} = \frac{\Delta E_{tot}}{c}$$

$$d\Delta V_{ph} = V^2 \cdot 4\pi p_e^2 \cdot dp_e \cdot 4\pi \frac{(E_{tot} - T_e)^2}{c^3} \cdot \Delta E_{tot}.$$

Damit erhält man für die Zahl der Quantenzellen pro Einheitsenergieintervall, die für die Realisierung dieser speziellen Verteilung zur Verfügung stehen:

(228) $\quad dN = d\dfrac{\Delta V_{ph}}{\Delta E_{tot}} \cdot \dfrac{1}{h^6} = \dfrac{16\pi^2 V^2}{c^3 \cdot h^6} \cdot (E_{tot} - T_e)^2 \cdot p_e^2 \cdot dp_e.$

Da die Wahrscheinlichkeit der Realisierung dieser Verteilung dieser Zahl proportional ist, erhalten wir für das zu erwartende β-Spektrum:

(229) $\quad P(p_e) dp_e = C \cdot (E_{tot} - T_e)^2 \cdot p_e^2 \cdot dp_e.$

$P(p_e) \cdot dp_e$ ist die Wahrscheinlichkeit dafür, daß ein β-aktiver Kern in der folgenden Zeiteinheit einen β-Zerfall erleidet, wobei der Impuls der emittierten Elektronen im Intervall zwischen p_e und $p_e + dp_e$ liegt. Die Wellenfunktion der auslaufenden Elektron- und Antineutrinowelle sowie die Wellenfunktionen des Ausgangskerns und des Tochterkerns sowie die schwache Wechselwirkungskopplung zwischen den beteiligten Partikeln bestimmen die Konstante C.

Tatsächlich zeigt ein Vergleich vieler experimentell beobachteter β-Spektren, insbesondere der β-Spektren hoher Zerfallsenergie von leichten Kernen, bereits recht gute Übereinstimmung mit dieser hier auf ganz naive Weise abgeleiteten Gestalt.

Die Messung von β-Spektren nutzt im allgemeinen die Krümmung der Bahn der Elektronen in einem Magnetfeld aus, die der bereits wiederholt verwendeten Gleichung genügt:

(230) $\quad p = e \cdot B \cdot \rho$, mit ρ = Krümmungsradius.

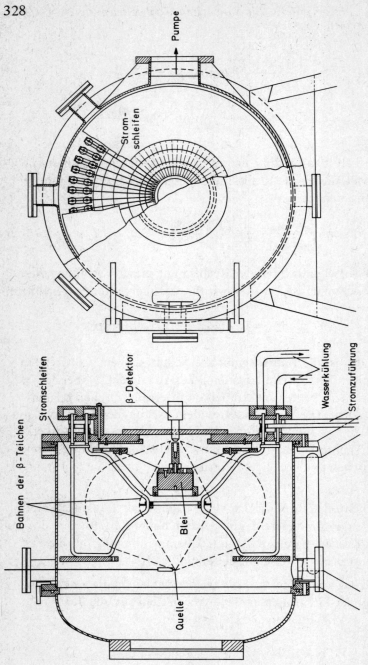

Figur 110: Eisenfreies Beta-Spektrometer vom Orangentyp. Dieses spezielle Spektrometer wurde von Moll an der TH München entwickelt.

Experimente zur schwachen Wechselwirkung

Ein Blendensystem sorgt in den β-Spektrometern dafür, daß für ein festes Magnetfeld nur Elektronen eines definierten Impulses p in den Detektor gelangen. Figur 110 zeigt als Beispiel ein modernes Betaspektrometer, das sich bei gutem Auflösungsvermögen (0,3%) durch eine besonders hohe Transmission (20%) auszeichnet. Man nennt diesen speziellen Typ ein eisenfreies Orangenspektrometer. Mit einer Variation des Magnetfeldes variiert man streng proportional dazu den zugelassenen Elektronenimpuls. Trägt man die beobachtete Zählrate als Funktion von $B \cdot \rho$ auf, so erhält man allerdings noch nicht direkt das Impulsspektrum $P(p_e) \cdot dp_e$, denn man muß berücksichtigen, daß im β-Spektrometer die relative Breite des zugelassenen Impulsintervalls dp_e/p_e und nicht die absolute Breite dp_e konstant bleibt. Man muß deshalb die als Funktion der Magnetfeldstärke gemessenen Zählraten noch durch p_e bzw. B dividieren, um das Impulsspektrum $P(p_e) \cdot dp_e$ zu erhalten.

Figur 111 zeigt als Beispiel das β-Spektrum von ^{24}Na. Die ausgezogene Kurve ist die Gestalt, die die statistische Verteilung der Energie auf ein Elektron und ein Antineutrino liefert.

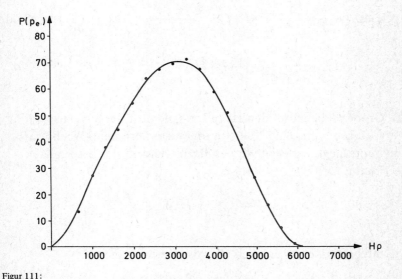

Figur 111:

Betaspektrum des ^{24}Na. Diese Figur ist der Arbeit von Siegbahn, Phys.Rev. 70, 127 (1946), entnommen.

An der theoretischen Gestalt der β-Spektren ist eine Korrektur dafür anzubringen, daß die Elektronenwellenfunktion durch das Coulomb-Feld des Kerns beeinflußt wird. Diese Störung ist offensichtlich der Hauptgrund für Abweichungen vor allem bei kleinen Energien und großen Kernladungszahlen. Außerdem müssen wir untersuchen, ob darüber hinaus und unter welchen Voraussetzungen die Konstante C von p_e unabhängig ist.

Um diesen nächsten Schritt in einer Theorie des β-Zerfalls durchzuführen, verwenden wir die Störungstheorie der Quantenmechanik. Sie liefert allgemein für die Wahrscheinlichkeit, daß ein quantenmechanisches System im Zustand i in der folgenden Zeiteinheit in den Zustand f übergeht, den Ausdruck:

(231) $$W_{i \to f} = \frac{2\pi}{\hbar} \cdot |\langle f | H | i \rangle|^2 \cdot \rho_f.$$

Die Größe ρ_f ist die Zahl der Quantenzellen pro Einheitsenergieintervall im Endzustand, die wir bereits berechnet haben, so daß wir den Ausdruck erhalten:

$$P(p_e)dp_e = \frac{2\pi}{\hbar} \cdot |\langle f | H | i \rangle|^2 \cdot \frac{16\pi^2 V^2}{c^3 \cdot h^6} \cdot (E_{tot} - T_e)^2 \cdot p_e^2 \cdot dp_e$$

(232) $$= \frac{V^2}{\hbar^7 \cdot 2\pi^3 c^3} \cdot |\langle f | H | i \rangle|^2 \cdot (E_{tot} - T_e)^2 \cdot p_e^2 \cdot dp_e.$$

Die Größe H bedeutet den Hamilton-Operator der β-Wechselwirkung. Da jedes einzelne Nukleon im Mutterkern der β-Wechselwirkung unterliegt, zerlegen wir das Matrixelement des β-Zerfalls in die Summe:

(233) $$\langle f | H | i \rangle = \sum_{n=1}^{A} \int H_n d\tau.$$

Die Integration erstreckt sich über das Kernvolumen.

Die Gestalt der Wechselwirkungsdichtematrix H_n der Schwachen Wechselwirkung ist natürlich nicht a priori bekannt, sondern kann nur experimentell erforscht werden. Die Theorie des β-Zerfalls ist mit großem Erfolg zunächst von den folgenden naheliegenden Hypothesen ausgegangen:

1. Die Reichweite der Schwachen Wechselwirkung ist vernachlässigbar klein, d.h., als Ortsabhängigkeit des Wechselwirkungspotentials kann eine δ-Funktion verwendet werden. Dies hat zur Folge, daß man bei der Berechnung der Wechselwirkungsdichtematrix nicht über die Relativkoordinaten zwischen Nukleonen und Leptonen zu integrieren braucht, sondern nur die Amplitude der Leptonenwellenfunktion am Ort der Nukleonen berücksichtigt.

2. Die Schwache Wechselwirkung hängt nicht von den relativen Geschwindigkeiten zwischen Leptonen und Nukleonen ab; d.h., der Wechselwirkungsoperator enthält keine Ableitungen.

3. Die Schwache Wechselwirkung ist Lorentz-invariant im weiteren Sinne, d.h., einschließlich Spiegelungen im Ortsraum und Spiegelung der Zeitachse.

4. Der Operator der Schwachen Wechselwirkung ist ein linearer Operator, d.h., die Wellenfunktionen der vier beteiligten Fermionen gehen linear in die Wechselwirkungsdichtematrix ein.

Unter diesen Voraussetzungen läßt sich die Wechselwirkungsdichtematrix in der Form schreiben:

(234) $\qquad H_n = g \cdot (\widetilde{\psi}_f, O_n \psi_i) \cdot (\widetilde{\psi}_e, O_n \psi_\nu) + \text{h.c.}$

In dieser Gleichung sind ψ_i und ψ_f die vollständigen Nukleonenwellenfunktionen des Mutterkerns und des Tochterkerns. Der Wechselwirkungsoperator O_n wirkt auf das n-te Nukleon des Mutterkerns. ψ_e und ψ_ν sind die Leptonenamplituden am Ort des n-ten Nukleons. Damit der Ausdruck für H_n sinnvoll ist, muß der Operator zunächst einmal die Eigenschaft haben, ein Neutron in ein Proton und gleichzeitig ein Neutrino in ein Elektron umzuwandeln (und umgekehrt bei β^+- und EC-Zerfällen). Wenn es sich um ein

Neutrino der Diracschen Unterwelt handelt, bedeutet dies natürlich die Schaffung eines Elektron-Antineutrino-Paares aus dem Vakuum.

Da wir es mit relativistischen Geschwindigkeiten zu tun haben, sind alle vier Wellenfunktionen vierkomponentige Spinorfunktionen. Das Symbol $\widetilde{\psi}$ bedeutet die adjungierte Wellenfunktion zu ψ. Es handelt sich nicht einfach um die hermitisch konjungierte Wellenfunktion $\psi^+{}^*$, sondern um die Größe $\psi^+ \cdot \beta$. Ein mathematisches Studium der Transformationseigenschaften der Spinoren ergibt nämlich, daß $\psi^+ \psi$ nicht invariant ist gegenüber Lorentztransformationen, während $\widetilde{\psi}\psi$ einen echten Skalar darstellt. Das Symbol h.c. bedeutet die hermitisch konjungierte Matrix zum gesamten Ausdruck. Man fügt sie hinzu, um sicherzustellen, daß H_n insgesamt hermitisch ist**. Der Operator O_n wirkt nach Hypothese 1, nicht auf die Ortskoordinaten. Er braucht aber nicht einfach ein skalarer Zahlenfaktor zu sein, sondern er kann auf die Spinorkomponenten wirken. Dies bedeutet, daß z.B. ein Proton, das nach dem β-Zerfall des Neutrons entstanden ist, sich in einem anderen Spinzustand befindet als das Neutron vorher. In diesem allgemeinen Fall werden die Operatoren O_n durch quadratische, vierrangige Matrizen beschrieben.

Es gibt insgesamt genau 16 unabhängige vierrangige Matrizen; z.B. diejenigen mit einer 1 in einem Feld und Nullen in allen übrigen Feldern. Es ist hier jedoch notwendig, sich auf diejenigen Operatoren zu beschränken, die H_n Lorentz-invariant machen. Es gibt genau 5 Operatoren***, die diese Bedingung erfüllen. Sie sind in der fol-

---

* Zu $\psi = \begin{Bmatrix} \psi_1 \\ \psi_2 \\ \psi_3 \\ \psi_4 \end{Bmatrix}$ ist $\psi^+ = (\psi_1^*, \psi_2^*, \psi_3^*, \psi_4^*)$,

denn hermitisch konjugiert heißt die Matrix, die durch Vertauschen von Zeilen und Spalten und durch gleichzeitigen Ersatz aller Matrixelemente durch die konjugiert komplexen Größen entsteht.

** In Lehrbüchern der Quantenmechanik wird bewiesen, daß die Hamilton-Matrix hermitisch sein muß.

*** linear unabhängige Operatoren

Experimente zur schwachen Wechselwirkung 333

genden Tabelle aufgeführt. Der Beweis geht über den Rahmen dieses Buches hinaus*.

Tabelle 5

Operator	Transformations-verhalten von $(\psi_f, O \psi_i)$	Darstellung mit Hilfe der γ-Matrizen
O_S	Skalar	1
O_V	Vektor	γ_μ
O_T	Tensor	$\gamma_\mu \gamma_\nu$
O_A	Achsialvektor	$i \gamma_\mu \gamma_5$
O_P	Pseudoskalar	γ_5

Die Diracschen Gamma-Matrizen hängen mit den oben angeführten Matrizen $\alpha_1, \alpha_2, \alpha_3$ und β in folgender Weise zusammen:

$$\gamma_1 = -i\beta\alpha_1; \quad \gamma_2 = -i\beta\alpha_2; \quad \gamma_3 = -i\beta\alpha_3; \quad \gamma_4 = -\beta$$

und

(235) $$\gamma_5 = \gamma_1 \gamma_2 \gamma_3 \gamma_4.$$

H_n wird natürlich nur dann insgesamt ein Skalar und damit invariant gegenüber Lorentz-Transformationen, wenn der gleiche Operator zwischen den Nukleonen- und den Leptonenwellenfunktionen wirkt.

Es ist zwar naheliegend anzunehmen, daß die Schwache Wechselwirkung ähnlich wie die Starke Wechselwirkung von den Spinzuständen der beteiligten Partikel abhängig ist. Welche von den fünf theoretischen Möglichkeiten tatsächlich in der Natur realisiert sind,

---

* Man findet eine ausführliche Behandlung z.B. in Messiah: Quantum-Mechanics, N.H.P.C. Amsterdam 1965, Band II, S. 896. Allerdings wird dort abweichend von unserer Formulierung die „kovariante" Schreibweise der Diracschen Gleichung verwendet.

Experimente zur schwachen Wechselwirkung

läßt sich jedoch nur durch das Experiment entscheiden. Die im Rahmen unserer Hypothese allgemeinste Form der Wechselwirkungsdichtematrix für ein einzelnes Nukleon hat damit die Gestalt:

$$H_n = g \cdot \{ C_S H_S + C_V H_V + C_T H_T + C_A H_A + C_P H_P \}$$

mit:

(236) $$H_S = (\widetilde{\psi}_p, O_s \psi_n)(\widetilde{\psi}_e, O_s \psi_\nu) + \text{h.c. usw.},$$

wobei es üblich ist, die dimensionslosen reellen Kopplungskonstanten C_i so zu normieren, daß:

$$\sum_i C_i^2 = 1.$$

Die absolute Stärke der Wechselwirkung spaltet man in den Faktor g, die sogenannte Kopplungskonstante der Schwachen Wechselwirkung, ab.

Die somit formulierte Theorie der Schwachen Wechselwirkung erscheint recht spekulativ. Sie beruht jedoch auf naheliegenden einfachen Hypothesen, und man muß untersuchen, ob die Experimente sich durch geeignete Wahl der Parameter C_i und g mit den Aussagen dieser Theorie in Übereinstimmung bringen lassen.

Es sei noch besonders darauf hingewiesen, daß die die absolute Größe des Matrixelements der Schwachen Wechselwirkung bestimmende Kopplungskonstante g nicht die Dimension erg, sondern die Dimension erg × cm^3 haben muß; dies ist eine formale Konsequenz davon, daß wir die Reichweite der Schwachen Wechselwirkung vernachlässigbar klein angesetzt haben und dann auf eine Integration über den Raum der Relativkoordinaten zwischen Leptonen und Nukleonen verzichtet haben.

Um weitere mögliche Mißverständnisse zu vermeiden, sei noch erwähnt, daß die Willkür in der Wahl der Größe des Volumens V, das bei der Berechnung des statistischen Faktors für die auslaufenden Leptonen angesetzt wurde, in die absoluten Übergangswahrschein-

Experimente zur schwachen Wechselwirkung

lichkeiten nicht eingeht. Die Amplituden der auslaufenden Leptonenwellen sind natürlich dadurch bestimmt, daß die Integrale

$$\int \psi_e^* \cdot \psi_e \, d\tau \quad \text{und} \quad \int \psi_{\bar{\nu}}^* \cdot \psi_{\bar{\nu}} \, d\tau$$

über das Volumen V genau den Wert 1 ergeben. Beschreiben wir die auslaufenden Leptonen durch die ebenen Wellen

$$\psi_e(\mathbf{r}) = \psi_e(0) \cdot e^{i\mathbf{k}_e \cdot \mathbf{r}} \quad \text{und} \quad \psi_{\bar{\nu}}(\mathbf{r}) = \psi_{\bar{\nu}}(0) \cdot e^{i\mathbf{k}_{\bar{\nu}} \cdot \mathbf{r}},$$

so folgt aus den Normierungsbedingungen:

$$\int_V \psi_e^*(\mathbf{r}) \cdot \psi_e(\mathbf{r}) \cdot d\tau = 1 \quad \text{und} \quad \int_V \psi_{\bar{\nu}}(\mathbf{r}) \cdot \psi_{\bar{\nu}}(\mathbf{r}) \cdot d\tau = 1$$

für die Amplituden am Kernort bei $r = 0$:

$$\psi_e(0) = \frac{1}{V^{1/2}} \quad \text{und} \quad \psi_{\bar{\nu}}(0) = \frac{1}{V^{1/2}}.$$

Diese Normierung liefert für das Dichtematrixelement H_n und damit für das β-Matrixelement $\langle f | H | i \rangle$ einen Normierungsfaktor $1/V$, und da in die Übergangswahrscheinlichkeit $P(p_e)dp_e$ das β-Matrixelement im Quadrat eingeht, fällt V^2 heraus.

In H_n gehen allerdings nicht direkt $\psi_e(0)$ und $\psi_{\bar{\nu}}(0)$ ein, sondern die Amplituden am Ort des n-ten Nukleons, und dieses Nukleon verteilt sich über das ganze Kernvolumen. Andererseits sind die Wellenlängen der Elektron- und Neutrinowellen für alle praktisch vorkommenden β-Zerfallsenergien sehr groß gegenüber dem Kernradius, so daß das Einsetzen von $\psi_e(0)$ und $\psi_{\bar{\nu}}(0)$ zunächst einmal eine gute Näherung ist.

Wir müssen allerdings berücksichtigen, daß der Ansatz einer ebenen Welle für das Elektron insofern inkorrekt ist, als das Coulomb-Feld des Kerns anziehende Kräfte auf das Elektron ausübt und damit die Amplitude am Kernort erhöht. Bei Positronen wird entsprechend die Amplitude am Kernort erniedrigt. Dieser Effekt ist offensichtlich von der Energie der Elektronen abhängig. Er wird umso größer,

Experimente zur schwachen Wechselwirkung

je kleiner die Energie der Elektronen ist. Die Folge davon ist eine Veränderung der Gestalt des β-Spektrums.

Da in die Funktion $P(p_e)dp_e$ das β-Matrixelement und damit H_n und damit $\psi_e(0)$ quadratisch eingeht, erhält man für den Coulomb-Korrekturfaktor, die sogenannte „Fermi"-Funktion F, den Faktor:

$$F(Z, T_e) = \frac{|\psi_e(0)|^2}{|\psi_{e\,frei}(0)|^2}.$$

Die näherungsweise nicht-relativistische Berechnung für einen punktförmigen Kern ergibt:

(237) $\qquad F(Z, T_e) \approx \dfrac{2\pi\eta}{1 - e^{-2\pi\eta}}$

mit $\qquad \eta = +\dfrac{Ze^2}{\hbar v} \qquad$ für Elektronen

und $\qquad \eta = -\dfrac{Ze^2}{\hbar v} \qquad$ für Positronen.

Z ist die Ordnungszahl des Tochterkerns.

Die Fermi-Funktion ist von vielen Autoren in verschieden guten Näherungen berechnet und tabelliert worden*. Ein Vergleich der Güte der einfachsten Näherungen wurde von Feister (Feister, Phys. Rev. 78, 375 (1950)) gegeben.

Eine genaue Berechnung der Fermi-Funktion ist sehr kompliziert. Einmal muß die endliche Kerngröße berücksichtigt werden, dann ist die Abschirmung des Coulomb-Potentials durch die eigene Atomhülle zu berücksichtigen, schließlich sind relativistische Wellenfunk-

---

*Fano, Nat. Bureau of Standards (1952) (NBS – 52).
Rose, Dismuke, Perry, and Bell (1952) ORNL – 1222; diese Tabelle ist in dem Buch Siegbahn, Beta- and Gamma-Ray-Spectroscopy, North Holland Publ.Comp. 1952 (Appendix II), abgedruckt.
Dzhelepov and Zyrianova, Academy of Science, Moscow (1956).
Bühring, Nucl.Phys. 61, 110 (1965).

Experimente zur schwachen Wechselwirkung

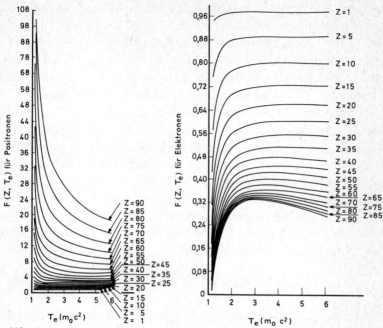

Figur 112:

Graphische Darstellung für die Fermi-Funktion. Diese Figur ist dem Buch Segre: „Experimental Nuclear Physics", Vol. III, J. Wiley & Sons, N.Y. (1959), entnommen.

tionen zu verwenden. Die Tabellierung von Bühring dürfte die bisher beste Näherung darstellen.

In Figur 112 ist die Funktion $F(Z, T_e)$ graphisch dargestellt. Man erkennt, daß die Fermi-Funktion für kleine Z nur wenig von 1 abweicht. Bei großem Z und kleinen Energien wird F bei Positronen erheblich erniedrigt und bei Elektronen entsprechend vergrößert.

Bevor wir uns ansehen, ob nun die Gestalt der β-Spektren genauer wiedergegeben wird, müssen wir untersuchen, ob das β-Matrixelement noch weitere, von der Verteilung der Energie auf Elektron und Antineutrino abhängige Terme enthält.

Der für die folgenden Überlegungen entscheidende Gesichtspunkt ist der Drehimpulserhaltungssatz. Selbstverständlich muß für das Gesamtsystem beim β-Zerfall der Drehimpuls erhalten bleiben.

Die Spin- und Paritätsunterschiede zwischen Mutterkern und Tochterkern bestimmen deshalb, welchen Gesamtdrehimpuls und insbesondere auch Bahndrehimpuls die auslaufenden Leptonenwellen übernehmen müssen. Nur für $l_e = l_{\bar{\nu}} = 0$ sind die Amplituden der auslaufenden Leptonenwellen am Kernort groß. Wenn dagegen die auslaufenden Leptonen Bahndrehimpuls übernehmen, dann hat ihre Wellenfunktion am Kernort einen Nulldurchgang. Das β-Matrixelement wird dann sehr klein. Es verschwindet nur deshalb nicht vollständig, weil man über das endliche Kernvolumen zu integrieren hat und der Kernradius zwar klein, aber nicht vernachlässigbar klein gegenüber der Wellenlänge der auslaufenden Teilchen ist. Die Übergangswahrscheinlichkeit wird je nach der Größe der zu übernehmenden Bahndrehimpulse um zwei oder mehr Zehnerpotenzen reduziert, und man spricht von „verbotenen" β-Übergängen. Die möglichen Auswahlregeln für „erlaubte" β-Übergänge lauten deshalb

$$\Delta I = 0; \text{ kein Paritätswechsel} \quad (\text{„Fermi"-Auswahlregel}),$$

wenn beim β-Zerfall Elektronen und Antineutrinos mit antiparallelem Spin den Kern verlassen. Dies ist gleichbedeutend damit, daß das aus der Diracschen Unterwelt absorbierte Neutrino seinen Spin direkt an das erzeugte Elektron abgibt oder:

$$\Delta I = 0, \text{ oder } \pm 1 \quad \text{außer } 0 \to 0, \text{ kein Paritätswechsel}$$
$$(\text{„Gamow-Teller"-Auswahlregel}),$$

wenn beim β-Zerfall Elektronen und Antineutrinos mit parallelem Spin, d.h. mit dem Gesamtdrehimpuls $L = 1$ den Kern verlassen. Beim Gamow-Teller-Übergang muß also das erzeugte Elektron einen anderen Spinzustand einnehmen als den des aus der Diracschen Unterwelt absorbierten Neutrinos. Diese Auswahlregel und insbe-

Figur 113:

Vektordiagramm der Drehimpulse bei einem Beta-Zerfall.

Experimente zur schwachen Wechselwirkung 339

sondere auch das 0 → 0 Verbot beim Gamow-Teller-Übergang sind unmittelbar aus dem Vektordiagramm der Figur 113, das den Drehimpulserhaltungssatz darstellt, offensichtlich.

Ob sowohl „Fermi"- als auch „Gamow-Teller"-Übergänge tatsächlich in der Natur existieren, hängt davon ab, welche der fünf theoretisch möglichen Wechselwirkungsoperatoren tatsächlich beim β-Zerfall auftreten.

Ein genaues Studium zeigt, daß die Operatoren O_S und O_V zu „Fermi"-Übergängen führen, während O_T und O_A „Gamow-Teller"-Übergänge hervorrufen. Der Operator O_P liefert gar keine „erlaubten" Übergänge. Wegen der Drehimpulsauswahlregeln ist es zweckmäßig, zur weiteren Entwicklung des β-Matrixelements die Leptonenwellen nach Multipolen, d.h. nach Drehimpulsen zu entwickeln. In Analogie zur elektrodynamischen Ausstrahlung spricht man von der Multipolarität 2^L, wenn die auslaufenden Leptonen insgesamt den Drehimpuls L mitnehmen. Kompliziert wird diese Entwicklung dadurch, daß wegen der relativistischen Geschwindigkeiten der Partikel nur der Gesamtdrehimpuls und nicht der Bahndrehimpuls eine gute Quantenzahl ist*.

Jede dieser einzelnen Multipolwellen hat ihre Spin- und Paritätsauswahlregeln und führt auf andere Kernmatrixelemente. Die Durchführung dieser komplizierten Entwicklungen geht über den Rahmen dieses Buches hinaus. Eine ausführliche Darstellung findet man in dem Buch von Schopper (Schopper: „Weak Interactions and Nuclear β-Decay"; North Holland Publ.Comp., Amsterdam (1966)).

Das Resultat für die „erlaubten" Übergänge lautet:

$$P(p_e)dp_e =$$

$$= \frac{g^2}{\hbar^7 \cdot 2\pi^3 c^3} \cdot \{(C_S^2 + C_V^2) \cdot |\int 1|^2 + (C_T^2 + C_A^2) \cdot |\int \sigma|^2 +$$

---

* Dies bedeutet insofern eine Komplikation, als der Bahndrehimpuls allein den Ortsanteil der Leptonenwellenfunktion bestimmt, der für die Güte der Überlappung der Nukleon-Leptonwellenfunktionen und damit für die Größe des β-Matrix-Elements von entscheidender Bedeutung ist.

$$+ \frac{1}{T_e} \cdot 2 \cdot [1 - (\alpha Z)^2]^{1/2} \cdot [C_S C_V \cdot |\textstyle\int 1|^2 + C_T C_A \cdot |\textstyle\int \sigma|^2] \} \times$$

(238)
$$\times F(Z, T_e) \cdot (E_{tot} - T_e)^2 \cdot p_e^2 \cdot dp_e.$$

In dieser Formel bedeuten $\int 1$ das Fermi-Matrixelement und $\int \sigma$ das Gamow-Teller-Matrixelement. Diese Symbole haben folgende Bedeutung:

(239)
$$\int 1 = \sum_{n=1}^{A} \langle f | Q_n | i \rangle$$

und

(240)
$$\int \sigma = \sum_{n=1}^{A} \langle f | Q_n \sigma_4 | i \rangle.$$

In dieser Formel charakterisieren i und f die Kernwellenfunktionen des Mutterkerns und des Tochterkerns. Der Operator Q_n wirkt auf das n-te Nukleon als Mutterkern. Er wandelt ein Neutron in ein Proton um (bzw. ein Proton in ein Neutron): σ_4 ist der Diracsche Spinvektor. Es ist zu beachten, daß über alle Endzustände summiert werden muß, insbesondere im „Gamow-Teller"-Matrixelement über die möglichen m-Zustände des Tochterkerns. Schließlich ist $\alpha = 1/137$ die Feinstrukturkonstante.

Es ist interessant festzustellen, daß das Matrixelement des β-Zerfalls für „erlaubte" Übergänge tatsächlich noch ein die Elektronenenergie T_e enthaltendes und damit die Gestalt des β-Spektrums beeinflussendes Glied zuläßt. Man nennt dieses Glied (das dritte Glied in der geschweiften Klammer) auch den „Fierz"-Interferenzterm. Man hat große Anstrengungen unternommen zu prüfen, ob die Gestalt der „erlaubten" β-Spektren durch die Formel (238) richtig wiedergegeben wird und ob insbesondere der „Fierz"-Interferenzterm existiert:

43 Experimente zur Gestalt der „erlaubten" β-Spektren und zur Beobachtung des „Fierz"-Interferenzterms

Lit.: Deutsch and Kofoed-Hansen in Segrè: Experimental Nucl.Phys. III, Wiley and Sons (1959), Seite 506ff.
Wu and Moszkowski, Beta Decay, Interscience Publishers (1966), Seite 21ff.
Siegbahn, Phys.Rev. 70, 127 (1946)
Curran, Physica 18, 1161 (1952
Albert and Wu, Phys.Rev. 75, 847 (1948)
Mahmond and Konopinski, Phys.Rev. 88, 1266 (1952)
Sherr and Miller, Phys.Rev. 93, 1076 (1954)
Gerhart and Sherr, Bull.Am.Phys.Soc. 1, 195 (1956)
Langer and Moffat, Phys.Rev. 88, 689 (1952)

Um die Gestalt gemessener β-Spektren mit der Formel (238) zu vergleichen, ist es zweckmäßig, die Messung in einer solchen Weise aufzutragen, daß die theoretische Gestalt durch eine Gerade wiedergegeben wird.

Bei Nichtberücksichtigung des „Fierz"-Interferenzgliedes gelingt dies in der folgenden Weise: Man trägt auf der Abszisse die Größe

$$\left(\frac{P(p_e)}{F(Z,T_e) \cdot p_e^2}\right)^{1/2}$$

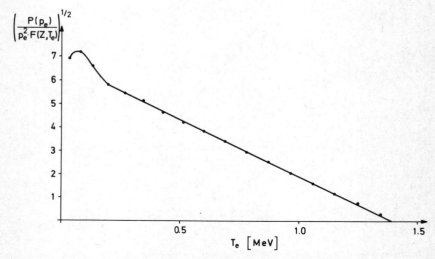

Figur 114: „Kurie-Plot" des in Figur 111 dargestellten Spektrums von ^{24}Na.

Experimente zur schwachen Wechselwirkung

und auf der Ordinate die Elektronenenergie T_e auf. Man nennt diese Darstellung den „Kurie-Plot" eines β-Spektrums.

In Figur 114 ist der „Kurie-Plot" des auf Seite 329 in Figur 111 dargestellten Spektrums von ^{24}Na wiedergegeben. Die Übereinstimmung mit einer Geraden ist bis auf die ersten Meßpunkte bei niedriger Energie ausgezeichnet.

Figur 115 zeigt den „Kurie-Plot" des auf Seite 92 in Figur 31 dargestellten β-Spektrums des freien Neutrons. Die Meßgenauigkeit ist hier zwar nicht sehr groß, man erkennt jedoch, daß auch hier die eingezeichnete Gerade den Verlauf bis auf die beiden ersten Punkte sehr genau wiedergibt. Ein ähnliches Verhalten zeigt das in Figur 116 dargestellte Spektrum von ^{32}P.

Es war auffallend, daß zunächst fast alle mit festen Quellen und magnetischen Spektrometern gemessene β-Spektren bei den tiefsten Energien Abweichungen von der theoretischen Gestalt zeigten. Man fand jedoch bald heraus, daß diese Abweichungen ausschließlich durch Streu- und Absorptionsprozesse der niederenergetischen Elektronen im Präparatmaterial verursacht worden waren. Eine sorgfältige Messung des β-Spektrums von ^{35}S durch Albert und Wu an Quellen verschiedener Schichtdicke (s. Figur 117) zeigte überzeugend, daß die Störungen mit abnehmender Schichtdicke immer kleiner werden. Eine Messung des β-Spektrums von gasförmigem ^{3}H durch Curran mit Hilfe eines großen Proportionalzählrohrs, bei dem das radioaktive Tritium einfach dem Zählgas zugegeben wurde, ergab den in Figur 118 dargestellten idealen „Kurie-Plot".

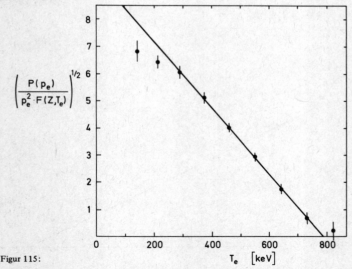

Figur 115:

„Kurie-Plot" des in Figur 31 dargestellten Beta-Spektrums des freien Neutrons. Die Figur ist dem Buch von Wu und Moszkowski: „Beta Decay", Interscience Publishers (1966), entnommen.

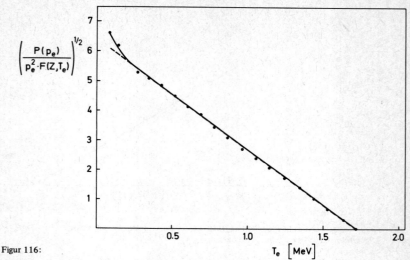

Figur 116:

„Kurie-Plot" des Beta-Spektrums von ^{32}P. Diese Figur ist der Arbeit von Siegbahn, Phys.Rev. 70, 127 (1946), entnommen.

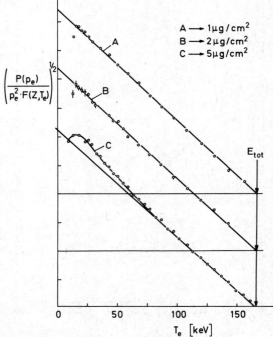

Figur 117:

„Kurie-Plot" des Beta-Spektrums des ^{35}S für verschieden dicke Quellen. Diese Figur ist der Arbeit von Albert und Wu, Phys.Rev. 75, 847 (1948), entnommen.

344

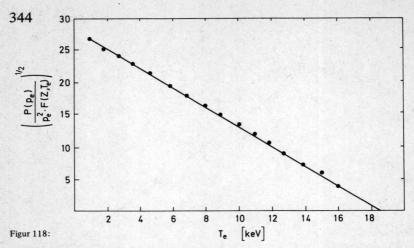

Figur 118:

„Kurie-Plot" des Beta-Spektrums von Tritium. Diese Figur ist dem Buch: Wu und Moszkowski: „Beta Decay", Interscience Publishers (1966) entnommen.

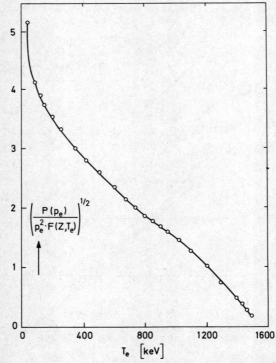

Figur 119:

„Kurie-Plot" des Beta-Spektrums von ^{91}Y. Hier handelt es sich um einen verbotenen Beta-Übergang. Diese Figur ist dem zitierten Buch von Wu und Moszkowski entnommen.

Als Beispiel für einen verbotenen β-Übergang zeigt Figur 119 den „Kurie-plot" des β-Spektrums von ^{91}Y. Es handelt sich um einen $1/2^-$-Zustand, der in den $5/2^+$-Zustand des ^{91}Zr zerfällt.

Man hat bis heute eine sehr große Zahl von β-Spektren mit sehr hoher Genauigkeit ausgemessen. Bei komplexen β-Zerfällen, bei denen der β-Übergang nicht nur zum Grundzustand, sondern auch zu einem oder mehreren angeregten Zuständen des Tochterkerns führt, sind sorgfältige Analysen notwendig. In vielen Fällen gelingt es, einen einzigen Zerfallskanal dadurch allein zu beobachten, daß man die Koinzidenzen mit einer folgenden Gamma-Strahlung des Tochterkerns mißt.

Viele der aufgrund der Gestalt des β-Spektrums und der relativ großen Übergangswahrscheinlichkeit als „erlaubt" charakterisierten Übergänge finden zwischen Termen mit $\Delta I = 1$ und gleicher Parität statt. Dies bedeutet, daß „Gamow-Teller"-Übergänge existieren. Ob „Fermi"-Übergänge existieren, war lange zweifelhaft. Zum Beweis ihrer Existenz war es notwendig, „erlaubte" $(0 \rightarrow 0)$-Übergänge zwischen Zuständen gleicher Parität nachzuweisen. Denn nur solche Übergänge wären allein nach der „Fermi"-Auswahlregel möglich. Schließlich gelang es jedoch, einige „erlaubte" $(0 \rightarrow 0)$-Übergänge zu identifizieren, z.B. den Übergang vom ^{14}O Grundzustand zum 2,31 MeV Zustand von ^{14}N und den Zerfall des ^{34}Cl in den Grundzustand von ^{34}S.

In keinem einzigen Fall gelang es, eine Abweichung von den Geraden des „Kurie-plots" von der Form, die „Fierz"-Interferenzterme liefern, sicher nachzuweisen. Man beobachtete zwar einige β-Spektren mit einer Gestalt, die stark von der theoretischen Form abwich, in allen diesen Fällen waren jedoch die β-Übergangswahrscheinlichkeiten kleiner als üblich, so daß man allein daraus schließen konnte, daß es sich um „verbotene" Spektren handelte.

Eine systematische Untersuchung der „Kurie-Plots" der bekannten gemessenen Spektren „erlaubter" β-Übergänge auf eventuelle durch den „Fierz"-Interferenzterm verursachte Abweichungen durch Mahmond und Konopinski führte zu einer oberen Grenze für die „Fierz"-Interferenzkonstante:

$$b \leqslant 0,2.$$

Hierbei ist b die Abkürzung für:

$$(241) \quad b = 2 \cdot \{1 - (\alpha Z)^2\}^{1/2} \cdot \frac{C_S \cdot C_V \cdot |\int 1|^2 + C_T \cdot C_A \cdot |\int \sigma|^2}{(C_S^2 + C_V^2) \cdot |\int 1|^2 + (C_T^2 + C_A^2) \cdot |\int \sigma|^2}.$$

Unter Verwendung der „Fierz"-Interferenzkonstante läßt sich Formel (238) in der Form ausdrücken:

$$P(p_e)dp_e = \frac{g^2}{\hbar^7 \cdot 2\pi^3 c^3} \cdot \left\{ (C_S^2 + C_V^2) \cdot |\textstyle\int 1|^2 + (C_T^2 + C_A^2) \cdot |\textstyle\int \sigma|^2 \right\} \times$$

(242)
$$\times \left(1 + \frac{b}{T_e}\right) \cdot F(Z, T_e) \cdot (E_{tot} - T_e)^2 \cdot p_e^2 \cdot dp_e.$$

Die Analyse der genauen Gestalt der β-Spektren ist keine sehr empfindliche Methode zur Bestimmung von b.

Eine wesentlich genauere Methode liegt darin, das absolute Verhältnis der Häufigkeiten der konkurrierenden Prozesse $β^+$-Zerfall und EC-Zerfall bei $β^+$-Strahlern zu messen. Der dieser Methode zugrunde liegende Gedanke ist folgender:

Während beim $β^+$-Zerfall zur Berechnung der absoluten Übergangswahrscheinlichkeit über das kontinuierliche Energiespektrum der Formel (242) zu integrieren ist, entfällt diese Integration beim EC-Zerfall, da das Elektron aus einem diskreten Energiezustand absorbiert und damit das Neutrino auch mit diskreter Energie emittiert wird. Da der die „Fierz"-Interferenzkonstante b enthaltende Faktor $\left(1 + \frac{b}{T_e}\right)$ die Elektronenenergie, über die beim $β^+$-Zerfall integriert wird, enthält, geht die Konstante b in die absoluten Übergangswahrscheinlichkeiten für $β^+$- und EC-Zerfall in verschiedener Weise ein. Das Verhältnis der beiden Übergangswahrscheinlichkeiten enthält deshalb die Konstante b, während die Kernmatrixelemente herausfallen. Man benötigt natürlich die Wellenfunktionen der K-Elektronen, die sich jedoch mit großer Genauigkeit berechnen lassen.

Den quantitativen Zusammenhang findet man in Arbeiten von Groot und Tolhoek (Physika 16, 456 (1950)), Feenberg und Trigg (Rev.Mod.Phys. 22, 399 (1950)) und Zweifel (Phys.Rev. 107, 329 (1957)). Eine sorgfältige Messung des Verhältnisses von $β^+$- und EC-Zerfällen beim ^{22}Na durch Sherr und Miller ergab für die „Fierz"-Interferenzkonstante beim „Gamow-Teller"-Übergang:

$$b_{G.T.} = -0,01 \pm 0,02.$$

Für „Fermi"-Übergänge fanden Gerhart und Sherr den Wert:

$$b_F = 0 \pm 0,2.$$

Bei der Berechnung des statistischen Faktors (s. Seite 326), der im wesentlichen die Gestalt der „erlaubten" β-Spektren bestimmt, waren wir von der Voraussetzung ausgegangen, daß die Ruhmasse des Neutrinos exakt verschwindet. Wenn das Neutrino eine kleine endliche Ruhmasse hätte, so würde

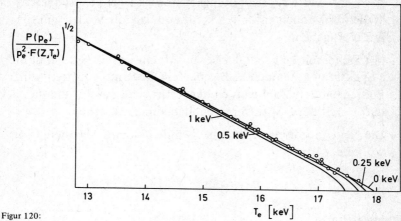

Figur 120:

Untersuchung der Ruhmasse des Neutrinos. Dargestellt ist das obere Ende des Kurie-Plots des Beta-Spektrums von Tritium. Die Kreise stellen Meßpunkte dar, die eingezeichneten Kurven wurden für verschiedene Werte der Ruhenergie des Neutrinos berechnet. Man entnimmt dieser Figur, daß die Ruhmasse des Neutrinos kleiner als 250 Elektronvolt sein muß. Diese Figur wurde dem zitierten Buch von Wu und Moszkowski entnommen.

sich die Gestalt der β-Spektren nicht sehr stark verändern. Eine genaue Analyse zeigt jedoch, daß das hochenergetische Ende des β-Spektrums empfindlich auf eine endliche Ruhmasse des Neutrinos reagieren würde. Man hat diese Tatsache ausgenutzt, um eine obere Grenze für die Ruhmasse des Neutrinos abzuleiten.

Figur 120 zeigt eine besonders genaue Messung der hochenergetischen Seite des ^{3}H β-Spektrums. Es wurde von Langer und Moffat mit Hilfe eines hochauflösenden magnetischen β-Spektrometers aufgenommen. Die eingetragenen Kurven sind der theoretische Verlauf für verschiedene Werte der Neutrinoruhmasse. Der Vergleich mit den Meßpunkten ergibt, daß die Ruhmasse des Neutrinos kleiner sein muß als

$$m_\nu c^2 < 250 \text{ eV}.$$

Aus den Resultaten der Messungen „erlaubter" β-Spektren ergeben sich folgende Konsequenzen für die Schwache Wechselwirkung:

1. Die exakte Voraussage der Gestalt der „erlaubten" β-Spektren durch die Theorie bestätigt die Richtigkeit der auf Seite 331 zugrunde gelegten Hypothesen. Insbesondere erscheint sicherge-

stellt, daß der Wechselwirkungsoperator keine Ableitungen der Wellenfunktionen enthalten kann und daß alle Wellenfunktionen linear eingehen.

2. Mit Sicherheit läßt sich der beobachteten Gestalt der „erlaubten" β-Spektren entnehmen, daß genau ein Neutrino emittiert wird. Für jede andere Zahl würden der statistische Faktor und damit die Gestalt der β-Spektren erheblich anders aussehen.

3. Die Neutrinoruhmasse ist verschwindend klein. Als obere Grenze würde der Wert

$$m_\nu c^2 < 250 \text{ eV}$$

abgeleitet.

4. Die Schwache Wechselwirkung kann sowohl mit Austausch von Spinorkomponenten als auch ohne Austausch von Spinorkomponenten erfolgen, d.h., es ist sichergestellt, daß sowohl die „Fermi"-Wechselwirkung als auch die „Gamow-Teller"-Wechselwirkung existieren.

5. Aus der Tatsache, daß der „Fierz"-Interferenzterm nicht beobachtet werden konnte, folgt, daß sowohl von den Amplituden der beiden Operatoren der „Fermi"-Wechselwirkung C_S und C_V als auch von den Amplituden der beiden Operatoren der „Gamow-Teller"-Wechselwirkung C_T und C_A jeweils eine sehr klein oder Null sein muß.

Wir wollen uns nun dem systematischen Studium der experimentell beobachteten Halbwertszeiten der β-Zerfälle zuwenden. Wir wollen prüfen, ob eine eindeutige Klassifizierung in „erlaubte" und „verschiedengradig" verbotene Zerfälle allein aufgrund der Halbwertszeit möglich ist. Außerdem wollen wir verfolgen, wie man aus den absoluten Werten der beobachteten Halbwertszeiten die Größe der Kopplungskonstante der Schwachen Wechselwirkung bestimmt hat.

43a Die Systematik der reduzierten Halbwertszeiten (fT-Werte bei β-Zerfällen

Lit.: Wu and Moszkowski, β-Decay, Interscience Pub. (1966), Seite 52ff.
Schopper, Weak Interaction and Nuclear β-Decay, North Holland Publ. Comp. 1966, Seite 48ff.
Nuclear Data Sheets 5, set 5, November 1963

Ein unmittelbarer Vergleich der Halbwertszeiten der β-Strahler ist zur Klassifizierung ungeeignet, da die Halbwertszeiten empfindlich von der Totalenergie E_{tot} und der Ordnungszahl Z abhängen. Es ist deshalb notwendig, diese Abhängigkeiten zu eliminieren und sogenannte reduzierte Halbwertszeiten einzuführen. Dazu gehen wir von der theoretisch abgeleiteten Form für $P(p_e) \cdot dp_e$ aus.

Speziell für „erlaubte" Übergänge lautet diese Formel:

(243) $\quad P(p_e)dp_e = \dfrac{g^2}{\hbar^7 \cdot 2\pi^3 c^3} \cdot C_0 \cdot F(Z, T_e) \cdot (E_{tot} - T_e)^2 \cdot p_e^2 \cdot dp_e$,

wobei wir das „Fierz"-Interferenzglied vernachlässigt haben und die geschweifte Klammer in Formel (242) mit C_0 abgekürzt haben. C_0 ist von der Elektronenenergie unabhängig.

Bei „verbotenen" β-Übergängen treten andere Kernmatrixelemente und eine zusätzliche Abhängigkeit von der Elektronenenergie* auf.

Man faßt beides in den sogenannten „shape"-Faktor C_n zusammen, so daß $P(p_e)dp$ für einen n-fach verbotenen β-Zerfall die Gestalt annimmt:

(244) $\quad P(p_e)dp_e = \dfrac{g^2}{\hbar^7 \cdot 2\pi^3 \cdot c^3} \cdot C_n(T_e) \cdot F(Z, T_e) \cdot (E_{tot} - T_e)^2 \cdot p_e^2 \cdot dp_e$.

Um die totale Übergangswahrscheinlichkeit zu erhalten, muß man über das Elektronenimpulsspektrum integrieren. Man erhält für „erlaubte" Übergänge:

$$\lambda_0 = \dfrac{g^2}{\hbar^7 \cdot 2\pi^3 c^3} \cdot C_0 \cdot \int_{T_e = 0}^{T_e = E_{tot}} F(Z, T_e) \cdot (E_{tot} - T_e)^2 \cdot p_e^2 \cdot dp_e$$

(245) $\quad = \dfrac{g^2}{\hbar^7 \cdot 2\pi^3 \cdot c^3} \cdot C_0 \cdot f_0(Z, E_{tot})$.

---

*Wie oben erwähnt, hat die Leptonenwellenfunktion bei „verbotenen" β-Übergängen am Kernort einen Nulldurchgang, und die Überlappung mit den Kernwellenfunktionen wird damit empfindlich abhängig von den Wellenlängen und damit den Energien der Leptonen.

Experimente zur schwachen Wechselwirkung

Das Integral $f_0(Z, E_{tot})$ heißt auch die „Fermi"-Integralfunktion und ist genauso wie die „Fermi"-Funktion $F(Z, T_e)$ tabelliert worden*.

Es ist zu beachten, daß alle Tabellen ein Maßsystem verwenden, in dem:

$$\hbar = m_e = c = 1$$

gesetzt ist. Dies ist gleichbedeutend damit, daß alle Energien in Einheiten von $m_e c^2$ und alle Impulse in $m_e c$ gemessen werden. Die tabellierten Werte von f_0 sind deshalb dimensionslos. Aus der Definition von f_0 geht hervor, daß man diese dimensionslosen Werte mit dem Faktor $m_e^5 \cdot c^7$ zu multiplizieren hat, wenn man die sonst üblichen Maßsysteme verwenden will.

λ_0 ist die Zerfallskonstante des „erlaubten" β-Zerfalls. Für die Halbwertszeit erhält man deshalb:

(246) $$T_{1/2} = \frac{\ln 2}{\lambda_0} = \frac{\ln 2 \cdot \hbar^7 \cdot 2\pi^3 \cdot c^3}{g^2 \cdot C_0} \cdot \frac{1}{f_0(Z, E_{tot})}.$$

Die Abhängigkeit von Z und E_{tot} ist im Faktor f_0 abgespalten, und man führt als reduzierte Halbwertszeit die Größe:

(247) $$f_0 \cdot T_{1/2} = \frac{1}{g^2} \cdot \frac{\ln 2 \cdot \hbar^7 \cdot 2\pi^3 \cdot c^3}{C_0},$$

den sogenannten fT-Wert, ein. Er enthält nur noch die Kopplungskonstante und die Kernmatrixelemente des „erlaubten" β-Übergangs.

Bei „verbotenen" Übergängen verwendet man die gleiche Definition der reduzierten Halbwertszeit, obwohl man korrekterweise auch über die Energieabhängigkeit von C_n zu integrieren hätte. Man erhält:

(248) $$f_0 \cdot T_{1/2} = \frac{1}{g^2} \cdot \frac{\ln 2 \cdot \hbar^7 \cdot 2\pi^3 \cdot c^3}{\langle C_n \rangle}.$$

Hierin ist $\langle C_n \rangle$ der über das Elektronenspektrum gemittelte Wert von C_n.

Die experimentell beobachteten fT-Werte erstrecken sich über etwa 20 Zehnerpotenzen. Es ist üblich, den log fT anzugeben. Da der Logarithmus nur für dimensionslose Größen definiert ist, muß man fT dimensionslos machen. Die bis heute allgemein übliche Konvention ist inkonsequent: Man verwendet für f das dimensionslose Maßsystem mit

$$\hbar = m_e = c = 1,$$

---

*z.B. in Wapstra, Nijgh und van Lieshout, Nuclear Spectroscopy Tables, North Holland Publ.Comp., Amsterdam 1959.

Experimente zur schwachen Wechselwirkung

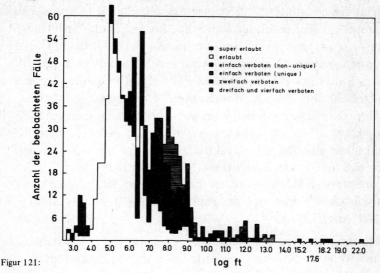

Figur 121:

Statistik über sämtliche bekannten fT-Werte. Diese Figur ist dem Buch von Schopper: „Weak Interaction and Nuclear Beta Decay", North Holland Publ.Comp. (1966) entnommen.

während man die Halbwertszeit in sec angibt und dann einfach die Einheit wegläßt.

Eine Statistik über sämtliche bekannten fT-Werte* ist in Figur 121 dargestellt. Durch die verschiedene Schraffierung ist der Verbotenheitsgrad charakterisiert, den man aus den Spins und Paritäten der beiden Niveaus abliest, zwischen denen der β-Zerfall stattfindet. Man nennt einen β-Übergang „non unique" L-fach verboten, wenn die Leptonen mindestens den Drehimpuls L übernehmen müssen, d.h. $\Delta I = L$, und wenn der Paritätswechsel $\Delta \pi = (-1)^L$ beträgt. Ein „unique" L-fach verbotener Übergang liegt vor, wenn $\Delta I = L + 1$ und $\Delta \pi = (-1)^L$ vorliegt**.

Es ist auffallend, daß bei den „erlaubten" β-Zerfällen die Verteilung der gemessenen fT-Werte zwei deutlich getrennte Maxima zeigt.

---

*Das Diagramm ist dem Buch von Schopper entnommen. Es enthält alle Daten der Nuclear Data Sheets von November 1963.

**In nichtrelativistischer Näherung würde diese Definition folgendes bedeuten:
„Non unique" L-fach verboten wäre ein Übergang, bei dem die Leptonen die Gesamtdrehimpulsdifferenz $\Delta I = L$ als Bahndrehimpuls übernehmen müssen. „Unique" L-fach verboten hieße dagegen, daß zusätzlich zum Bahndrehimpuls L der Eigendrehimpuls der Leptonen maximal an der Drehimpulsbilanz betei-

Fortsetzung der Fußnote ** auf Seite 352

Man hat die „erlaubten" Übergänge deshalb in zwei Gruppen eingeteilt, in die „super erlaubten" und die „normal erlaubten" Übergänge. Offensichtlich muß eines der Kernmatrixelemente $\int 1$ oder $\int \sigma$ bei den „super erlaubten" Übergängen besonders groß sein. Ein näheres Studium der beobachteten Fälle ergibt folgende physikalische Ursache: bei den „super erlaubten" Übergängen handelt es sich um Übergänge zwischen zwei benachbarten Termen eines „Isospin"-Multipletts*. Darunter versteht man Terme isobarer Kerne mit identischer innerer Struktur. Der einzige Unterschied liegt darin, daß sie sich im Charakter − Neutron oder Proton − eines oder mehrerer Nukleonen unterscheiden. Figur 122 zeigt schematisch, wie ohne Verletzung des Pauli-Prinzips z.B. ein „Isospin-Triplett" möglich ist.

Die Matrixelemente eines solchen β-Übergangs werden maximal, da sich die Wellenfunktionen von Anfangs- und Endzustand vollkommen überlappen.

β-Übergänge zwischen Termen eines „Isospin"-Multipletts sind verhältnismäßig selten. Dies liegt an folgendem:

Bei β^--Zerfällen liegt der Zustand mit identischer innerer Struktur, der durch Umwandlung eines Neutrons in ein Proton entsteht, trotz des Neutron-Proton-Massenunterschieds meist höher als der Aus-

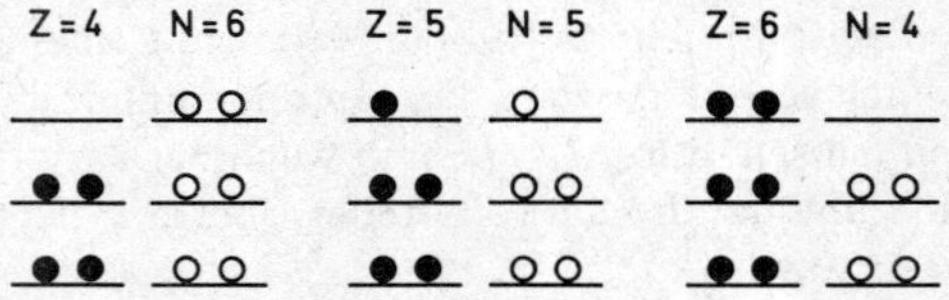

Figur 122:

Schematische Erklärung des Zustandekommens eines Isospin-Tripletts.

---

*Wir hatten den Isospin-Formalismus bereits auf Seite 283 eingeführt.

Fortsetzung der Fußnote ** von Seite 351

ligt ist, so daß der insgesamt übernommene Drehimpuls den Wert: $\Delta I = L + 1$ hat.
In der korrekten relativistischen Beschreibung ist der Bahndrehimpuls keine gute Quantenzahl und deshalb dieses Bild nicht mehr exakt.

gangszustand, da das neuentstandene Proton zusätzlich zur Kernkraft dem abstoßenden Coulomb-Feld unterliegt, und der β-Zerfall scheitert damit am Energiesatz. Nur bei ganz leichten Kernen ist das Coulomb-Feld noch zu vernachlässigen, und ein „super erlaubter" $β^-$-Zerfall ist möglich, wie z.B. beim Zerfall des ^{3}H in ^{3}He.

Bei „super erlaubten" $β^+$- und EC-Zerfällen müßte sich ein Proton in ein Neutron identischer Wellenfunktion umwandeln. Dies scheitert im allgemeinen am Pauli-Prinzip, denn bei den meisten Atomkernen ist N größer als Z, und dem speziellen β-Zerfall jedes einzelnen Protons steht im Wege, daß die entsprechende Neutronenbahn schon besetzt ist. Die „super erlaubten" $β^+$- und EC-Zerfälle treten deshalb auch nur bei den leichten Kernen auf.

Aufgrund der diskutierten Ursache für „super erlaubte" Übergänge ist es verständlich, daß die Streuung der fT-Werte dieser Klasse klein ist.

Die Streuung der fT-Werte der „normal erlaubten" β-Zerfälle erstreckt sich dagegen über mehrere Zehnerpotenzen. Dies ist verständlich, wenn man bedenkt, daß beide Kernzustände ganz verschiedene Wellenfunktionen haben können. Wie wir später noch ausführlich diskutieren werden, ist der Gesamtbahndrehimpuls l der Atomkerne eine recht gute Quantenzahl. Mit den Spin- und Paritätsauswahlregeln „erlaubter" β-Zerfälle ist eine Bahndrehimpulsänderung von $\Delta l = 0$ und $\Delta l = 2$ verträglich. Da die Überlappung der Wellenfunktionen bei $\Delta l = 0$ erheblich besser ist als bei $\Delta l = 2$, erwartet man für ($\Delta l = 2$)-Übergänge wesentlich kleinere β-Matrixelemente und klassifiziert diese „erlaubten" Übergänge als l-verboten.

Tatsächlich fand man in den Fällen, wo den Atomkernen eine l-Quantenzahl sicher zugeordnet werden konnte und $\Delta l = 2$ vorlag, log fT-Werte größer als 6, während die $\Delta l = 0$ Übergänge im allgemeinen log fT-Werte zwischen 4 und 6 haben.

Die höher „verbotenen" β-Zerfälle haben, wie erwartet, größere fT-Werte. Für die einzelnen Klassen liegt der überwiegende Teil der beobachteten fT-Werte in den in der folgenden Tabelle genannten Bereichen:

Tabelle 6

Klassifizierung der β-Zerfälle	Bereich der empirischen log fT-Werte
super erlaubt	2,8 bis 4
erlaubt (nicht l-verboten)	4 bis 6
erlaubt (l-verboten)	6 bis 8
einfach verboten (non unique)	6 bis 9
einfach verboten (unique)	8 bis 10
zweifach verboten	10 bis 13
dreifach verboten	15 bis 18

Die Systematik der fT-Werte hat gezeigt, daß eine grobe Klassifizierung der β-Zerfälle nach dem Grad ihrer Verbotenheit aufgrund der fT-Werte möglich ist. Wie erwartet, nimmt für jeden Grad der Verbotenheit der fT-Wert um etwa drei Zehnerpotenzen zu.

Die Streuung der fT-Werte einer Klasse ist jedoch erheblich. Die Folge davon ist, daß sich die Verteilungskurven der fT-Werte benachbarter Klassen zum Teil kräftig überschneiden. Eine eindeutige Klassifizierung nur mit Hilfe der fT-Werte ist deshalb oft nicht möglich. Insbesondere erlaubt der fT-Wert kaum, zwischen „erlaubten" Zerfällen mit „l"-Verbot und einfach („non unique") verbotenen Zerfällen zu unterscheiden.

Wir wollen uns nun der Berechnung der absoluten Größe der Kopplungskonstanten des β-Zerfalls zuwenden.

44) Die experimentelle Bestimmung der absoluten Größe der Kopplungskonstanten g der Schwachen Wechselwirkung

Lit.: Bühring and Schopper, Report Kernforschungszentrum Karlsruhe No. 307
Wu, Rev.Mod.Phys. 36, 318 (1964)
Freeman et al., Proc. International Conference, Nucl.Phys., Paris 1965,
Band 2, Seite 1178;
Phys. Letters 17, 317 (1965)

Die Bestimmung der absoluten Größe der Kopplungskonstanten g aus gemessenen fT-Werten erlaubter β-Übergänge scheitert im allgemeinen Fall an der mangelhaften Kenntnis der inneren Strukturen von Mutter- und Tochterkern. Man benötigt die exakten Wellenfunktionen des Anfangs- und Endzustands, um die absolute Größe der Kernmatrixelemente $\int 1$ und $\int \sigma$ berechnen zu können. Eine Ausnahme bilden die „super erlaubten" Zerfälle. Bei diesen kann man annehmen, daß in guter Näherung im Orts- und Spinraum die Wellenfunktionen beider Zustände identisch sind. Damit ist die Berechnung des Fermi-Matrixelements $\int 1$ ohne weitere Kenntnisse über die Wellenfunktionen möglich. Die Berechnung des Gamow-Teller-Matrixelements $\int \sigma$ setzt jedoch zusätzliche Informationen über die Kopplung der Nukleonenspins in den Kernen voraus, da der Operator σ auf die Spinorkomponenten der Nukleonen wirkt. Der einzige direkt zugängliche Fall ist der β-Zerfall des freien Neutrons.

Schließlich besteht die Schwierigkeit, daß wir die Kopplungskonstanten C_A, C_V, C_T und C_S noch nicht kennen.

Man hat aus diesem Grunde zunächst eine Fermi-Kopplungskonstante g_F und eine Gamow-Teller-Kopplungskonstante g_{GT} eingeführt durch die Beziehungen:

(249) $$g^2 \cdot (C_S^2 + C_V^2) = g_F^2$$

und

(250) $$g^2 \cdot (C_T^2 + C_A^2) = g_{GT}^2$$

und versucht, beide Kopplungskonstanten getrennt zu bestimmen.

Unter Verwendung der Größen g_F und g_{GT} erhält man für $g^2 C_0$ den Ausdruck

(251) $$g^2 C_0 = g_F^2 \cdot \left| \int 1 \right|^2 + g_{GT}^2 \cdot \left| \int \sigma \right|^2$$

und damit für den fT-Wert erlaubter Übergänge:

(252) $$f_0 T_{1/2} = \frac{2\pi^3 \ln 2 \cdot \hbar^7 \cdot c^3}{g_F^2 \cdot \left| \int 1 \right|^2 + g_{GT}^2 \cdot \left| \int \sigma \right|^2}.$$

Die Fermi-Kopplungskonstante g_F läßt sich aus den fT-Werten „super erlaubter" $0 \to 0$-Übergänge ableiten, da bei diesen Übergängen das Gamow-Teller-Matrixelement $\int \sigma$ verschwindet.

In der folgenden Tabelle sind die gemessenen fT-Werte von „super erlaubten" $0 \to 0$-Übergängen aufgeführt.

Experimente zur schwachen Wechselwirkung

Tabelle 7

Mutterisotop	^{14}O*	^{26}Al**	^{34}Cl**	^{42}Sc***	^{46}V***	^{50}Mn***	^{54}Co**
fT [sec]	3111_{15}	3086_{12}	3140_{20}	3122_9	3131_8	3125_9	3134_{18}
E_{tot} [keV]	1813	3208	4460	5409	6032	6609	7229

Die Übereinstimmung ist erstaunlich gut. Man erwartet eigentlich, daß mit steigender Ordnungszahl das steigende Coulomb-Feld die Wellenfunktionen der Protonen in zunehmendem Maße gegenüber den Wellenfunktionen der Neutronen in entsprechenden Termen verzerrt. Offensichtlich führt dieser Effekt in erster Linie zu einer kräftigen Zunahme des Termabstands in den Isospin-Multipletts, aber beeinflußt wenig die Ortsabhängigkeit der Wellenfunktionen und damit das Fermi-Matrixelement.

Am zuverlässigsten ist unter diesem Gesichtspunkt der Wert für das Isotop mit der kleinsten Ordnungszahl, und wir wollen die Fermi-Kopplungskonstante g_F deshalb aus dem fT-Wert von ^{14}O ableiten.

Wir müssen zunächst den absoluten Wert des Matrixelements

$$\int 1 = \sum_{n=1}^{A} \langle f | Q_n | i \rangle$$

für den Übergang von ^{14}O in den 0^+-Zustand von ^{14}N berechnen. ^{14}O enthält acht Protonen und sechs Neutronen und ^{14}N sieben Protonen und sieben Neutronen. Der in beiden Kernen vorhandene gerade-gerade „Core" von sechs Protonen und sechs Neutronen sollte zum Matrixelement $\int 1$ nichts beitragen. Wir beschränken uns deshalb auf die Berücksichtigung der Wellenfunktionen der restlichen beiden Nukleonen. Da es sich um 0^+-Zustände handelt, stehen die Spins antiparallel:

$$| i \rangle = | p_\uparrow p_\downarrow \rangle .$$

Der Endzustand ist ein n,p-System mit ebenfalls antiparallelen Spins. Da die Spins des Neutrons und des Protons einzeln unbeobachtet bleiben, müssen wir über die möglichen Spineinstellungen mitteln. Wir erhalten deshalb:

---

*Bühring und Schopper.
**Wu.
***Freeman et al.

Experimente zur schwachen Wechselwirkung

$$\int 1 = \sum_n \langle \frac{1}{\sqrt{2}} (n_\uparrow p_\downarrow + n_\downarrow p_\uparrow) | Q_n | p_\uparrow p_\downarrow \rangle$$

$$= \frac{1}{\sqrt{2}} \cdot \{\langle n_\uparrow p_\downarrow + n_\downarrow p_\uparrow | n_\uparrow p_\downarrow \rangle + \langle n_\uparrow p_\downarrow + n_\downarrow p_\uparrow | n_\downarrow p_\uparrow \rangle\}$$

$$= \frac{1}{\sqrt{2}} \cdot \{\langle n_\uparrow p_\downarrow | n_\uparrow p_\downarrow \rangle + \langle n_\downarrow p_\uparrow | n_\downarrow p_\uparrow \rangle\} = \frac{1}{\sqrt{2}} (1+1) = \sqrt{2} \text{ *}$$

und damit:

(253) $\quad |\int 1|^2 = 2.$

Wir können damit die Kopplungskonstante g_F berechnen:

$$g_F^2 = \frac{2\pi^3 \cdot \ln 2 \cdot \hbar^7 \cdot c^3}{f_0 T_{1/2} \cdot |\int 1|^2}$$

oder mit Rücksicht darauf, daß die tabellierten fT-Werte die dimensionslose Größe f verwenden**:

$$g_F^2 = \frac{2\pi^3 \cdot \ln 2 \cdot \hbar^7 \cdot c^3}{fT_{^{14}O} \cdot m_e^5 c^7 \cdot |\int 1|^2} = \frac{2\pi^3 \ln 2}{|\int 1|^2} \cdot \frac{(\hbar c)^7}{(m_e c^2)^5 \cdot c \cdot fT_{^{14}O}}$$

$$= \frac{2\pi^3 \ln 2}{2} \cdot \frac{1{,}977^7 \cdot 10^{-77}}{0{,}511^5 \cdot 3 \cdot 10^{10} \cdot 3111} \cdot \frac{\text{MeV}^7 \cdot \text{cm}^7 \cdot \text{sec}}{\text{MeV}^5 \cdot \text{cm} \cdot \text{sec}}$$

$$= 7{,}66 \cdot 10^{-87} \text{ MeV}^2 \text{ cm}^6 = 1{,}96 \cdot 10^{-98} \text{ erg}^2 \text{ cm}^6.$$

Damit erhält man für g_F den Zahlenwert:

(254) $\quad g_F = 1{,}406_4 \cdot 10^{-49} \text{ erg} \cdot \text{cm}^3.$

---

*Hierbei ist berücksichtigt, daß $|n_\uparrow p_\downarrow\rangle$ und $|n_\downarrow p_\uparrow\rangle$ orthogonal sind, so daß:

$$\langle n_\downarrow p_\uparrow | n_\uparrow p_\downarrow \rangle = 0.$$

Eleganter läßt sich die Berechnung mit Hilfe des Isospin-Formalismus der Quantenmechanik durchführen, siehe z.B.: Schopper, Weak Interaction and β-Decay, Seite 296 und 366.

**$f_0 = f \cdot m_e^5 \cdot c^7$, s. Seite 350.

6 Bodenstedt II, Experimente der Kernphysik

Experimente zur schwachen Wechselwirkung

Zur Bestimmung der Gamow-Teller-Kopplungskonstanten verwenden wir den fT-Wert des Neutrons. Aus der Halbwertszeit des Neutrons von

$$T_{1/2} = 11,3 \pm 0,3 \text{ min}$$

leiteten Bühring und Schopper den fT-Wert ab:

$$fT_n = 1211 \pm 37 \text{ sec.}$$

Der β-Zerfall des Neutrons erfüllt sowohl die Gamow-Teller- als auch die Fermi-Auswahlregeln, und wir müssen deshalb für den fT-Wert den Ausdruck ansetzen:

(255) $$f_0 \cdot T_{1/2} = \frac{2\pi^3 \cdot \ln 2 \cdot \hbar^7 \cdot c^3}{g_F^2 \cdot \left|\int 1\right|^2 + g_{GT}^2 \cdot \left|\int \sigma\right|^2}.$$

Wir müssen nun das Fermi-Matrixelement und das Gamow-Teller-Matrixelement des freien Neutrons berechnen. Das Fermi-Matrixelement ergibt:

(256) $$\left|\int 1\right|^2 = \langle \psi_f | 1 | \psi_i \rangle^2 = 1,*$$

und für das Gamow-Teller-Matrixelement erhalten wir:

(257) $$\left|\int \sigma\right|^2 = \sum_\mu \left|\int \sigma_\mu\right|^2 = \sum_\mu \langle \psi_f | \sigma_\mu | \psi_i \rangle^2.$$

Da σ_μ nur auf die Spinorkomponenten wirkt, läßt sich die Ortsfunktion abspalten. Mit

$$\psi_f = \phi_f(\mathbf{r}) \cdot u_f \qquad (u_f \text{ und } u_i \text{ sind vierkomponentige Spinoren})$$

und:

$$\psi_i = \phi_i(\mathbf{r}) \cdot u_i$$

ergibt sich:

$$\left|\int \sigma\right|^2 = \sum_\mu \langle \phi_f(\mathbf{r}) | \phi_i(\mathbf{r}) \rangle^2 \cdot (\widetilde{u}_f, \sigma_\mu u_i)^2 = \sum_\mu (\widetilde{u}_f, \sigma_\mu u_i)^2, **$$

---

*Im Symbol des Wechselwirkungsoperators $|1|$ bzw. $|\sigma|$ soll die Eigenschaft des Operators, den Charakter des Nukleons vom Neutron ins Proton umzuwandeln, mit enthalten sein.

**Die Schlange über dem Spinor u_f bedeutet $\widetilde{u}_f = u_f^+ \beta$, mit $\beta = \begin{pmatrix} 1 & 0 \\ 0 & -1 \end{pmatrix}$

(siehe Seite 333).

Experimente zur schwachen Wechselwirkung

wobei über alle Spinzustände u_f summiert werden muß, da der Spin des nach dem β-Zerfall des Neutrons entstandenen Protons unbeobachtet bleibt. Da sich das zerfallende Neutron nicht mit relativistischen Geschwindigkeiten bewegt, sondern in Ruhe befindet, verschwinden die „kleinen Komponenten" u_3 und u_4 der Diracschen Spinoren, und wir können uns deshalb auf die ersten beiden Komponenten beschränken. σ_μ sind dann die gewöhnlichen 2 × 2 Diracschen Spinmatrizen, und die Matrix β geht in die Einheitsmatrix über. Wir erhalten damit:

$$\left|\int\sigma\right|^2 = \sum_\mu \left\{ \left|(1,0) \cdot (\sigma_\mu)\begin{pmatrix}1\\0\end{pmatrix}\right|^2 + \left|(0,1)(\sigma_\mu)\cdot\begin{pmatrix}1\\0\end{pmatrix}\right|^2 \right\}$$

mit:

$$\sigma_x = \begin{pmatrix}0 & 1\\1 & 0\end{pmatrix}; \sigma_y = \begin{pmatrix}0 & -i\\+i & 0\end{pmatrix} \text{ und } \sigma_z = \begin{pmatrix}1 & 0\\0 & -1\end{pmatrix}$$

oder nach Auflösung der Matrizenprodukte:

(258) $$\left|\int\sigma\right|^2 = |0|^2 + |0|^2 + |1|^2 + |1|^2 + |i|^2 + |0|^2 = 3.$$

Wir können nun g_{GT} berechnen:

Wir lösen Gleichung (255) nach g_{GT} auf:

$$g_{GT}^2 = \frac{2\pi^3 \cdot \ln 2 \cdot \hbar^7 \cdot c^3}{f_0 T_{1/2} \cdot \left|\int\sigma\right|^2} - g_F^2 \cdot \frac{\left|\int 1\right|^2}{\left|\int\sigma\right|^2}$$

oder mit

$$f_0 T_{1/2} = f T_n \cdot m_e^5 \cdot c^7$$

wegen Verwendung der dimensionslos tabellierten Fermi-Integralfunktion f:

(257) $$g_{GT}^2 = \frac{2\pi^3 \ln 2 \cdot (\hbar c)^7}{f T_n \cdot (m_e c^2)^5 \cdot c \cdot \left|\int\sigma\right|^2} - g_F^2 \cdot \frac{\left|\int 1\right|^2}{\left|\int\sigma\right|^2}.$$

Nach Einsetzen der Zahlenwerte, einschließlich des bereits bekannten Wertes von g_F, erhalten wir:

$$g_{GT}^2 = \left(\frac{2\pi^3 \ln 2}{3} \cdot \frac{1{,}97^7 \cdot 10^{-77}}{0{,}511^5 \cdot 3 \cdot 10^{10} \cdot 1211} - 7{,}66 \cdot 10^{-87} \cdot \frac{1}{3}\right) \text{MeV}^2 \cdot \text{cm}^6$$

$$= 10{,}52 \cdot 10^{-87} \text{ MeV}^2 \cdot \text{cm}^6$$

$$= 2{,}70 \cdot 10^{-98} \text{ erg}^2 \cdot \text{cm}^6,$$

oder:

(258) $\quad g_{GT} = 1{,}65_3 \cdot 10^{-49} \text{ erg} \cdot \text{cm}^3.$

Die Kopplungskonstante g der Schwachen Wechselwirkung läßt sich aus der Beziehung:

(259) $\quad g_F^2 + g_{GT}^2 = g^2 \cdot (C_S^2 + C_V^2 + C_T^2 + C_A^2)$

unter Berücksichtigung der Normierung:

$$\sum_i C_i^2 = 1$$

sofort entnehmen, wenn C_P^2 verschwinden würde. Über diese Größe ist jedoch aus den bisher genannten Experimenten noch keinerlei Information zu entnehmen.

Wir haben damit Zahlenwerte für die absolute Größe der Gamow-Teller- und der Fermi-Kopplungskonstanten erhalten. Es ist auffallend, daß sich beide Wechselwirkungen als fast gleich stark herausgestellt haben. Das Argument der Einfachheit der Naturgesetze gibt Anlaß zu dem Verdacht, daß beide Wechselwirkungen in Wirklichkeit gleich stark sein könnten und die beobachteten Abweichungen durch Meßfehler hervorgerufen werden. Das Verhältnis der experimentell gewonnenen Werte:

(260) $\quad \dfrac{g_{GT}}{g_F} = 1{,}18_3$

ist jedoch außerhalb der Meßfehlergrenzen von 1 verschieden.

Die bisher geschilderten Experimente erlauben noch nicht zu entscheiden, ob die Fermi-Wechselwirkung durch die skalare oder die vektorielle Kopplung geschieht, und wir können auch noch nicht entscheiden, ob der Gamow-Teller-Wechselwirkung eine Tensorkopplung oder eine Axialvektorkopplung zugrunde liegt.

Man hat schon früh erkannt, daß eine Entscheidung durch $(e^-, \bar{\nu})$-Richtungskorrelationsmessungen möglich ist. Diese Messungen sind jedoch äußerst schwierig durchzuführen, und die zunächst gewonnenen Resultate waren unzuverlässig.

Experimente zur schwachen Wechselwirkung

Bevor diese Frage jedoch eine endgültige Klärung erfuhr, wurde im Jahre 1957 eine Entdeckung gemacht, die die Grundlagen der bis dahin entwickelten Theorie des β-Zerfalls erschütterte. Die Bedeutung dieser Entdeckung ging weit über den Rahmen des β-Zerfalls hinaus. Sie veränderte die Grundlagen unseres physikalischen Weltbildes und gehört deshalb zu den wichtigsten Entdeckungen der Physik der letzten Jahrzehnte.

Es handelt sich um die Entdeckung der Paritätsverletzung beim β-Zerfall durch die chinesische Physikerin Wu.

Bevor wir auf die Beschreibung dieses Experiments näher eingehen, wollen wir zur Erleichterung des Verständnisses ein paar Bemerkungen zur Lorentz-Invarianz und Paritäts-Invarianz vorausschicken. Die bis hierher entwickelte Theorie des β-Zerfalls beruhte vor allem auf der Hypothese, daß die Schwache Wechselwirkung Lorentz-invariant ist, d.h. invariant gegenüber den allgemeinen Lorentz-Transformationen.

Die Lorentz-Transformation im engeren Sinne gibt an, wie sich Orts- und Zeitkoordinaten ändern, wenn man von einem (ungestrichenen) Koordinatensystem in ein anderes (gestrichenes) Koordinatensystem übergeht, das sich relativ zum ersten mit der konstanten Geschwindigkeit v bewegt. Es bedeutet keine Einschränkung der Allgemeinheit, wenn die Richtung von v mit der x-Richtung zusammenfallen soll, denn man kann dies für beliebige Richtungen von v durch eine zuerst durchgeführte Drehung des Koordinatensystems erzwingen.

Die Lorentz-Transformation lautet*:

(261)
$$t' = \frac{t - \frac{v}{c^2} \cdot x}{\sqrt{1 - \frac{v^2}{c^2}}}, \qquad x' = \frac{x - vt}{\sqrt{1 - \frac{v^2}{c^2}}},$$

$$y' = y, \qquad z' = z.$$

---
*Für $v \ll c$ geht die Lorentz-Transformation in die sogenannte Galilei-Transformation:
$$x' = x - vt; y' = y, z' = z \text{ und } t' = t$$
über, die der klassischen Vorstellung von Raum und Zeit entspricht.

362 Experimente zur schwachen Wechselwirkung

Die in der Lorentz-Transformation enthaltene, unserer anschaulichen Vorstellung widersprechende Kopplung von Raum und Zeit folgt unmittelbar aus folgendem experimentell beobachtbaren Phänomen:

Ein im ungestrichenen Koordinatensystem an der Stelle $\mathbf{r} = 0$ feststehender Sender sende im Zeitpunkt $t = 0$ eine elektromagnetische Welle aus. Zur Zeit t wird die Wellenfront die Oberfläche einer Kugel mit dem Radius $r = c \cdot t$ um den Ursprung des ungestrichenen Koordinatensystems sein. Es läßt sich experimentell prüfen, daß für jeden sich mit der Geschwindigkeit $\mathbf{v}$ relativ zum ungestrichenen Koordinatensystem bewegenden Beobachter, der sich im Zeitpunkt $t = t' = 0$ an der Stelle des Senders befand, die elektromagnetische Welle zur Zeit t' ebenfalls die Oberfläche einer Kugel mit dem Radius $r' = c \cdot t'$ einnimmt. r' bedeutet hierbei jedoch den Abstand vom Ursprung des mit dem Beobachter mitbewegten gestrichenen Koordinatensystems. Da es sich um ein und den gleichen physikali-

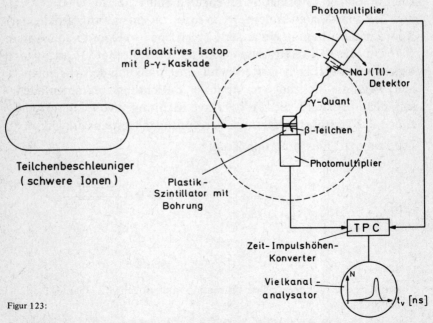

Figur 123:

Gedankenexperiment zur speziellen Relativitätstheorie. Es wird die Wellenausbreitung eines zum ruhenden Beobachter schnell bewegten Senders elektromagnetischer Strahlung beobachtet.

Experimente zur schwachen Wechselwirkung

schen Vorgang handelt, gibt es nur eine einzige Wellenfront. In der klassischen Vorstellung von Raum und Zeit würden jedoch die in den beiden Koordinatensystemen beschriebenen Wellenfronten Kugeln von gleichem Radius darstellen, die jedoch gegeneinander um die Strecke **S** = **v** · t parallel verschoben wären.

Figur 123 zeigt ein Gedankenexperiment zur Überprüfung des Sachverhalts, das heute leicht durchführbar wäre. Ein radioaktives Isotop, das durch eine β-γ-Kaskade zerfällt, wird mit einem Teilchenbeschleuniger auf so hohe Energien beschleunigt, daß v nicht mehr vernachlässigbar klein gegenüber der Lichtgeschwindigkeit ist. Der Strahl passiert das Bohrloch eines Plastikszintillators. Wenn in diesem Augenblick ein β-Zerfall stattfindet, kann das β-Teilchen registriert werden. Die unmittelbar darauf emittierte Gamma-Strahlung wird durch einen NaJ(Tl)-Detektor nachgewiesen, der im Abstand r' um den β-Detektor herumbewegt wird. Mit Hilfe eines Zeit-Impulshöhenumwandlers und eines Vielkanaldiskriminators wird das Zeitspektrum der Koinzidenzen beobachtet. Man findet, daß die Laufzeit, die die Gamma-Quanten zur Zurücklegung des Weges r' benötigen, unabhängig vom Winkel zwischen **r**' und der Strahlrichtung durch die Beziehung:

$$t' = \frac{r'}{c}$$

gegeben ist. Da die Laufzeit bei einem etwa gewählten Radius von $r = 3$ m bei 10^{-8} sec liegt und andererseits die heutige Kurzzeitmeßtechnik noch 10^{-10} sec sicher nachweisen kann, läßt sich diese Messung mit großer Genauigkeit durchführen.

Dieses Gedankenexperiment liefert die Aussage, daß eine elektromagnetische Welle sich in einem relativ zur Strahlungsquelle mit der Geschwindigkeit v bewegenden Koordinatensystem* mit der Geschwindigkeit c ausbreitet.

Weiterhin wäre zu prüfen, daß auch im mit der Strahlungsquelle bewegten Koordinatensystem die Wellenausbreitung mit der Geschwindigkeit c erfolgt, unabhängig vom Winkel zur Bewegungsrichtung.

---

*Das sich relativ zur Strahlungsquelle mit der Geschwindigkeit v bewegende System ist in diesem Fall natürlich das Laborsystem.

Experimente zur schwachen Wechselwirkung

Der berühmte „Michelson"-Versuch nutzt die Erdbewegung um die Sonne aus. Da die absolute Geschwindigkeit der Erde klein gegenüber der Lichtgeschwindigkeit ist, ist eine hohe Meßgenauigkeit erforderlich. Sie wurde durch große Wegstrecken und durch die Beobachtung optischer Interferenzen erzielt. Der „Michelson"-Versuch hatte das Ergebnis, daß die Erdbewegung die isotrope Ausbreitung der elektromagnetischen Strahlung in einem mit der Erde mitbewegten Koordinatensystem nicht beeinflußt.

Die isotrope Ausbreitung der Wellenfront einer elektromagnetischen Welle mit der Geschwindigkeit c in allen mit beliebigen konstanten Geschwindigkeiten v zueinander bewegten Koordinatensystemen, deren Ursprung zur Zeit $t = 0$ zusammenfiel, läßt sich durch die Gleichungen beschreiben:

$$x_1^2 + x_2^2 + x_3^2 = c^2 t^2,$$
$$x_1'^2 + x_2'^2 + x_3'^2 = c^2 t'^2$$

usw.

oder nach der Umbenennung $x_0 = ict$:

$$x_0^2 + x_1^2 + x_2^2 + x_3^2 = 0,$$
$$x_0'^2 + x_1'^2 + x_2'^2 + x_3'^2 = 0$$

usw.

Hinreichend zur Sicherstellung der isotropen Lichtausbreitung mit der Geschwindigkeit c in allen gestrichenen Koordinatensystemen ist offensichtlich die Forderung, daß die Transformationen in die gestrichenen Koordinatensysteme die Größe $x_0^2 + x_1^2 + x_2^2 + x_3^2$, d.h., das Quadrat des Ortsvektors und damit auch alle Abstände im vierdimensionalen Raum-Zeit-Kontinuum invariant lassen.

Diese Forderung wird nur von Drehungen um den Ursprung und Spiegelungen am Ursprung erfüllt.

Eine Drehung im vierdimensionalen Raum läßt bekanntlich einen zweidimensionalen Unterraum invariant. Die speziellen Drehungen, die die x_0-Achse und eine der Achsen des Ortsraums invariant las-

Experimente zur schwachen Wechselwirkung

sen, sind die gewöhnlichen Drehungen im Ortsraum und interessieren uns hier nicht. Dagegen enthalten die Drehungen, die zwei Achsen im Ortsraum invariant lassen, das uns interessierende Phänomen. Insbesondere liefert eine Drehung des x_0, x_1-Achsenkreuzes um den Winkel φ die Transformationsgleichungen:

$$x'_0 = x_0 \cdot \cos \varphi + x_1 \cdot \sin \varphi,$$

$$x'_1 = -x_0 \cdot \sin \varphi + x_1 \cdot \cos \varphi,$$

$$x'_2 = x_2,$$

$$x'_3 = x_3.$$

Durch die Einschränkung:

$$\text{tg}\,\varphi = -i\beta, \text{ mit } 0 \leq \beta \leq 1$$

erzwingt man, daß x_1 reell bleibt und x_0 imaginär bleibt und beschränkt die Drehungen auf diese Weise auf das physikalisch sinnvolle Gebiet. Die Transformationsgleichungen nehmen durch Einführung von β nämlich die Gestalt an*:

$$x'_0 = \frac{x_0 - i\beta\, x_1}{\sqrt{1-\beta^2}}$$

$$x'_1 = \frac{x_1 + i\beta\, x_0}{\sqrt{1-\beta^2}}$$

$$x'_2 = x_2$$

$$x'_3 = x_3;$$

---

*Man erhält diese Ausdrücke durch Verwendung der trigonometrischen Beziehungen:

$$\cos \varphi = \frac{1}{\sqrt{1+\text{tg}^2\varphi}} = \frac{1}{\sqrt{1-\beta^2}}$$

und

$$\sin \varphi = \frac{1}{\sqrt{1+\text{ctg}^2\varphi}} = \frac{\text{tg}\varphi}{\sqrt{1+\text{tg}^2\varphi}} = -\frac{i\beta}{\sqrt{1-\beta^2}}.$$

oder mit $x_0 = ict$:

$$t' = \frac{t - \frac{\beta}{c} x_1}{\sqrt{1 - \beta^2}}$$

$$x_1' = \frac{x_1 - \beta ct}{\sqrt{1 - \beta^2}}$$

$$x_2' = x_2$$

$$x_3' = x_0.$$

Da für kleine Relativgeschwindigkeiten v des gestrichenen Systems zum ungestrichenen System die Galilei-Transformation entstehen muß, folgt, daß β die physikalische Bedeutung von

$$\beta = \frac{v}{c}$$

haben muß, womit diese Gleichungen die bekannte Form der Lorentz-Transformation annehmen.

Man nennt die Drehungen im vierdimensionalen Raum der $x_0, x_1 \ldots x_3$ auch die Lorentz-Transformationen im engeren Sinn, während man bei Hinzunahme von Spiegelungen von Lorentz-Transformationen im weiteren Sinn spricht.

Die Spiegelung der Zeitachse:

(262)
$$\begin{aligned} t' &= -t \\ x_1' &= x_1 \\ x_2' &= x_2 \\ x_3' &= x_3 \end{aligned}$$

nennt man auch die Zeitumkehrtransformation und die Spiegelung des Ortsraumes:

$$\begin{aligned} t' &= t \\ x_1' &= -x_1 \end{aligned}$$

Experimente zur schwachen Wechselwirkung 367

$$x_2' = -x_2$$
$$x_3' = -x_3$$

die Paritätstransformation*.

Unsere physikalischen Gesetze beschreiben Vorgänge in Raum und Zeit. Unsere bisherige Erfahrung ist damit in Übereinstimmung, daß die gleichen Gesetze überall und zu allen Zeiten unverändert gültig sind.

---

*Die Zeitumkehrtransformation und die Paritätstransformation lassen sich auch nicht durch mehrere aufeinanderfolgende Drehungen im $x_0, x_1 \ldots x_3$ Raum erzeugen. Dies liegt daran, daß bei Drehungen für die Determinante der Transformationsmatrix ($x_i' = \sum_k a_{ik} \cdot x_k$) gilt: det $a_{ik} = +1$, während sowohl für die Zeitumkehrtransformation

$$\det a_{ik} = \begin{vmatrix} -1 & & & 0 \\ & +1 & & \\ & & +1 & \\ 0 & & & +1 \end{vmatrix} = -1$$

als auch für die Paritätstransformation

$$\det a_{ik} = \begin{vmatrix} +1 & & & 0 \\ & -1 & & \\ & & -1 & \\ 0 & & & -1 \end{vmatrix} = -1$$

herauskommt. Es sei noch darauf hingewiesen, daß die Spiegelung an einer Ebene im Ortsraum, z.B. an der x_2, x_3-Ebene

$$a_{ik} = \begin{pmatrix} +1 & & & 0 \\ & -1 & & \\ & & +1 & \\ 0 & & & +1 \end{pmatrix}$$

sich erzeugen läßt durch eine Drehung des x_2, x_3-Koordinatenkreuzes um 180° mit anschließender Paritätstransformation, denn es gilt:

$$\begin{pmatrix} 1 & & & 0 \\ & -1 & & \\ & & 1 & \\ 0 & & & 1 \end{pmatrix} = \begin{pmatrix} 1 & & & 0 \\ & 1 & & \\ & & -1 & \\ 0 & & & -1 \end{pmatrix} \cdot \begin{pmatrix} 1 & & & 0 \\ & -1 & & \\ & & -1 & \\ 0 & & & -1 \end{pmatrix}.$$

Experimente zur schwachen Wechselwirkung

Zur Beschreibung der physikalischen Vorgänge benötigt man ein Koordinatensystem für Raum und Zeit. Die Wahl dieses Koordinatensystems oder „Bezugssystems" unterliegt der Willkür. Die Aussage der speziellen Relativitätstheorie ist die, daß die physikalischen Gesetze nicht nur in dem „Bezugssystem" Gültigkeit haben, in dem sie gewonnen wurden, sondern in der ganzen Gruppe von Koordinatensystemen, die sich durch Lorentz-Transformationen aus dem willkürlich Gewählten erreichen lassen.

Alle bis 1957 bekannten Naturgesetze waren invariant nicht nur gegenüber der Lorentz-Transformation im engeren Sinn, sondern auch gegenüber der Paritätstransformation und der Zeitumkehrtransformation.

Die Bedeutung dieser letzten Aussage wird klar, wenn man berücksichtigt, daß der mathematische Formalismus für den Wechsel eines „Bezugssystems":

$$x'_i = \sum_k a_{ik} \cdot x_k$$

identisch ist mit dem Formalismus für eine Abbildung, die einem Vorgang, der durch die Koordinaten x_ν beschrieben wird, eindeutig einen anderen Vorgang mit den Koordinaten x'_ν im gleichen „Bezugssystem" zuordnet. Die Aussage der Invarianz der physikalischen Gesetze gegenüber einem bestimmten Wechsel des „Bezugssystems" bedeutet deshalb gleichzeitig, daß der virtuelle Vorgang, der aus einem physikalischen Vorgang durch Abbildung mittels des gleichen Formalismus entsteht, ebenfalls mit unseren physikalischen Gesetzen verträglich wäre.

Die Invarianz gegenüber der Zeitumkehrtransformation ist deshalb mit der Aussage äquivalent, daß zu jedem physikalischen Vorgang auch der Vorgang, der in der umgekehrten Richtung abläuft, möglich sein muß. Die Invarianz gegenüber der Paritätstransformation ist entsprechend gleichbedeutend mit der Aussage, daß auch das Spiegelbild eines physikalischen Vorgangs ein möglicher physikalischer Vorgang ist.

Experimente zur schwachen Wechselwirkung 369

Die Maxwellschen Gleichungen z.B. sind invariant gegenüber der Zeitumkehr- und der Paritätstransformation*.

Die Folge davon ist, daß auch die Gesetze chemischer Reaktionen paritäts- und zeitumkehrinvariant sind; denn die chemische Wechselwirkung ist ausschließlich elektromagnetische Wechselwirkung. Das bekannteste Gesetz der Chemie, das auf der Zeitumkehrinvarianz der Maxwellschen Gleichungen beruht, ist das Massenwirkungsgesetz für chemische Gleichgewichte.

Eine unmittelbare Konsequenz der Paritätsinvarianz der Maxwellschen Gleichungen ist die Tatsache, daß es nicht möglich ist, synthetisch aus den Elementen in der Retorte optisch aktive Verbindungen zu erzeugen; denn zu jeder durch einen Schraubensinn ausgezeichneten Verbindung entsteht die spiegelsymmetrische mit gleicher Wahrscheinlichkeit. Dem widerspricht nicht, daß Stoff-

---

*Die Maxwellschen Gleichungen lauten:

$$\text{rot } \mathbf{H} = \mathbf{G} + \dot{\mathbf{D}} \text{ und rot } \mathbf{E} = -\dot{\mathbf{B}}.$$

Da $\mathbf{H}$ und $\mathbf{B}$ axiale Vektoren und $\mathbf{G}$, $\mathbf{D}$ und $\mathbf{E}$ polare Vektoren sind und die Rotation eines polaren Vektors einen axialen Vektor und die Rotation eines axialen Vektors einen polaren Vektor ergeben, liefert der Paritätsoperator P:

$$P(\text{rot } \mathbf{H}) = -\text{rot } \mathbf{H}; \quad P(\mathbf{G} + \dot{\mathbf{D}}) = -(\mathbf{G} + \dot{\mathbf{D}})$$

und:

$$P(\text{rot } \mathbf{E}) = \text{rot } \mathbf{E}; \quad P(-\dot{\mathbf{B}}) = -\dot{\mathbf{B}};$$

d.h., die Paritätstransformation reproduziert die Maxwellschen Gleichungen. Bei der Zeitumkehrtransformation T ist zu beachten, daß $T\mathbf{H} = -\mathbf{H}$ und $T\mathbf{G} = -\mathbf{G}$ gilt; denn $\mathbf{G} = \rho \cdot \mathbf{v}$ wechselt mit $\mathbf{v} = d\mathbf{r}/dt$ sein Vorzeichen und H mit der Richtung des Stroms, der H erzeugt. Damit gilt:

$$T(\text{rot } \mathbf{H}) = -\text{rot } \mathbf{H}; \quad T(\mathbf{G} + \dot{\mathbf{D}}) = -(\mathbf{G} + \dot{\mathbf{D}})$$

und:

$$T(\text{rot } \mathbf{E}) = \text{rot } \mathbf{E}; \quad T(-\dot{\mathbf{B}}) = -\dot{\mathbf{B}},$$

und wieder reproduzieren sich die Maxwellschen Gleichungen.

wechselprodukte von Lebewesen optisch aktiv sein können*, denn in den Lebewesen unserer Erde ist ein Schraubensinn ausgezeichnet, nämlich der Schraubensinn der Eiweißmoleküle, und Lebewesen mit den spiegelsymmetrischen Eiweißmolekülen kommen auf der Erde nicht vor. Dieser Schraubensinn wird durch alle Wachstums- und Fortpflanzungsprozesse weitergegeben. Eine naheliegende Erklärung dafür, daß das irdische Leben nur einen Schraubensinn der Eiweißmoleküle kennt, wäre die Hypothese, daß das Leben auf der Erde an einer einzigen Stelle aus einem einzigen Eiweißmolekül mit zufällig der heute beobachteten Orientierung entstanden ist und alle Lebewesen der Erde daher abstammen.

Es ist wichtig einzusehen, daß die Invarianz der Naturgesetze sowohl gegenüber der Paritätstransformation als auch gegenüber der Zeitumkehrtransformation nicht selbstverständlich ist. Sie ist ausschließlich eine aus Experimenten abgeleitete Erfahrungstatsache.

Lee und Yang** untersuchten 1957 in einer berühmt gewordenen theoretischen Arbeit, wie gut die Paritätsinvarianz aufgrund der bis dahin bekannten physikalischen Experimente gesichert war. Sie kamen zu dem bemerkenswerten Ergebnis, daß sowohl für die Starke Wechselwirkung als auch für die elektromagnetische Wechselwirkung die Paritätsinvarianz mit hoher Genauigkeit aus bekannten Experimenten abgeleitet werden konnte, während alle bekannten Experimente zum β-Zerfall keine Aussage zur Frage der Paritätsinvarianz enthielten. Sie äußerten den Verdacht, daß die Schwache Wechselwirkung nicht paritätsinvariant sein könne und schlugen mehrere Experimente zur Prüfung dieser Frage vor.

Ihr Verdacht beruhte auf folgender experimentellen Beobachtung:

Man fand, daß K-Mesonen, das sind schwere Mesonen mit einer Masse von 967 Elektronenmassen und dem Spin $I = 0$, sowohl in zwei π-Mesonen als auch in drei π-Mesonen zerfallen können. Da die π-Mesonen ebenfalls den Spin $I = 0$ haben, folgt aus dem Drehimpulserhaltungssatz, daß die auslaufende π-Mesonenwelle keinen Bahndrehimpuls tragen kann.

---
*z.B. Traubenzucker und Fruchtzucker.
**Lee and Yang, Phys.Rev. 104, 254 (1956).

Der Bahndrehimpuls $l = 0$ bedeutet, daß die Parität der Wellenfunktion positiv ist. Wir hatten jedoch schon gesehen (s. Seite 163), daß π-Mesonen eine negative Eigenparität haben. Deshalb ist die gesamte Parität des Systems nach dem Zerfall positiv, wenn zwei π-Mesonen entstehen und negativ, wenn drei π-Mesonen entstehen. Da beide Zerfallsprozesse miteinander konkurrieren, bedeutet dies, daß die Parität des Endzustands unbestimmt ist. Eine unmittelbare Folge der Paritätsinvarianz ist jedoch, daß diese Wechselwirkung die Parität des vollständigen quantenmechanischen Systems unverändert läßt*. Wenn beim K-Zerfall sowohl ein Endzustand mit insgesamt positiver Parität als auch ein Endzustand mit insgesamt negativer Parität entstehen kann, dann kann der K-Zerfall keine paritätsinvariante Wechselwirkung sein.

Die Physiker erklärten dieses Rätsel des K-Zerfalls zunächst anders. Sie nahmen einfach an, daß es zwei verschiedene K-Mesonen gibt, von denen das eine, θ-Meson genannt, in zwei π-Mesonen und das andere, τ-Meson genannt, in drei π-Mesonen zerfällt. Merkwürdig war nur, daß beide Teilchen in sonst allen Eigenschaften übereinstimmten.

Zum Beweis, daß der β-Zerfall nicht paritätsinvariant ist, genügt es nachzuweisen, daß der Erwartungswert irgendeiner, beim β-Zerfall beobachtbaren pseudoskalaren Größe von 0 verschieden ist. Das

---

*Wenn der Hamiltonoperator einer Wechselwirkung H paritätserhaltend ist, so bedeutet das, daß:

$$\pi(|H|\psi\rangle) = \pi(|\psi\rangle), \quad \pi = \text{Parität},$$

für beliebige Wellenfunktionen ψ.

Das Matrixelement $\langle f|H|i\rangle$ verschwindet dann für alle Endzustände mit $\pi_f \neq \pi_i$ wegen der Orthogonalität von Wellenfunktionen verschiedener Parität, und es finden nur Übergänge statt in Endzustände, die die gleiche Parität haben wie der Anfangszustand. Es sei darauf hingewiesen, daß hier Anfangszustände und Endzustände des Gesamtsystems gemeint sind. Natürlich erlaubt die Paritätserhaltung der elektromagnetischen Wechselwirkung, daß sich die Parität eines Kerns bei einem γ-Übergang ändert. Sie verlangt jedoch, daß die Parität des Gesamtsystems, d.h. des Kerns im Endzustand plus der auslaufenden elektromagnetischen Welle, mit der Parität des Kerns im Anfangszustand identisch ist.

Resultat einer solchen Messung würde nämlich sein Vorzeichen ändern, wenn man der Messung das gespiegelte „Bezugssystem" zugrunde legen würde; denn Pseudoskalare sind gerade dadurch definiert, daß sie bei der Paritätstransformation ihr Vorzeichen wechseln.

Pseudoskalare sind z.B. die Skalarprodukte aus einem polaren Vektor mit einem axialen Vektor. Viele solche Skalarprodukte lassen sich beim β-Zerfall bilden, deren Erwartungswerte der Beobachtung zugänglich sind. In Frage kommen z.B. die Skalarprodukte

$$\mathbf{p}_e \cdot \mathbf{I}_{(Kern)} \,;\, \mathbf{p}_e \cdot \mathbf{s}_e \text{ oder } \mathbf{p}_\nu \cdot \mathbf{s}_\nu \text{ usw.}$$

Ein Pseudoskalar ist auch die Größe

$$\Delta(\theta) = \lambda(\theta) - \lambda(180° - \theta),$$

wo $\lambda(\theta)$ die Wahrscheinlichkeit dafür ist, daß bei einem β-Zerfall der Impuls des Elektrons mit dem Spin des Mutterkerns den Winkel θ bildet. Bei Anwendung der Paritätstransformation ändert sich die Richtung von $\mathbf{p}$ um $180°$, während der Vektor $\mathbf{I}_i(Kern)$ unverändert bleibt. Die Paritätstransformation überführt deshalb den Winkel θ in

$$\theta \to 180° - \theta$$

und $\Delta(\theta)$ in

$$\Delta(\theta) \to \lambda(180° - \theta) - \lambda(180° - (180° - \theta)) = -\Delta(\theta),$$

was zu zeigen war.

Wu und Mitarbeiter entdeckten bei einer Messung dieser Größe, daß bei der Schwachen Wechselwirkung tatsächlich eine Paritätsverletzung vorliegt:

㊺ Das Wu-Experiment zur Verletzung der Parität beim Beta-Zerfall

Lit.: Wu, Ambler, Hayward, Hoppes, and Hudson, Phys.Rev. 105, 1413 (1957)
Ambler, Grace, Halban, Kurti, Durand, Johnson, and Lemmer, Phil.Mag. 44, 216 (1953)

Um bei vorgegebenen Winkeln θ und $180°-\theta$ zwischen der β-Emissionsrichtung und der Spinrichtung des Beta-Strahlers die Zerfallszählrate beobachten zu können, ist es notwendig, die Spins der radioaktiven Kerne auszurichten.

Man kann Atomkerne dadurch polarisieren, daß man sie bei sehr tiefen Temperaturen in ein starkes Magnetfeld bringt. Durch die Wechselwirkung zwischen den mit den Spins der Atomkerne verbundenen magnetischen Dipolmomenten und dem Magnetfeld tritt eine Aufhebung der Richtungsentartung* ein. Man nennt diesen Effekt auch den Kern-Zeeman-Effekt, da es sich um das gleiche Phänomen handelt wie die unter dem Namen Zeeman-Effekt bekannte Aufspaltung optischer Terme im Magnetfeld. Die Änderung der Energie gegenüber der Energie ohne Magnetfeld beträgt:

(264) $\qquad \Delta E_m = -\langle \mu \cdot H \rangle$

oder mit $\mu = g \cdot \mu_k \cdot I$ und m = magnetische Quantenzahl bezüglich der Magnetfeldrichtung als Quantisierungsachse ($m\hbar$ = Komponente des Kernspins in Richtung von H):

(265) $\qquad \Delta E_m = - m \cdot g \cdot \mu_k \cdot H.$

Die Besetzung der verschiedenen Endzustände im thermodynamischen Gleichgewicht ist durch die Gesetze der Statistik bestimmt, d.h., sie ist proportional zum Boltzmann-Faktor

$$e^{-\frac{\Delta E_m}{kT}}.$$

Die absolute Wahrscheinlichkeit dafür, daß ein Kern den durch m charakterisierten Zustand einnimmt, beträgt damit:

(266) $\qquad W(m) = \dfrac{e^{-\frac{\Delta E_m}{kT}}}{\sum\limits_{m=-I}^{I} e^{-\frac{\Delta E_m}{kT}}}$

---

*Verschiedene quantenmechanische Zustände heißen entartet, wenn ihre Energieeigenwerte gleich sind.

Experimente zur schwachen Wechselwirkung

solange $|\Delta E_m| \ll kT$, sind alle m-Zustände praktisch gleich stark besetzt, und es liegt keine Polarisation vor. Wenn dagegen $|\Delta E_m| \gg kT$ ist, tritt eine starke Polarisation auf. Für positive g-Faktoren ist der Zustand $m = I$ und für negative g-Faktoren der Zustand $m = -I$ am stärksten besetzt.

Definiert man als Polarisation die Größe:

(267) $$P = \frac{\langle I_z \rangle}{I} = \frac{\sum_{m=-I}^{I} m \cdot W(m)}{I},$$

so erhält man für die Temperaturabhängigkeit der im thermischen Gleichgewicht zu erwartenden Polarisation:

(268) $$P = B_I = \frac{2I+1}{2I} \cdot \text{ctgh}\left((2I+1) \cdot \frac{g \cdot \mu_k \cdot H}{2kT}\right) - \frac{1}{2I} \text{ctgh} \frac{g\mu_k H}{2kT} *.$$

Die Größe B_I ist in der Festkörperphysik unter dem Namen Brillouin-Funktion bekannt. Zur Ableitung der Brillouin-Funktion braucht man nur die Summationen unter Anwendung der Summenformel einer geometrischen Reihe durchzuführen. Die praktische Durchführung der Kernausrichtung stößt auf folgende Schwierigkeit:

Wegen der winzigen Größe der magnetischen Momente der Atomkerne ist ΔE_m auch bei starken äußeren Magnetfeldern so klein, daß selbst bei den niedrigsten technisch erreichbaren Temperaturen ΔE_m kleiner als kT bleibt.

Ambler et al. gelang 1953 die Polarisation von ^{60}Co Kernen durch Einbau des Kobalts in ein paramagnetisches Salz, das am Ort der Kobaltkerne ein sehr viel stärkeres Magnetfeld produziert, als man durch äußere Hilfsmittel erzeugen kann. Andererseits lassen sich die Atomhüllen des paramagnetischen Salzes bei tiefen Temperaturen schon durch schwache äußere Magnetfelder vollständig ausrichten, denn das magnetische Moment der Atomhülle ist von der Größenordnung des Bohrschen Magnetons und damit um drei Zehnerpotenzen größer als die magnetischen Momente der Atomkerne.

Auch bei Anwendung dieser sehr starken inneren Felder erfordert die Kernausrichtung immer noch Temperaturen von $T < 0.01°$ Kelvin.

Derartig tiefe Temperaturen sind nur durch die Methode der adiabatischen Entmagnetisierung zu erzielen. Darunter versteht man folgendes:

---

*ctgh x = cotangens hyperbolicus x
$= \dfrac{e^x + e^{-x}}{e^x - e^{-x}}.$

Experimente zur schwachen Wechselwirkung

Man kühlt ein paramagnetisches Salz mit flüssigem Helium, das man unter vermindertem Druck sieden läßt, auf 1° Kelvin vor und bringt es in ein starkes äußeres Magnetfeld. Es tritt eine praktisch vollständige Polarisation der Atomhüllen ein, d.h., alle Atomhüllen besetzen den tiefsten Zustand $m_J = +J$ (bei positivem g-Faktor), der um den Energiebetrag

(269) $$\Delta E_J = - m_J \cdot g \cdot \mu_B \cdot H$$

unter der Energie desselben Terms ohne äußerem Magnetfeld liegt. Dann wird das Magnetfeld auf Null herunter geregelt. Das Herunterregeln geschieht so langsam, daß das Salz praktisch ständig im thermischen Gleichgewicht bleibt.

Entsprechend der Gleichung (266) werden mit abnehmendem Magnetfeld in zunehmendem Maße auch die höheren Terme des Zeeman-Multipletts besetzt, wobei die für die Übergänge in die höheren Terme benötigte Energie der thermischen Energie des Salzes entnommen wird. Durch diesen Effekt verringert sich seine Temperatur. Der von Ambler et al. zur Ausrichtung von ^{60}Co-Kernen verwendete besondere Kunstgriff lag darin, ein und das gleiche paramagnetische Salz sowohl zur Erzeugung des starken inneren Feldes als auch zur Erzeugung der tiefen Temperaturen durch adiabatische Entmagnetisierung zu verwenden. Auf den ersten Blick scheint dies nicht möglich zu sein, denn nach der adiabatischen Entmagnetisierung hat man zwar die tiefe Temperatur erzielt, aber gleichzeitig die Polarisation der Atomhülle und damit die Ausrichtung der inneren Felder zerstört, und eine erneute Ausrichtung durch Magnetisierung des Salzes würde wieder eine erhebliche Temperaturerhöhung zur Folge haben.

Es gibt jedoch paramagnetische Salze mit einer großen räumlichen Anisotropie des g-Faktors. Führt man die adiabatische Entmagnetisierung mit einem paramagnetischen Einkristall aus, der so ausgerichtet ist, daß die Magnetfeldrichtung mit der Richtung, in der der g-Faktor maximal ist, zusammenfällt, so ergibt sich eine kräftige Abkühlung. Wendet man nach Erreichen der tiefen Temperatur ein schwaches Magnetfeld in der Richtung, in der der g-Faktor klein ist, an, so erwärmt sich der Kristall nur unwesentlich. Man hat damit bei der tiefen Temperatur ein ausgerichtetes inneres Feld, und die Kernausrichtung findet statt.

Ambler et al. verwendeten Einkristalle des Alauns:

$$3 \, [Mg \, (NO_3)_2] \cdot 2 \, Ce \, (NO_3)_3 \cdot 24 \, H_2O.$$

Dieser Alaun hat einen anisotropen g-Faktor. 0,5% des Magnesiums wurde durch radioaktives Kobalt ersetzt. Die Ausrichtung der paramagnetischen Atomhüllen dieser Kobaltatome durch das Magnetfeld des Alauns erzeugt am Ort der ^{60}Co-Kerne ein starkes ausgerichtetes Magnetfeld. Den Nachweis, daß die ^{60}Co Kerne tatsächlich polarisiert waren, lieferte die Beobachtung, daß die Kern-Gamma-Strahlung nach dem Zerfall des ^{60}Co anisotrop emittiert wurde.

376 Experimente zur schwachen Wechselwirkung

Trotz der guten Wärmeisolation des Kryostaten wärmt sich die Probe nach der adiabatischen Entmagnetisierung langsam wieder auf, und die Polarisation der Kobaltkerne bleibt deshalb nur für einige Minuten bestehen.

Wu und Mitarbeiter verwendeten die gleiche Technik und auch das gleiche radioaktive Isotop, ^{60}Co, für ihr Paritätsexperiment.

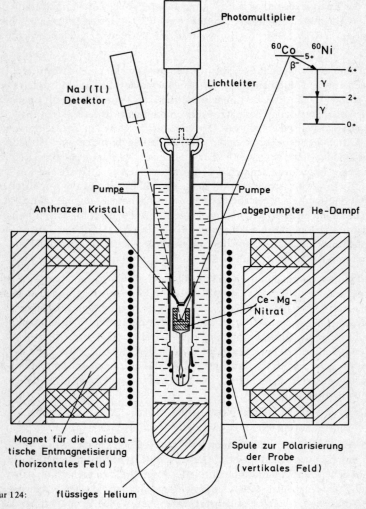

Figur 124: Anordnung von Wu et al., Phys.Rev. 105, 1413 (1957) zur Beobachtung der Paritätsverletzung beim Beta-Zerfall.

Experimente zur schwachen Wechselwirkung

Folgende zusätzlichen Schwierigkeiten waren zu überwinden:

1. Damit die Beta-Strahlung ungestört und unabgelenkt beobachtet wird, muß die ^{60}Co Aktivität in einer ganz dünnen Oberflächenschicht des CeMg-Nitrats eingebaut werden.
2. Der Detektor zur Beobachtung der Beta-Strahlung muß wegen der geringen Reichweite der Beta-Strahlung in Materie im Inneren des Kryostaten im Vakuum montiert werden.

Figur 124 zeigt, wie Wu und Mitarbeiter dieses Problem lösten. Aus mehreren größeren ausgerichteten CeMg-Nitrat-Einkristallen wurde ein massiver Klotz mit einer Vertiefung in der Mitte zusammengesetzt. Dieser Klotz wurde durch adiabatische Entmagnetisierung abgekühlt und diente dann als Kältereservoir. Auf dem Boden der Vertiefung befindet sich ein weiterer CeMg-Nitrat-Kristall, bei dessen Züchtung beim Wachsen der obersten Kristallschicht die ^{60}Co-Aktivität zugegeben wurde. Die aktive Schicht hat eine Schichtdicke von nur etwa 0,05 mm.

Als Detektor für die Beta-Strahlung dient ein kleiner 2 cm oberhalb der ^{60}Co-Quelle montierter Anthrazen-Kristall. Das im Anthrazen-Kristall erzeugte Licht tritt durch ein Glasfenster nach oben in einen Plexiglaslichtleiter, der es zu einem außerhalb des Kryostaten befindlichen Fotomultiplier führt. Die schematische Skizze zeigt ferner das Heliummantelgefäß, in dem durch Abpumpen des Heliums eine Temperatur von etwa 1° Kelvin erzeugt wird. Im äußeren Vakuummantel befindet sich noch eine mit flüssigem Stickstoff gekühlte Abschirmung der Wärmestrahlung. Sie ist in der Skizze der Übersichtlichkeit wegen weggelassen.

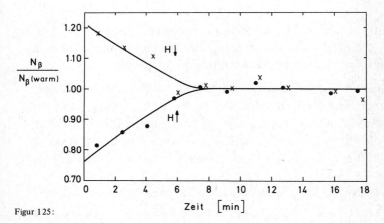

Figur 125:

Beobachtete Beta-Zählrate als Funktion der Zeit in der Anordnung der Figur 111. Diese Meßkurve ist der Arbeit von Wu et al., Phys.Rev. 105, 1413 (1957) entnommen.

378 Experimente zur schwachen Wechselwirkung

Der Kryostat ist von einem Solenoid umgeben, das ein vertikales Magnetfeld zur Polarisation der Probe erzeugt. Der Elektromagnet erzeugt ein starkes horizontales Magnetfeld für die Kühlung durch adiabatische Entmagnetisierung.

Mit zwei NaJ-Detektoren, von denen der eine in einer vertikalen Position und der andere in der Horizontal-Ebene angeordnet ist (nur der erste ist in der Skizze eingezeichnet), wird die Anisotropie der Gamma-Strahlung untersucht. Sie ist ein Maß für die Polarisierung der Probe*.

Die Messung ergab unmittelbar nach der Entmagnetisierung und der Einschaltung des Polarisationsfeldes eine Anisotropie der Gamma-Strahlung von über 30%, wodurch der Beweis erbracht war, daß die ^{60}Co-Quelle kräftig polarisiert wurde. Mit zunehmender Erwärmung der Probe wurde diese Anisotropie stetig kleiner, bis sie nach etwa acht Minuten nicht mehr meßbar war. Die Anisotropie der Gamma-Strahlung war, wie erwartet, unabhängig vom Vorzeichen des polarisierenden Magnetfeldes. Die Beta-Zählrate ist für beide Polarisationsrichtungen als Funktion der Zeit in Figur 125 aufgetragen. Man entnimmt dieser Figur, daß beim Beta-Zerfall des ^{60}Co die β-Teilchen mit größerer Wahrscheinlichkeit entgegengesetzt zur Spinrichtung des Mutterkerns emittiert werden als in Spinrichtung**.

Damit war bewiesen, daß der Pseudoskalar:

$$\Delta(\theta) = \lambda(\theta) - \lambda(180° - \theta)$$

von 0 verschieden ist und damit der Beta-Zerfall tatsächlich die Paritätsinvarianz verletzt.

Folgende anschauliche Beschreibung möge verdeutlichen, in welch einschneidender Weise das Ergebnis des Wu-Experiments unserer bisherigen physikalischen Vorstellung widerspricht.

Die Kugel in Figur 126 stelle den ^{60}Co-Kern dar. Der Spin zeige nach oben. Der Spinvektor ist aber nicht eingezeichnet, da er ein Achsialvektor ist und damit seine Richtung keine echte physikalische Bedeutung hat, denn die Richtung des Spinvektors ist durch die willkürliche Definition des Rechtsschraubensinns bestimmt.

---

*Die quantitativen Zusammenhänge werden auf Seite 576ff. entwickelt.

**Man kennt die Richtung des inneren Feldes und die Vorzeichen der g-Faktoren und leitet daraus ab, daß die Polarisationsrichtung der ^{60}Co-Kerne in der Richtung des polarisierenden Magnetfeldes liegt.

Experimente zur schwachen Wechselwirkung

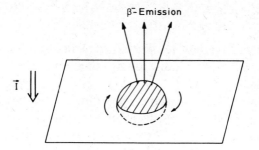

Figur 126:

Zur Deutung des Wu-Experiments. Der Beta-Zerfall einer spiegelsymmetrischen Anordnung erfolgt asymmetrisch.

Statt des Spinvektors ist die physikalisch definierte Größe des Drehsinns eingezeichnet. Die Drehung erfolge in der eingezeichneten Ebene. Es ist wichtig, sich klarzumachen, daß der Raum oberhalb der Ebene durch nichts von dem Raum unterhalb der Ebene ausgezeichnet ist. Der ^{60}Co-Kern selbst sollte vollkommen symmetrisch sein; denn die Paritätsinvarianz der Nukleon-Nukleon-Wechselwirkung hat eine scharf definierte Parität der Kernwellenfunktionen zur Folge.

Trotz der vollkommenen Symmetrie der Anordnung geschieht beim Beta-Zerfall etwas Asymmetrisches; nämlich die β-Teilchen werden mit größerer Wahrscheinlichkeit nach unten als nach oben emittiert.

Dieser experimentelle Befund würde der Logik widersprechen, wenn sich der Raum oberhalb der Symmetrieebene tatsächlich durch gar nichts vom Raum unterhalb der Symmetrieebene unterscheiden würde. Es besteht jedoch ein kleiner Unterschied:

Beim Blick auf den ^{60}Co-Kern vom oberen Halbraum aus erscheint der Drehsinn links herum und vom unteren Halbraum aus rechts herum gerichtet. Das Ergebnis des Wu-Experiments kann man deshalb auch so ausdrücken, daß die Natur zwischen Linksherum und Rechtsherum unterscheiden kann.

Für eine quantitative Untersuchung der Stärke der Paritätsverletzung beim Beta-Zerfall ist das Wu-Experiment aus naheliegenden experimentellen Gründen nicht besonders geeignet. Man hat deshalb nach

Experimente zur schwachen Wechselwirkung

anderen, exakter meßbaren Pseudoskalaren gesucht. Besonders geeignet ist die Longitudinalpolarisation der Elektronen.

Aus dem positiven Ergebnis des Wu-Experiments folgt unmittelbar, daß die emittierte Beta-Strahlung longitudinal polarisiert sein muß. Der Beta-Zerfall des ^{60}Co ist ein Gamow-Teller-Übergang; denn ^{60}Co hat den Spin 5^+ und der durch den Beta-Zerfall bevölkerte Term des ^{60}Ni den Spin 4^+. Wir wenden jetzt den Drehimpulserhaltungssatz an. Die polarisierten ^{60}Co-Kerne befinden sich im $m = 5$ Zustand bezüglich der Richtung des Polarisationsfeldes als Quantisierungsachse. Damit die Drehimpulsbilanz stimmt und der Übergang „erlaubt" ist, müssen die Zerfallsprodukte die Drehimpulskomponenten haben:

$$m_{^{60}\text{Ni}} = + 4,$$

$$m_{e^-} = + 1/2 \text{ und } m_{\bar{\nu}} = + 1/2.$$

Da aber die β-Teilchen vor allem in Richtung der negativen z-Achse emittiert werden, muß ihr Spin mit größerer Wahrscheinlichkeit entgegengesetzt zur Flugrichtung als in Flugrichtung orientiert sein.

Man definiert als Longitudinalpolarisation der Elektronen die Größe:

(270) $$P_1 = \frac{N_{\uparrow\uparrow} - N_{\uparrow\downarrow}}{N_{\uparrow\uparrow} + N_{\uparrow\downarrow}}$$

Mit $N_{\uparrow\uparrow}$ = Anteil der Elektronen, deren Spin in Flugrichtung zeigt,
$N_{\uparrow\downarrow}$ = Anteil der Elektronen, deren Spin entgegengesetzt zur Flugrichtung zeigt.

Damit ist:

(271) $$P_1 = \frac{2}{\hbar \cdot |\mathbf{p}|} \cdot \langle \mathbf{s} \cdot \mathbf{p} \rangle = \frac{2}{\hbar} \cdot \langle \mathbf{s} \cdot \mathbf{p}_0 \rangle$$

mit $\mathbf{s}$ = Elektronenspin
$\mathbf{p}$ = Elektronenimpuls
$\mathbf{p}_0$ = Einheitsvektor in Richtung von $\mathbf{p}$

Experimente zur schwachen Wechselwirkung 381

oder unter Verwendung der Diracschen Spinmatrix:
(272) $P_1 = \langle \sigma \cdot p_0 \rangle$.
Man nennt diesen Pseudoskalar auch die Helizität.

Die erste erfolgreiche Messung der Longitudinalpolarisation von Beta-Strahlung wurde von Frauenfelder und Mitarbeitern durchgeführt:

46 Die experimentelle Untersuchung der Longitudinalpolarisation der Beta-Strahlung

Lit.: Frauenfelder, Babone, von Goeler, Levine, Lewis, Peacock, and De Pasquali, Phys.Rev. 106, 386 (1957)
Koefoed-Hansen and Christensen, Handbuch der Physik 41/2 (1962)
Frauenfelder and Steffen in Siegbahn: Alpha-, Beta-, and Gamma-Ray Spectroscopy, North Holland Publ.Comp. (1965), Vol. 2, Seite 1431 ff.

Eine direkte Messung der Longitudinalpolarisation von Elektronenstrahlung ist schwierig; dagegen gibt es ein einfaches Verfahren zur Messung transversaler Polarisation. Aufgrund der elektromagnetischen Spinbahnkopplung* er-

---
*Die elektromagnetische Spinbahnkopplung kommt auf folgende Weise zustande:
Ein Elektron möge sich mit dem Bahndrehimpuls $\mathbf{L} = \mathbf{r} \times \mathbf{p} = \mathbf{r} \times m\mathbf{v}$ im Coulomb-Feld eines Atomkerns bewegen. In dem Koordinatensystem, in dem der Kern ruht, existiert nur das elektrostatische Feld:

$$\mathbf{E} = -\text{grad } V(r) = -\frac{\mathbf{r}}{r} \cdot \frac{dV(r)}{dr} .$$

In dem mit dem Elektron mit der Geschwindigkeit v mitbewegten Koordinatensystem existiert aufgrund der Maxwell-Gleichungen zusätzlich ein Magnetfeld der Stärke:

$$\mathbf{H} = -\frac{1}{\mu_0 c} \cdot \left(\frac{\mathbf{v}}{c} \times \mathbf{E}\right) = \frac{1}{\mu_0 c^2} \cdot (\mathbf{v} \times \mathbf{r}) \cdot \frac{1}{r} \cdot \frac{dV}{dr}$$

$$= -\frac{1}{\mu_0 m_e c^2} \cdot (\mathbf{r} \times \mathbf{p}) \cdot \frac{1}{r} \cdot \frac{dV}{dr} = -\frac{1}{\mu_0 m_e c^2} \cdot \frac{1}{r} \cdot \frac{dV}{dr} \cdot \mathbf{L}.$$

Die Spinbahnkopplung ist die Kopplung des magnetischen Dipolmoments des Elektrons mit diesem Magnetfeld. Ihre Größe ist deshalb gegeben durch:

$$V_{LS} = -(\mu_S \cdot \mathbf{H}) = -\frac{e}{m_e^2 \cdot c^2} \cdot \frac{1}{r} \cdot \frac{dV}{dr} \cdot \mathbf{L} \cdot \mathbf{S}.$$

Die Transformation in das Laborsystem vergrößert schließlich V_{LS} um einen Faktor zwei.

folgt die Mott-Streuung von transversal polarisierten Elektronen im Coulomb-Feld der Atomkerne asymmetrisch. Warum ein Spinbahnglied im Streupotential einen transversal polarisierten Teilchenstrahl asymmetrisch streut, wurde schon früher (s. Seite 268ff.) gezeigt. Die Größe der Transversalpolarisation P definiert durch

$$(273) \qquad P = \frac{N_\uparrow - N_\downarrow}{N_\uparrow + N_\downarrow}$$

Mit $\quad N_\uparrow$ = Anteil der Teilchen im Strahl mit dem Spin nach oben (senkrecht zur Strahlrichtung)
$N_\downarrow$ = Anteil der Teilchen im Strahl mit dem Spin nach unten.

ist proportional zum Asymmetrieverhältnis der Streuzählraten

$$(274) \qquad P = \frac{1}{S} \cdot \frac{N(\theta) - N(-\theta)}{N(\theta) + N(-\theta)}$$

für eine Streuung in der Horizontalebene in die Streurichtungen $+\theta$ und $-\theta$. Der Proportionalitätsfaktor S wird auch die Asymmetriefunktion der Mott-Streuung genannt. Sie ist eine Funktion der Elektronengeschwindigkeit, des Streuwinkels θ und der Ordnungszahl Z des Kerns, an dem gestreut wird. Man findet eine Tabelle der Asymmetriefunktion S in einer Arbeit von Sherman*.

Durch folgenden Kunstgriff kann man die Messung des Asymmetrieverhältnisses bei der Mott-Streuung auch für die Bestimmung der Longitudinalpolarisation von Elektronenstrahlen verwenden:

Man wandelt die Longitudinalpolarisation der Elektronen in eine Transversalpolarisation um, in dem man die Elektronenflugrichtung durch einen elektrischen Plattenkondensator um 90° ablenkt. Bei nichtrelativistischen Elektronengeschwindigkeiten bleibt die Orientierung der Elektronenspins unverändert. Bei relativistischen Geschwindigkeiten muß man jedoch berücksichtigen, daß die Lorentz-Transformation in das mit dem Elektron mitbewegte Bezugssystem ein Magnetfeld der Stärke:

$$(275) \qquad \mathbf{H} = -\frac{1}{\mu_0 c} \cdot \left(\frac{\mathbf{v}}{c} \times \mathbf{E} \right)$$

liefert, in dem die Kernspins eine Larmor-Präzession durchführen. Da dieses Magnetfeld senkrecht zu $\mathbf{v}$ und $\mathbf{E}$ steht und die Larmor-Präzession in der Ebene senkrecht zu $\mathbf{H}$ erfolgt, dreht sich der Polarisationsvektor

$$(276) \qquad \langle \mathbf{P} \rangle = \frac{2}{\hbar} \cdot \langle \mathbf{s} \rangle$$

---

*Sherman, Phys.Rev. 103, 1601 (1956).

Experimente zur schwachen Wechselwirkung

in der Ebene der Elektronenablenkung ein wenig mit. Deshalb muß der Ablenkwinkel etwas größer als 90° gewählt werden, wenn man erreichen will, daß der Polarisationsvektor ⟨ p ⟩ senkrecht zur Flugrichtung steht und damit die Longitudinalpolarisation vollständig in Transversalpolarisation überführt wird. Unter Verwendung der bereits erwähnten Beziehung für die Larmor-Präzessionsfrequenz (s. Seite108)läßt sich der erforderliche Ablenkungswinkel für jede Elektronengeschwindigkeit v leicht errechnen.

Frauenfelder et al. verwendeten diesen Kunstgriff in Verbindung mit der Mott-Streuung zur Messung der Longitudinalpolarisation der Beta-Strahlung des ^{60}Co als Funktion der Elektronenenergie.

Figur 127 zeigt einen bewährten verbesserten Aufbau nach dem gleichen Prinzip, das der Anordnung von Frauenfelder et al. zugrunde lag. Diese Figur ist einer Arbeit von Bienlein et al.* entnommen. Die ^{60}Co-Aktivität wird in dünner Schicht auf eine Trägerfolie aufgedampft, um eine Depolarisation der β-Teilchen durch Streuprozesse im Inneren des Präparats weitgehend auszuschließen. Die magnetische Linse M_1 bildet für die β-Teilchen der gewünschten Energie die Quelle Q elektronenoptisch auf die Blende B_1 ab. Die Platten des elektrostatischen Ablenkkondensators sind Kugelflächen. Dies hat gegenüber einem Zylinderkondensator den Vorteil, daß auch diejenigen β-Teilchen, die die Blende B_1 mit einer Neigung zur Zeichenebene passieren, in die Blende B_2 abgebildet werden. Die Wirkung ist eine erheblich verbesserte Transmission.

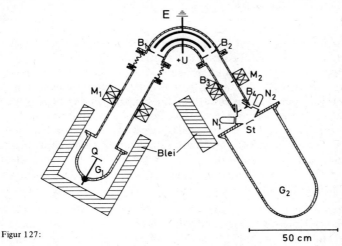

Figur 127:

Experimentelle Anordnung zur Beobachtung der longitudinalen Polarisation von Beta-Strahlung. Die Figur ist der Arbeit von Bienlein et al., Nucl.Instruments and Methods, 4, 79 (1959) entnommen.

---

*Bienlein, Güthner, von Issendorf und Wegner, Nucl.Instr.and Meth. 4, 79 (1959).

Die magnetische Linse M_2 bildet die aus der Blende B_2 austretenden Elektronen durch den Spalt B_4 hindurch auf die Streufolie St ab. Die beiden symmetrisch aufgestellten Geigerzähler N_1 und N_2 messen die gestreuten Elektronen. Das Detektorsystem ist um die Flugrichtung der einlaufenden Elektronen rotierbar. Bei der Durchführung der Messungen stehen die Geigerzähler nicht in der in Figur 127 gezeigten Stellung, sondern um 90° gedreht oberhalb und unterhalb der Zählerebene, denn der Polarisationsvektor der Elektronen liegt in der Zeichenebene. Asymmetrien in den Öffnungswinkeln und den Ansprechwahrscheinlichkeiten der beiden Detektoren werden dadurch eliminiert, daß das Detektorsystem in regelmäßigen Zeitabständen um 180° gedreht wird, wodurch die Geigerzähler ihre Rollen vertauschen.

Die Streufolie muß hinreichend dünn sein, um die Wahrscheinlichkeit für Mehrfachstreuung klein zu halten; deshalb geht der größte Teil der Elektronen unabgelenkt durch die Streufolie hindurch. Man muß verhindern, daß diese Elektronen über den Umweg einer Rückstreuung von den Wänden der Vakuumapparatur schließlich doch noch in einen der Geigerzähler gelangen. Bei den meisten anfänglichen Messungen hat man diesen Effekt unterschätzt und unzuverlässige Resultate erzielt. Die einzige sichere Methode zur Vermeidung dieser Störung ist die Verwendung einer hinreichend großen Streukammer G_2.

Die aus der radioaktiven Quelle austretende Gamma-Strahlung wird sorgfältig durch Blei abgeschirmt, denn die Geigerzähler sprechen auch auf Gamma-Strahlung an.

Die Polarisationsempfindlichkeit S ist nur für große Ordnungszahlen Z groß. Man verwendet deshalb Goldfolien zum Polarisationsnachweis. Bei einer Vergleichsmessung mit einer Aluminiumfolie muß die Asymmetrie praktisch verschwinden. Auf diese Weise läßt sich nachweisen, daß keine apparativen Unsymmetrien vorliegen. Frauenfelder et al. fanden, wie aufgrund des Wu-Experiments zu erwarten war, daß eine starke negative Longitudinalpolarisation der Beta-Strahlung des ^{60}Co vorliegt. Das negative Vorzeichen bedeutet, daß die Elektronenspins entgegengesetzt zur Flugrichtung ausgerichtet sind. In der Folgezeit ist die Longitudinalpolarisation der Beta-Strahlung und die Abhängigkeit von der Elektronengeschwindigkeit bei vielen β^-- und β^+-Strahlern mit großer Sorgfalt untersucht worden.

Eine Zusammenstellung der Ergebnisse findet man in den zusammenfassenden Berichten von Koefoed-Hansen und Christensen und von Frauenfelder und Steffen. Man fand ausnahmslos eine negative Longitudinalpolarisation bei β^--Strahlern und eine positive bei β^+-Strahlern. Für alle „erlaubten" und die meisten „verbotenen" Beta-Zerfälle beobachtete man innerhalb der Meßgenauigkeit:

(277) $$P_1 = \pm \frac{v}{c},$$

Experimente zur schwachen Wechselwirkung 385

wobei das positive Vorzeichen für β^+- und das negative Vorzeichen für β^--Zerfälle gilt. Die in Figur 128 dargestellte Übersicht über die Meßresultate für „erlaubte" β^- Übergänge zeigt, wie gut die gemessenen Werte der Beziehung $P_l = -v/c$ folgen.

Bei einigen wenigen „verbotenen" Beta-Übergängen hat man kräftige Abweichungen von $P = -v/c$ beobachtet.

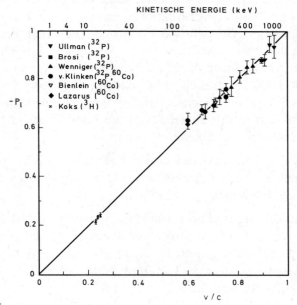

Figur 128:
Meßresultate der longitudinalen Polarisation von Beta-Strahlung bei erlaubten Übergängen als Funktion der Geschwindigkeit der Beta-Teilchen (Ullman, Frauenfelder, Lipkin, and Rossi, Phys.Rev. 122, 536 (1961); Brosi, Galonsky, Ketelle, and Willard, Nucl.Phys. 33, 353 (1962); Wenninger, Stiewe, Muusz, and Leutz, Nucl. Phys. A96, 177 (1967); van Klinken, Nucl.Phys. 75, 145 (1966); Bienlein, Güthner, von Issendorff, and Wegener, Nucl.Instr. 4, 79 (1959); Lazarus and Greenberg, Phys.Rev. D2, 45 (1970); Koks and van Klinken, to be published in Nucl.Phys. (1976)).

Die experimentelle Beobachtung der Paritätsverletzung bei der Schwachen Wechselwirkung hat weitreichende Konsequenzen. Bevor wir jedoch die Neuformulierung der Beta-Theorie vornehmen und die quantitative Analyse der neuen Meßresultate verfolgen, wollen wir die Frage der Zeitumkehrinvarianz studieren.

Nachdem erst einmal die Paritätsverletzung entdeckt war, hielt man auch eine Verletzung der Zeitumkehrinvarianz für nicht mehr ausgeschlossen.

Besonders aktuell wurde diese Frage aufgrund einer theoretischen Arbeit, die einige Jahre vorher (1954) von Lüders über das sogenannte CPT-Theorem publiziert* worden war.

Lüders zeigte in dieser Arbeit, daß unter sehr allgemeinen Voraussetzungen die Naturgesetze invariant gegenüber der kombinierten Transformation $C \cdot P \cdot T$ sein müssen, auch wenn die Invarianz gegenüber den einzelnen Transformationen nicht gilt. Die Transformation C heißt auch die Ladungskonjugation. Die durch ihren Formalismus definierte Abbildung ersetzt alle Teilchen durch die Antiteilchen, d.h. Elektron durch Positron, Neutrino durch Antineutrino usw. Invarianz gegenüber der Ladungskonjugation wäre gleichbedeutend mit der Aussage, daß Physiker auf einem anderen Stern, der aus Antimaterie aufgebaut ist, aus ihren Experimenten die gleichen Naturgesetze ableiten würden wie wir.

Die Lüderssche Arbeit hatte zunächst nur akademisches Interesse, da die Invarianz gegenüber den einzelnen Transformationen selbstverständlich zu sein schien.

Nach der Entdeckung der Paritätsverletzung beim Beta-Zerfall enthielten sie jedoch die aufsehenerregende Konsequenz, daß mindestens eine weitere Symmetrieeigenschaft verletzt sein müßte, d.h. entweder die Invarianz gegenüber der Ladungskonjugation oder gegenüber der Zeitumkehrtransformation.

Direkte Experimente zur Ladungskonjugation sind schwierig durchzuführen; in Frage kommt etwa ein Studium des β^+-Zerfalls von Antineutronen. Bis heute ist ein solches Experiment technisch nicht möglich.

Anders ist die Situation beim Zeitumkehrexperiment. Es wurde bereits darauf hingewiesen, daß bei der Zeitumkehrtransformation die kinematischen Größen, Impuls und Drehimpuls, ihr Vorzeichen wechseln wegen des Vorzeichenwechsels von $v = dr/dt$. Die bei der Untersuchung zur Paritätsverletzung beobachteten Pseudoskalare waren skalare Produkte eines Impulses mit einem Drehimpuls. Die Zeitumkehrtransformation läßt diese Größen invariant. Alle Pro-

---

*Lüders, Mat.Fys.Medd.Dans.Vid.Selsk. 28, No.5 (1954).

dukte aus einer ungeraden Zahl von Impuls- oder Drehimpulsvektoren der beim Beta-Zerfall beteiligten Partikel wechseln jedoch bei der Zeitumkehrtransformation ihr Vorzeichen.
Ein für Zeitumkehrexperimente in Frage kommendes Produkt ist z.B. die skalare Größe:

$$\mathbf{I}_i \cdot \mathbf{p}_e \times \mathbf{p}_{\bar{\nu}}.$$

Man hätte also für eine größere Zahl individueller Beta-Zerfälle die drei Vektoren $\mathbf{p}_e$, $\mathbf{p}_{\bar{\nu}}$ und $\mathbf{I}_i$ gleichzeitig zu beobachten, jeweils das Produkt $\mathbf{I}_i \cdot \mathbf{p}_e \times \mathbf{p}_{\bar{\nu}}$ zu bilden und dann zu untersuchen, ob der Mittelwert

$$\langle \mathbf{I}_i \cdot \mathbf{p}_e \times \mathbf{p}_{\bar{\nu}} \rangle$$

von 0 verschieden ist. Da die Zeitumkehrtransformation das Vorzeichen von $\langle \mathbf{I}_i \cdot \mathbf{p}_e \times \mathbf{p}_{\bar{\nu}} \rangle$ wechselt, würde die Zeitumkehrinvarianz der Schwachen Wechselwirkung verlangen, daß

$$\langle \mathbf{I}_i \cdot \mathbf{p}_e \times \mathbf{p}_{\bar{\nu}} \rangle = 0.$$

Die Durchführung dieses Experiments ist dadurch erschwert, daß über alle beim Beta-Zerfall möglichen Richtungen von $\mathbf{p}_e$, $\mathbf{p}_{\bar{\nu}}$ und $\mathbf{I}_i$ gemittelt werden muß. Es ist einfacher, die folgende Größe zu messen:

$$R(\theta) = 2 \cdot \frac{\lambda(\theta) - \lambda(180° - \theta)}{\lambda(\theta) + \lambda(180° - \theta)}$$

mit:

$$\theta = \sphericalangle \mathbf{I}_i, \mathbf{p}_e \times \mathbf{p}_{\bar{\nu}}$$

und $\lambda(\theta) = $ Wahrscheinlichkeit dafür, daß bei einem Beta-Zerfall einer polarisierten Quelle die Zerfallsprodukte Elektron und Antineutrino in vorgewählte Richtungen fliegen, die so gewählt sind, daß

$$\sphericalangle \mathbf{I}_i, \mathbf{p}_e \times \mathbf{p}_{\bar{\nu}} = \theta$$

ist.

$\lambda(180-\theta)$ = Wahrscheinlichkeit für entsprechende Beta-Zerfälle nach Umkehrung der Polarisationsrichtung.

Auch die Größe $R(\theta)$ wechselt bei der Zeitumkehrtransformation ihr Vorzeichen, denn aus:

$$T(\mathbf{p}_e) = -\mathbf{p}_e; T(\mathbf{p}_{\bar{\nu}}) = -\mathbf{p}_{\bar{\nu}} \text{ und damit } T(\mathbf{p}_e \times \mathbf{p}_{\bar{\nu}}) = \mathbf{p}_e \times \mathbf{p}_{\bar{\nu}}$$

und aus:

$$T(\mathbf{I}_i) = -\mathbf{I}_i$$

folgt

$$T(\theta) = 180° - \theta$$

und damit

$$T(R(\theta)) = 2\,\frac{\lambda(180° - \theta) - \lambda(\theta)}{\lambda(180° - \theta) + \lambda(\theta)} = -R(\theta).$$

Burgy et al. führten dieses Zeitumkehrexperiment am Beta-Zerfall des freien Neutrons durch:

㊼ Das Zeitumkehrexperiment am Beta-Zerfall des freien Neutrons von Burgy et al.

Lit.: Burgy, Krohn, Novey, Ringo, and Telegdi, Phys.Rev.Letters 1, 324 (1958) und Phys.Rev.110, 1214 (1958)

Burgy et al. verwendeten den in Figur 129 skizzierten Versuchsaufbau. Sie benutzten einen thermischen Neutronenstrahl aus dem CP-5 Reaktor des Argonne National Laboratory. Durch Reflexion bei streifendem Einfall an einem in vertikaler Richtung magnetisierten Kobaltblech wird der Neutronenstrahl polarisiert. Dieser Effekt wird durch die Wechselwirkung zwischen dem magnetischen Dipolmoment des Neutrons und den Dipolmomenten der ausgerichteten Elektronen im magnetisierten Kobalt hervorgerufen. Der Reflexionskoeffizient wird durch diese magnetische Wechselwirkung für die Einstellrichtungen des Neutronenspins, parallel und antiparallel zur Magnetisierungsachse, verschieden groß. Der Polarisationsgrad wurde mit Hilfe eines zweiten als Analysator wirkenden Kobaltspiegels zu:

$$P_n = \frac{\langle I_z \rangle}{I\hbar} = 0{,}87 \pm 0{,}07$$

Experimente zur schwachen Wechselwirkung

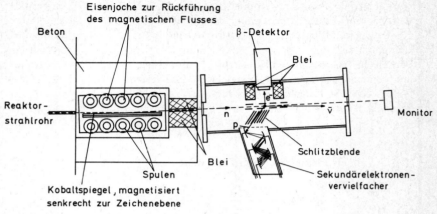

Figur 129:

Experimentelle Anordnung für das Zeitumkehrexperiment von Burgy et al. Die Figur ist der Arbeit von Burgy et al., Phys.Rev. 107, 1732 (1957), entnommen.

gemessen. Nach der Reflexion am Kobaltspiegel tritt der mit den Spins senkrecht zur Zeichenebene polarisierte Neutronenstrahl durch ein dünnes Kupferfenster in eine evakuierte Kammer ein, in der der Beta-Zerfall der Neutronen beobachtet wird. Man beobachtet die β-Teilchen durch einen in der Zeichenebene senkrecht zur Strahlrichtung montierten Szintillationsdetektor. Der Einkanaldiskriminator des Beta-Detektors wird so eingestellt, daß der Detektor nur für Beta-Zerfälle empfindlich ist, bei denen Elektron und Antineutrino etwa den gleichen Impuls übernehmen.

Der Impuls des Antineutrinos läßt sich natürlich nicht direkt beobachten. Statt dessen beobachtet man die Flugrichtung der Rückstoßkerne.

Man möchte bei diesem Experiment nur solche Beta-Zerfälle registrieren, bei denen das Antineutrino in der Flugrichtung des Neutronenstrahls emittiert wird. In diesem Fall ist der den Protonen von den Antineutrinos und den Elektronen insgesamt übertragene Rückstoßimpuls in der Zeichenebene schräg nach hinten (135° zur Neutronenflugrichtung) gerichtet. Durch das in Figur 129 dargestellte Schlitzsystem erreichten Burgy et al., daß nur Rückstoßprotonen mit dieser Flugrichtung den offenen Sekundärelektronenvervielfacher erreichen können, der zur Registrierung der Protonen verwendet wird. Bis zum Austritt aus dem Schlitzsystem erfolgt die Bewegung der Protonen im feldfreien Raum. Danach passieren sie ein elektrostatisches Feld, das sie auf etwa 5 keV beschleunigt. Dies ist notwendig, da die Rückstoßenergie der Protonen allein nicht ausreichen würde, um den Detektor zum Ansprechen zu bringen.

Experimente zur schwachen Wechselwirkung

Bei der Beobachtung einer Koinzidenz zwischen dem Elektronenzähler und dem Protonenzähler ist man damit sicher, daß das Elektron senkrecht zur Neutronenstrahlrichtung und das Antineutrino in Strahlrichtung geflogen ist und damit der Vektor $p_e \times p_{\bar{\nu}}$ senkrecht zur Zeichenebene nach unten zeigt. Nun magnetisiert man den Kobaltspiegel abwechselnd so, daß die Neutronenspins einmal nach oben und einmal nach unten zeigen und vergleicht die jeweilig beobachteten Koinzidenzzählraten $N_\uparrow$ und $N_\downarrow$. Bei diesen beiden Messungen beträgt der Winkel

$$\theta = \sphericalangle I_n, p_e \times p_{\bar{\nu}} = 0°, \text{ bzw. } 180°.$$

Das Asymmetrieverhältnis dieser Zählraten:

$$R' = 2 \cdot \frac{N_\uparrow - N_\downarrow}{N_\uparrow + N_\downarrow}$$

ist deshalb bis auf Korrekturfaktoren für die endlichen Öffnungswinkelbereiche für p_e und $p_{\bar{\nu}}$ und die nicht vollständige Polarisation der Neutronenstrahlung gleich dem oben definierten Asymmetrieverhältnis:

$$R(\theta) = 2 \cdot \frac{\lambda(\theta) - \lambda(180° - \theta)}{\lambda(\theta) + \lambda(180° - \theta)}$$

mit speziell $\theta = 0°$.

Das Ergebnis der Messung von Burgy et al. war:

$$R' = -0{,}015 \pm 0{,}017,$$

d.h., innerhalb der Meßgenauigkeit konnte keine Asymmetrie und damit Verletzung der Zeitumkehrinvarianz nachgewiesen werden.

Wir haben oben nur gezeigt, daß:

$$\langle I_n \cdot p_e \times p_{\bar{\nu}} \rangle \neq 0$$

und damit:

$$R(\theta) \neq 0$$

für den Beweis der Verletzung der Zeitumkehrinvarianz hinreichend wäre. Dies ist aber auch eine notwendige Konsequenz der Verletzung der Zeitumkehr. Insbesondere zeigten Jackson, Treiman und Wyld (Phys.Rev. 106, 517, (1967)), daß die bei Zeitumkehrverletzung der Schwachen Wechselwirkung zu erwartende Richtungskorrelation zwischen den Vektoren I_n und $p_e \times p_{\bar{\nu}}$ die Form hat:

(278) $$W(\theta) = 1 + D \cdot \frac{\mathbf{I} \cdot \mathbf{p}_e \times \mathbf{p}_{\bar{\nu}}}{\mathbf{I} \cdot T_e \cdot T_{\bar{\nu}}}$$

(diese Gleichung gilt in dimensionslosen Einheiten mit $\hbar = m_e = c = 1$), wobei D dann und nur dann verschwindet, wenn die Zeitumkehrinvarianz gilt. Burgy et al. leiten aus ihren Messungen für D den Wert ab:

$$D = -0{,}04 \pm 0{,}07.$$

Um aus den geschilderten Experimenten zur Paritätsverletzung und zur Zeitumkehrinvarianz quantitative Schlußfolgerungen ziehen zu können, müssen wir zunächst eine Umformulierung der Theorie der Beta-Wechselwirkung vornehmen.

Unsere bisher verwendete Formulierung beruhte auf den auf Seite 331 genannten Hypothesen. Es ändert sich die dritte Hypothese; denn wir dürfen jetzt nur noch die Invarianz gegenüber Lorentz-Transformationen im engeren Sinn (ohne Spiegelungen) fordern. Dies hat eine Erweiterung der Möglichkeiten für das Matrixelement des Beta-Zerfalls zur Folge. Die erweiterte Form (der Beweis geht über den Rahmen dieses Buches hinaus) für die durch die Gleichungen:

$$W_{i \to f} = \frac{2\pi}{\hbar} \left| \langle f | H | i \rangle \right|^2 \cdot \rho_f$$

mit

$$\langle f | H | i \rangle = \sum_{n=1}^{A} \int H_n \, d\tau$$

eingeführte Wechselwirkungsdichtematrix für das einzelne Nukleon lautet:

(279)
$$\begin{aligned} H_n = g \cdot \{ &C_S \cdot H_S^{\text{even}} + C_V \cdot H_V^{\text{even}} + C_T \cdot H_T^{\text{even}} + \\ & + C_A \cdot H_A^{\text{even}} + C_P \cdot H_P^{\text{even}} + C_S' \cdot H_S^{\text{odd}} + C_V' \cdot H_V^{\text{odd}} + \\ & + C_T' \cdot H_T^{\text{odd}} + C_A' \cdot H_A^{\text{odd}} + C_P' \cdot H_P^{\text{odd}} \}. \end{aligned}$$

Experimente zur schwachen Wechselwirkung

In dieser Formel bedeuten:

(280) $$H_S^{even} = (\tilde{\psi}_p, O_s \psi_n)(\tilde{\psi}_e, O_s \psi_\nu) + \text{h.c. usw.}$$

und

(281) $$H_S^{odd} = (\tilde{\psi}_p, O_s \psi_n)(\tilde{\psi}_e, O_s \gamma_5 \psi_\nu) + \text{h.c. usw.}$$

Außerdem sind für die Kopplungskonstanten C_i und C_i' nicht mehr wie bisher nur reelle, sondern beliebige komplexe Zahlen zugelassen.

Die Terme H_i^{even} sind die bisher verwendeten Skalare. Sie allein haben zur Folge, daß beim Beta-Zerfall die Paritäten des quantenmechanischen Systems in den Zuständen i und f identisch sind. Die neu hinzugefügten Terme H_i^{odd} sind Pseudoskalare. Sie allein hätten zur Folge, daß beim Beta-Zerfall die Parität des gesamten quantenmechanischen Systems ihr Vorzeichen wechseln würde. Auch dies würde noch keine Paritätsverletzung bedeuten, denn Elektron und Neutrino könnten eine verschiedene Eigenparität haben, und bei Berücksichtigung dieser Eigenparitäten würde die Parität insgesamt wieder unverändert bleiben. Erst eine Überlappung beider Terme führt zwingend zu einer Paritätsverletzung.

Die Zulassung komplexer Funktionen C_i hat zur Folge, daß die Wechselwirkungsdichtematrix H_n komplex wird. Eine reelle Hamilton-Matrix beschreibt eine zeitumkehrinvariante Wechselwirkung, während eine komplexe Hamilton-Matrix die Zeitumkehr verletzt*.

---

*Dies läßt sich in folgender Weise erkennen: man betrachtet die zeitabhängige Schrödinger-Gleichung:

$$H\psi = -i \frac{\partial \psi}{\partial t}$$

(H soll die Zeit nicht enthalten). Aus der Forderung, daß die Gesamtenergie H bei der Zeitumkehrtransformation ihr Vorzeichen nicht wechseln soll, folgt, daß die Zeitumkehrtransformation für komplexe Wellenfunktionen nicht einfach die Operation $t \to -t$ ist, sondern $\psi'(t) = T\psi(t) = \psi^*(-t)$; geht man jedoch in der obigen Schrödinger-Gleichung zur konjugiert komplexen Gleichung über:

Fortsetzung der Fußnote * auf Seite 393

Experimente zur schwachen Wechselwirkung

Unter Verwendung dieses erweiterten Ansatzes für die Wechselwirkungsdichtematrix erhält man für die Übergangswahrscheinlichkeit bei „erlaubten" Beta-Übergängen anstelle der Gleichung (238) nunmehr (siehe Schopper, Weak Interaction and Nuclear Beta Decay, S. 41 und 44):

$P(p_e)dp_e$

$$= \frac{g^2}{\hbar^7 \cdot 2\pi^3 \cdot c^3} \cdot \{(C_S C_S^* + C_S' C_S'^* + C_V C_V^* + C_V' C_V'^*) |\int 1|^2 +$$

$$+ (C_T C_T^* + C_T' C_T'^* + C_A C_A^* + C_A' C_A'^*) \cdot |\int \sigma|^2 +$$

$$+ \frac{1}{T_e} \cdot 2(1 - (\alpha Z)^2)^{1/2} \cdot [R_e(C_S C_V^* + C_S' C_V'^*) |\int 1|^2 +$$

$$+ R_e(C_T C_A^* + C_T' C_A'^*) \cdot |\int \sigma|^2]\} \times$$

$$\times F(Z, T_e) \cdot (E_{tot} - T_e)^2 \cdot p_e^2 \cdot dp_e.$$

(282)

An der Interpretation der „erlaubten" Beta-Spektren ändert diese Erweiterung nichts.

Auch die aus der Nichtbeobachtung des „Fierz"-Interferenzterms gezogene Folgerung, daß von den beiden möglichen Operatoren O_S und O_V der Fermi-Wechselwirkung und den beiden möglichen Operatoren O_T und O_A der Gamow-Teller-Wechselwirkung nur je-

---

Fortsetzung der Fußnote * von Seite 392

$$H^* \psi^* = i \frac{\partial \psi^*}{\partial t}$$

und ersetzt danach noch t durch $-t$, so entsteht

$$H^* \psi' = -i \frac{\partial \psi'}{\partial t}.$$

Aus dieser Gleichung liest man ab, daß die Schrödinger-Gleichung dann und nur dann zeitumkehrinvariant ist, wenn $H^* = H$, d.h. H reell ist.

Experimente zur schwachen Wechselwirkung

weils einer in der wirklichen Wechselwirkung vorkommt, gilt weiterhin. Allerdings ist die Einschränkung zu machen, daß nun auch eine, wenn auch äußerst unwahrscheinliche, zufällige Auslöschung der Interferenzglieder bei ganz bestimmten Phasenfaktoren der Kopplungskonstanten möglich wird.

Die experimentell bestimmten Kopplungskonstanten g_F und g_{GT} bleiben unverändert. Sie bedeuten jetzt allerdings:

$$(283) \quad g_F^2 = g^2 \cdot (C_S C_S^* + C_S' C_S'^* + C_V C_V^* + C_V' C_V'^*)$$

und

$$(284) \quad g_{GT}^2 = g^2 \cdot (C_T C_T^* + C_T' C_T'^* + C_A C_A^* + C_A' C_A'^*).$$

Wir wollen nun verfolgen, ob die Resultate der Messung der Longitudinalpolarisation der Beta-Strahler mit dieser erweiterten Theorie in Einklang ist.

Alder et al. (Phys.Rev. 107, 728 (1957)) und Jackson et al..(Nucl. Phys. 4, 206 (1957) und Phys.Rev. 106, 517 (1957)) leiteten für die im Rahmen dieser erweiterten Theorie zu erwartende Longitudinalpolarisation für „erlaubte" Übergänge den Ausdruck her:

$$(285) \quad P_1 = \pm \frac{v}{c} \cdot \frac{G}{1 + b/T_e}$$

(Das $^+$-Zeichen gilt für β^--Zerfälle und das $^-$-Zeichen für β^+-Zerfälle)

mit

$$G = \frac{\cdot |\int 1|^2 \cdot (C_S C_S^* + C_S' C_S'^* - C_V C_V^* - C_V' C_V'^*) + |\int \sigma|^2 \cdot (C_T' C_T^* + C_T C_T'^* - C_A' C_A^* - C_A C_A'^*)}{|\int 1|^2 \cdot (C_S C_S^* + C_S' C_S'^* + C_V C_V^* + C_V' C_V'^*) + |\int \sigma|^2 \cdot (C_T C_T^* + C_T' C_T'^* + C_A C_A^* + C_A' C_A'^*)}$$

und $b = $ „Fierz"-Interferenzterm:

$$b = 2 \cdot (1 - (\alpha Z)^2)^{1/2} \cdot \frac{Re(C_S C_V^* + C_S' C_V'^*) \cdot |\int 1|^2 + Re(C_T C_A^* + C_T' C_A'^*) \cdot |\int \sigma|^2}{|\int 1|^2 \cdot (C_S C_S^* + C_S' C_S'^* + C_V C_V^* + C_V' C_V'^*) + |\int \sigma|^2 (C_T C_T^* + C_T' C_T'^* + C_A C_A^* + C_A' C_A'^*)}$$

Das Meßresultat für die Polarisation der Beta-Strahlung „erlaubter" Beta-Übergänge:

$$P_1 = \pm \frac{v}{c}$$

(Das $^+$-Zeichen gilt für β^+-Zerfälle und das $^-$-Zeichen für β^--Zerfälle) bestätigt zunächst einmal das aus der Gestalt der „erlaubten' Beta-Spektren abgeleitete Ergebnis, daß der „Fierz"-Interferenzterm verschwindet. Darüber hinaus bedeutet es, daß G den größtmöglichen Wert annimmt, und zwar:

$$G = -1.$$

Daraus folgt, daß $C'_S = -C_S$, wenn die Fermi-Wechselwirkung durch den Operator O_S realisiert wird oder $C'_V = C_V$, falls die Vektorkopplung vorliegt. Entsprechend muß $C'_T = -C_T$ sein, falls die Gamow-Teller-Wechselwirkung durch die Tensorkopplung verwirklicht wird, und $C'_A = C_A$, falls nicht die Tensorkopplung, sondern die Axialvektorkopplung vorliegt.

Die Entscheidung darüber, welche Kopplungen wirklich vorliegen, wurde durch die Messungen von Elektron-Neutrino-Richtungskorrelationen herbeigeführt:

(48) Die Elektron-Neutrino-Richtungskorrelationsexperimente

Lit.: Kofoed-Hansen in Siegbahn, **Alpha-, Beta-, and Gamma-Ray Spectroscopy**, North Holland Publ.Comp., Amsterdam (1965), Seite 1397ff.
Hermannsfeldt, Maxson, Stähelin, and Allen, Phys.Rev. 107, 641 (1957)
Hermannsfeldt, Burmann, Stähelin, Allen, and Braid, Phys.Rev.Letters 1, 61 (1958)
Allen, Burmann, Hermannsfeldt, Stähelin, and Braid, Phys.Rev. 116, 134 (1959)
Wladimirski, Gregorev, Ergakov, Sjarkow, and Trebukhowski, Inv.Akad. Nuk. USSR Fys. 25, no 9, 1121 (1931)
Johnson, Pleasonton, and Carlson, Phys.Rev. 132, 1149 (1963)

Die erweiterte Formulierung der Schwachen Wechselwirkung liefert für die Korrelation zwischen den Emissionsrichtungen von β^--Teilchen und Antineutrinos oder β^+-Teilchen und Neutrinos die Gleichung

(286) $$W(\theta) = 1 + a \cdot \frac{v}{c} \cdot \cos\theta,$$

Experimente zur schwachen Wechselwirkung

mit:

$$a = \frac{(C_V C_V^* + C_V' C_V'^* - C_S C_S^* - C_S' C_S'^*) \cdot |\int 1|^2 + \frac{1}{3}(C_T C_T^* + C_T' C_T'^* - C_A C_A^* - C_A' C_A'^*) \cdot |\int \sigma|^2}{(C_S C_S^* + C_S' C_S'^* + C_V C_V^* + C_V' C_V'^*) \cdot |\int 1|^2 + (C_T C_T^* + C_T' C_T'^* + C_A C_A^* + C_A' C_A'^*) \cdot |\int \sigma|^2},$$

und:

$$\theta = \measuredangle\, \mathbf{p}_{\bar{\nu}},\, \mathbf{p}_{e^-}\,.$$

$W(\theta)$ bedeutet die Wahrscheinlichkeit dafür, daß bei einem Beta-Zerfall Elektron und Neutrino unter dem Winkel θ den Kern verlassen.

Die Ableitung dieser allgemeinen Formel geht über den Rahmen dieses Buches hinaus. Ausführlich findet man die Formel abgeleitet in: Wu and Moszkowski, Beta-Decay, J. Wiley and Sons, 1968, Seite 338 - 351.

[Um den Gang der Rechnung zu zeigen, sei die Elektron-Neutrino-Richtungskorrelation speziell für den Fall der Vektorkopplung abgeleitet:

Wir gehen von der allgemeinen Formel für die Übergangswahrscheinlichkeit aus:

$$W_{i \to f} = \frac{2\pi}{\hbar} \cdot |\langle f|H|i\rangle|^2 \cdot \rho_f$$

mit

$$\langle f|H|i\rangle = \sum_{n=1}^{A} \int H_V d\tau_n$$

und

$$H_V = g_V \cdot \left\{ \frac{1}{\sqrt{2}} \cdot (\tilde{\psi}_f, O_V \psi_i) \cdot (\tilde{\psi}_e, O_V \psi_\nu) + \frac{1}{\sqrt{2}} (\tilde{\psi}_f, O_V \psi_i)(\tilde{\psi}_e, O_V \gamma_5 \psi_\nu) \right\} + \text{h.c.}$$

Der Vektoroperator war $O_V = \gamma_\mu$; außerdem berücksichtigen wir, daß $\tilde{\psi}_f = \psi_f^+ \cdot \beta$ und daß $\gamma_1 = -i\beta\alpha_x;\ \gamma_2 = -i\beta\alpha_y;\ \gamma_3 = -i\beta\alpha_z;\ \gamma_4 = -\beta$ sowie $\beta^2 = +1$ ist. Damit ergibt sich

$$H_V = g_V \cdot \left\{ -\frac{1}{\sqrt{2}} \cdot (\psi_f^+, \alpha\psi_i) \cdot [(\psi_e^+, \alpha\psi_\nu) + (\psi_e^+, \alpha\gamma_5\psi_\nu)] \right.$$
$$\left. + \frac{1}{\sqrt{2}} \cdot (\psi_f^+, 1\,\psi_i) \cdot [(\psi_e^+, 1\,\psi_\nu) + (\psi_e^+, \gamma_5\psi_\nu)] \right\} + \text{h.c.}$$

und

$$\langle f| H | i \rangle = g_V \cdot \left\{ \frac{1}{\sqrt{2}} \cdot [(\psi_e^+, 1\, \psi_\nu) + (\psi_e^+, \gamma_5\, \psi_\nu)] \cdot \int 1 \right.$$
$$\left. - \frac{1}{\sqrt{2}} \cdot [(\psi_e^+, \alpha\, \psi_\nu) + (\psi_e^+, \alpha\, \gamma_5\, \psi_\nu)] \cdot \int \alpha \right\} + \text{h.c.}$$

Wir beschränken uns auf „erlaubte" Beta-Zerfälle. $\int \alpha$ ist kein Matrixelement „erlaubter" Beta-Zerfälle; deshalb erhalten wir:

$$\langle f | H | i \rangle = g_V \cdot [(\psi_e^+ \psi_\nu) + (\psi_e^+, \gamma_5\, \psi_\nu)] \cdot \frac{1}{\sqrt{2}} \cdot \int 1 + \text{h.c.}$$

Zur Berechnung von $W(\theta)$ haben wir $|\langle f | H | i \rangle|^2$ über alle unbeobachteten Spinorzustände von Elektron und Neutrino bei festem Winkel θ zu summieren und in den Ausdruck für die Übergangswahrscheinlichkeit $W_{i \to f}$ einzusetzen. Die Energiedichte der Endzustände ρ_f hängt offensichtlich von θ nicht ab. Das Fermi-Matrixelement $\int 1$ enthält θ natürlich auch nicht, da es sich um ein Integral über die Kernwellenfunktion handelt. Die Winkelkorrelationsfunktion lautet damit:

$$W(\theta) = \sum_{\sigma_e} \sum_{\sigma_\nu} \frac{1}{2} (\psi_e^+, (1 + \gamma_5)\, \psi_\nu)^2.$$

Wir interessieren uns für die $(e^-, \bar{\nu})$-Korrelation und haben deshalb nur über die Spinorzustände mit $E_e > 0$ und $E_\nu < 0$ zu summieren.

Legen wir die z-Achse in die Richtung der $\bar{\nu}$-Emission und die x-Achse in die $(\mathbf{p_e}, \mathbf{p_{\bar{\nu}}})$-Ebene, so nehmen die Spinoren ψ_e und ψ_ν die Gestalt an (s. Seite 300)

$$\psi_{e\uparrow} = \frac{1}{\left(1 + \dfrac{c^2 p_e^2}{(E_e + m_0 c^2)^2}\right)^{1/2}} \cdot \begin{pmatrix} 1 \\ 0 \\ \dfrac{c p_e \cos\theta}{E_e + m_0 c^2} \\ \dfrac{c p_e \sin\theta}{E_e + m_0 c^2} \end{pmatrix}$$

$$\psi_{e\downarrow} = \frac{1}{\left(1 + \dfrac{c^2 p_e^2}{(E_e + m_0 c^2)^2}\right)^{1/2}} \cdot \begin{pmatrix} 0 \\ 1 \\ \dfrac{c p_e \cdot \sin\theta}{E_e + m_0 c^2} \\ \dfrac{-c p_e \cdot \cos\theta}{E_e + m_0 c^2} \end{pmatrix}$$

Experimente zur schwachen Wechselwirkung

und

$$\psi_{\bar{\nu}\uparrow} = \frac{1}{\sqrt{2}} \cdot \begin{pmatrix} 0 \\ -1 \\ 0 \\ 1 \end{pmatrix}; \quad \psi_{\bar{\nu}\downarrow} = \frac{1}{\sqrt{2}} \cdot \begin{pmatrix} 1 \\ 0 \\ 1 \\ 0 \end{pmatrix}.$$

Es ist hierbei berücksichtigt worden, daß

$$p_z = p_e \cdot \cos\theta$$

und

$$p_x = p_e \cdot \sin\theta.$$

Damit wird:

$$(1 + \gamma_5)\,\psi_{\bar{\nu}\uparrow} = \frac{1}{\sqrt{2}} \begin{pmatrix} 1 & 0 & -1 & 0 \\ 0 & 1 & 0 & -1 \\ -1 & 0 & 1 & 0 \\ 0 & -1 & 0 & 1 \end{pmatrix} \begin{pmatrix} 0 \\ -1 \\ 0 \\ 1 \end{pmatrix} = \frac{1}{\sqrt{2}} \cdot \begin{pmatrix} 0 \\ -2 \\ 0 \\ 2 \end{pmatrix} = 2 \cdot \psi_{\bar{\nu}\uparrow}$$

und

$$(1 + \gamma_5)\,\psi_{\bar{\nu}\downarrow} = \frac{1}{\sqrt{2}} \cdot \begin{pmatrix} 0 \\ 0 \\ 0 \\ 0 \end{pmatrix} = 0.$$

Die Summierung über alle Spinzustände liefert:

$$W(\theta) = \frac{1}{2} \cdot \left\{ (2\,\psi_{e\uparrow}^+\,\psi_{\bar{\nu}\uparrow})^2 + (2\,\psi_{e\downarrow}^+\,\psi_{\bar{\nu}\uparrow})^2 \right\}$$

$$= \frac{1}{\left(1 + \dfrac{c^2 p_e^2}{(E_e + m_0 c^2)^2}\right)} \cdot \left\{ \frac{c^2 p_e^2 \sin^2\theta}{(E_e + m_0 c^2)^2} + \left(1 + \frac{c p_e \cos\theta}{E_e + m_0 c^2}\right)^2 \right\}$$

$$= \frac{1}{1 + \dfrac{c^2 p_e^2}{(E_e + m_0 c^2)^2}} \cdot \left\{ 1 + \frac{c^2 p_e^2}{(E_e + m_0 c^2)^2} + 2\,\frac{c p_e \cos\theta}{E_e + m_0 c^2} \right\}$$

$$= 1 + \frac{2\,c p_e}{(E_e + m_0 c^2)\left(1 + \dfrac{c^2 p_e^2}{(E_e + m_0 c^2)^2}\right)} \cdot \cos\theta$$

oder mit $E_e = mc^2$, $p_e = m \cdot v$ und $c^2 p_e^2 = (m^2 - m_0^2) c^4$:

$$W(\theta) = 1 + \frac{2 c \cdot m \cdot v}{(m + m_0) c^2 \cdot \left\{ 1 + \frac{m^2 - m_0^2}{(m + m_0)^2} \right\}} \cdot \cos \theta$$

$$= 1 + \frac{v}{c} \cdot \cos \theta.$$

Da die Neutrinos einer direkten Beobachtung nicht zugänglich sind, ist man darauf angewiesen, den auf den Tochterkern übertragenen Rückstoß für die Messung der Elektron-Neutrino-Richtungskorrelation auszunutzen. Da die zu erwartenden Rückstoßenergien auch bei den leichten Kernen nur wenige eV betragen (s. auch Seite 310ff.), ist die Durchführung dieser Experimente äußerst schwierig, und es ist nicht verwunderlich, daß noch viele Jahre nach den ersten erfolgreichen Experimenten zahlreiche widersprüchliche Resultate vorlagen und man zunächst falsche Folgerungen aus den Meßergebnissen gezogen hat. Heute sind jedoch alle Widersprüche aufgeklärt, und es liegen mehrere zuverlässige Messungen vor.

Fast alle Experimente beschränken sich bei der Untersuchung der Elektron-Neutrino-Richtungskorrelation auf eine Messung des Energiespektrums der Rückstoßionen. Der dem Rückstoßkern übertragene Impuls setzt sich aus den Rückstößen des Elektrons und des Neutrinos zusammen. Welches Spektrum man aufgrund der Elektron-Rückstöße allein erhalten würde, läßt sich

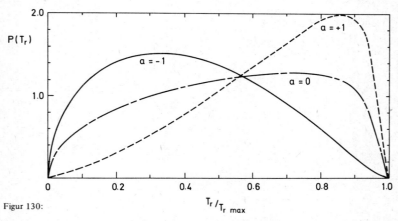

Figur 130:

Theoretischer Verlauf des Energiespektrums der Rückstoß-Ionen als Funktion des Elektron-Neutrino-Richtungskorrelationsparameters a. Dieses Diagramm wurde dem Buch Wu und Moszkowski: „Beta Decay", Interscience Publishers, 1966, entnommen.

leicht errechnen, da man die Gestalt der Beta-Spektren (man untersuchte nur „erlaubte" Beta-Zerfälle) genau kennt. In welcher Weise diese Spektren durch den zusätzlich von den Neutrinos übertragenen Impuls verändert werden, hängt offensichtlich entscheidend davon ab, ob die Neutrinos vor allem in der gleichen Richtung oder in entgegengesetzter Richtung wie die Elektronen den Kern verlassen, d.h. mit anderen Worten von der Elektron-Neutrino-Richtungskorrelation.

Die Berechnung des zu erwartenden Energiespektrums der Rückstoßionen als Funktion des Richtungskorrelationsparameters a ist ein einfaches kinematisches Problem. In Figur 130 ist das Ergebnis einer solchen Berechnung für mehrere Werte von a dargestellt. Man erkennt, daß die Messung der Funktion $P(T_r/T_{r\,max})$ eine empfindliche Methode zur Bestimmung des Elektron-Neutrino-Richtungskorrelationsparameters a darstellt.

Von den verschiedenen experimentellen Methoden, die zur Messung des Energiespektrums $P(T_r/T_{r\,max})$ angewendet worden sind, soll im folgenden als Beispiel das von Hermannsfeldt et al. benutzte elektrostatische Spektrometer (Fig. 131) näher beschrieben werden. Die untersuchten Isotope waren ^{35}A und ^{6}He. Das radioaktive Gas wurde bei niedrigem Gasdruck unten links eingelassen. Eine konusförmige Blende schirmt den Gasraum gegen das in der übrigen Apparatur durch ein differentielles Pumpsystem aufrechterhaltene Hochvakuum ab. Die Rückstoßionen können an einer kleinen Öffnung in der Spitze des Konus in das Spektrometer eintreten. Die gestrichel-

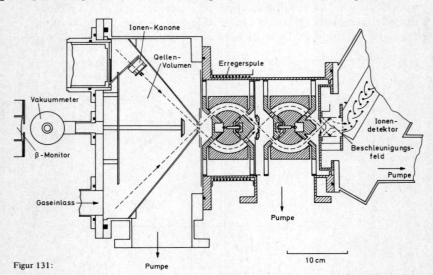

Figur 131: Experimentelle Anordnung zur Beobachtung des Energiespektrums der Rückstoßionen bei einem Beta-Zerfall. Die Figur ist der Arbeit von Hermannsfeld et al., Phys.Rev.Letters 1, 61 (1958) entnommen.

Experimente zur schwachen Wechselwirkung

ten Linien zeigen den Weg der Rückstoßionen durch zwei elektrostatische Linsen in eine Beschleunigungskammer, in der sie nachbeschleunigt werden, um sie mit Hilfe eines offenen Sekundärelektronen-Vervielfachers nachweisen zu können. Die erste elektrostatische Linse ist von einem Solenoid umgeben, das ein schwaches Magnetfeld erzeugt. Durch dieses Magnetfeld werden Elektronen, die zufällig mit einer solchen Energie in die Linse eintreten, daß sie durch das elektrische Feld genauso stark wie die zu untersuchenden Rückstoßionen abgelenkt werden, aus der Bahn geworfen. Durch Variation des elektrischen Feldes im Spalt der Linsen wird die Energie variiert, mit der die einfach geladenen Rückstoßatome des Beta-Zerfalls in das Spektrometer eintreten müssen, um auf den Detektor zu gelangen. Die Messung der Zählrate der im Detektor hinter den Linsen registrierten Rückstoßionen als Funktion der Feldstärke in den Linsen ergibt das gewünschte Spektrum. Berücksichtigt man, daß bei Veränderungen der Feldstärke nicht das akzeptierte absolute Energieintervall ΔT_r, sondern das akzeptierte relative Energieintervall $\Delta T_r/T_r$ konstant ist, so sieht man, daß die gemessene Zählrate direkt proportional ist zu $T_r \cdot P(T_r)$.

Diese Größe ist deshalb in der Darstellung der Meßergebnisse in Figur 132 als Funktion von $T_r/T_{r\,max}$ aufgetragen. Der Angleich von theoretischen

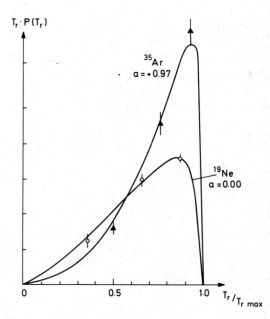

Figur 132:

Meßresultate für die Energiespektren der Rückstoß-Ionen nach dem Beta-Zerfall von ^{19}Ne und ^{35}Ar. Die Figur ist dem zitierten Buch von Wu und Moszkowski entnommen.

Funktionen an die Meßpunkte liefert für die Richtungskorrelationskoeffizienten die Werte:

$$a_{35_A} = +0{,}97 \pm 0{,}14$$

und

$$a_{19_{Ne}} = 0{,}00 \pm 0{,}08.$$

Folgende weitere Richtungskorrelationskoeffizienten sind zuverlässig bestimmt worden:

$$a_n = -0{,}12 \pm 0{,}04 \qquad *$$
$$a_{23_{Ne}} = -0{,}37 \pm 0{,}04 \qquad **$$
$$a_{6_{He}} = -0{,}3343 \pm 0{,}0030. \qquad ***$$

Es fällt auf, daß nur Messungen an Edelgasen durchgeführt worden sind. Der Grund liegt darin, daß nur bei Edelgasen sichergestellt ist, daß die Rückstoßionen monoatomare Ionen sind, so daß das Spektrum unverfälscht gemessen werden kann.

Die Kenntnis dieser Daten erfordert die Kenntnis der beiden Matrixelemente $|\int 1|^2$ und $|\int \sigma|^2$ oder genauer das Verhältnis $|\int \sigma|^2 / |\int 1|^2$; denn dies geht in den theoretischen Ausdruck für a ein.

Der einfachste Fall ist ^{6}He, denn hier handelt es sich um einen $0^+ \to 1^+$ Übergang und damit um einen reinen Gamow-Teller-Zerfall, d.h. $|\int 1| = 0$. Für diesen Spezialfall reduziert sich der Ausdruck für a zu:

(287) $$a = \frac{1}{3} \cdot \frac{C_T C_T^* + C_T' C_T'^* - C_A C_A^* - C_A' C_A'^*}{C_T C_T^* + C_T' C_T'^* + C_A C_A^* + C_A' C_A'^*}.$$

Der experimentelle Wert

$$a = -0{,}3343 \pm 0{,}0030$$

liefert die eindeutige Entscheidung zwischen den beiden Möglichkeiten Tensor- und Axialvektorkopplung; nur für die Axialvektorkopplung wird a negativ. Die exakte Übereinstimmung des **gemessenen Wertes mit der theore**tischen Aussage für Axialvektorkopplung, $a = -\frac{1}{3}$, ist verblüffend.

---

*Wladimirski et al.
**Allen et al.
***Johnson et al.

Von den übrigen Fällen sind nur für das Neutron die Matrixelemente exakt bekannt:

$$\left|\int 1\right|^2 = 1 \quad \text{und} \quad \left|\int \sigma\right|^2 = 3 \qquad \text{(s. Seite 358)}.$$

Wir berechnen im folgenden für beide Möglichkeiten der Fermi-Kopplung den zu erwartenden Wert für a. Wir erhalten:
für $C_S = C'_S = 0$:

$$a = \frac{g_F^2 - g_{GT}^2}{g_F^2 + 3 g_{GT}^2} = \frac{1 - \frac{g_{GT}^2}{g_F^2}}{1 + 3\frac{g_{GT}^2}{g_F^2}}$$

oder mit: $g_{GT}^2/g_F^2 = 1{,}18$:

$$a = -0{,}08$$

und für $C_V = C'_V = 0$:

$$a = -\frac{g_F^2 - g_{GT}^2}{g_F^2 + 3 g_{GT}^2} = -\frac{1 + \frac{g_{GT}^2}{g_F^2}}{1 + 3\frac{g_{GT}^2}{g_F^2}} = -0{,}46.$$

Aus dem experimentellen Ergebnis:

$$a_n = -0{,}12 \pm 0{,}04$$

folgt eindeutig, daß es sich bei der Fermi-Wechselwirkung nur um die Vektorkopplung handeln kann.

Aus der Formel für a geht ferner hervor, daß a den größten Wert für reine Fermi-Übergänge annimmt, und zwar für $C_V = C'_V = 0$:

$$a = -1$$

und für $C_S = C'_S = 0$:

$$a = +1.$$

Das experimentelle Ergebnis für ^{35}A:

$$a_{^{35}A} = +0{,}97 \pm 0{,}14$$

Experimente zur schwachen Wechselwirkung

beweist damit noch einmal unabhängig vom Meßwert beim Neutron, daß die Fermi-Wechselwirkung durch Vektorkopplung geschieht.

Es sei schließlich noch darauf hingewiesen, daß man heute aufgrund der näheren Kenntnis der Kernstruktur versteht, warum das Gamow-Teller-Matrixelement bei ^{35}A verschwindend klein ist.

Auch für die beiden Neon-Isotope hat man das Verhältnis $|\int \sigma|^2 / |\int 1|^2$ berechnen können, und es zeigt sich, daß auch hier die Richtungskorrelationskoeffizienten a mit der Theorie nur dann übereinstimmen, wenn man Vektor- und Axialvektorkopplung zugrunde legt.

Unabhängig von den Neutrinorückstoßexperimenten läßt sich die Frage, welche der möglichen Kopplungen realisiert sind, auch durch eine Messung der Longitudinalpolarisation der beim Beta-Zerfall emittierten Neutrinos klären. Der Zusammenhang soll im folgenden gezeigt werden.

Wir gehen aus von der auf Seite 395 aus dem experimentellen Resultat für die Longitudinalpolarisation der Beta-Strahlung:

$$P_1 = \pm \frac{v}{c}$$

gezogenen Schlußfolgerung, daß

$$C'_S = -C_S; \quad C'_V = C_V; \quad C'_T = -C_T \quad \text{und} \quad C'_A = C_A$$

sein muß.

Unter Verwendung dieser Beziehungen lassen sich im Wechselwirkungsdichtematrixelement:

$$H_n = g \cdot \sum_i (C_i \cdot H_i^{\text{even}} + C'_i \cdot H_i^{\text{odd}})$$

die geraden und ungeraden Terme zusammensetzen zu:

$$H_n(\text{Fermi}) = \begin{cases} g_F \cdot (\widetilde{\psi}_p, O_V \psi_n) \cdot (\widetilde{\psi}_e, O_V (1 + \gamma_5)\psi_\nu) + \\ \qquad\qquad + \text{h.c. für Vektorkopplung} \\ g_F \cdot (\widetilde{\psi}_p, O_S \psi_n) \cdot (\widetilde{\psi}_e, O_S (1 - \gamma_5)\psi_\nu) + \\ \qquad\qquad + \text{h.c. für skalare Kopplung} \end{cases}$$

(288)

und

$$H_n(\text{GT}) = \begin{cases} g_{\text{GT}} \cdot (\tilde{\psi}_p, O_A \psi_n)(\tilde{\psi}_e, O_A (1 + \gamma_5)\psi_\nu) + \\ \qquad + \text{h.c. für Axialvektorkopplung} \\ g_{\text{GT}} \cdot (\tilde{\psi}_p, O_T \psi_n)(\tilde{\psi}_e, O_T (1 - \gamma_5)\psi_\nu) + \\ \qquad + \text{h.c. für Tensorkopplung.} \end{cases}$$

(289)

Wir setzen nun für ψ_ν die vollständigen Diracschen Spinorfunktionen für unpolarisierte Neutrinos ein:

$$\psi_\nu = \psi_\nu(\mathbf{r}) \cdot \frac{1}{\sqrt{2}} \cdot (u_R + u_L)$$

mit:

$$u_R = \frac{1}{\sqrt{2}} \cdot \begin{pmatrix} 1 \\ 0 \\ 1 \\ 0 \end{pmatrix} \quad \text{und} \quad u_L = \frac{1}{\sqrt{2}} \cdot \begin{pmatrix} 0 \\ 1 \\ 0 \\ -1 \end{pmatrix}.\text{*}$$

---

*Die Spinoren u_R und u_L stellen Neutrinos dar, deren Spins in Flugrichtung (z-Richtung) bzw. entgegengesetzt zur Flugrichtung stehen. Man erhält diesen Ausdruck aus den Lösungen der Dirac-Gleichungen auf Seite 296, wenn man $p_x = p_y = 0$ und $p_z = p$ und außerdem $m_\nu = 0$, d.h. $p_z/E + m_\nu = 1$ setzt. (Es war hier $\hbar = c = 1$ verwendet worden.) Daß die Lösungen der positiven Energiezustände:

$$u_1 = \frac{1}{\sqrt{2}} \cdot \begin{pmatrix} 1 \\ 0 \\ 1 \\ 0 \end{pmatrix} \quad \text{und} \quad u_2 = \frac{1}{\sqrt{2}} \cdot \begin{pmatrix} 0 \\ 1 \\ 0 \\ -1 \end{pmatrix}$$

Neutrinos darstellen, deren Spins in Flugrichtung bzw. entgegengesetzt orientiert sind, rechnet man sofort nach, indem man die Erwartungswerte von $\langle \sigma_z \rangle$ bildet:

$$\langle 1 | \sigma_z | 1 \rangle = (u_1^+, \sigma_z u_1) = \frac{1}{2} \cdot (1\,0\,1\,0) \cdot \begin{pmatrix} 1 & & -1 & & 0 \\ & & & 1 & \\ 0 & & & & -1 \end{pmatrix} \begin{pmatrix} 1 \\ 0 \\ 1 \\ 0 \end{pmatrix} = +1,$$

$$\langle 2 | \sigma_z | 2 \rangle = (u_2^+, \sigma_z u_2) = \frac{1}{2} \cdot (0\,1\,0\,-1) \cdot \begin{pmatrix} 1 & & -1 & & 0 \\ & & & 1 & \\ 0 & & & & -1 \end{pmatrix} \begin{pmatrix} 0 \\ 1 \\ 0 \\ -1 \end{pmatrix} = -1.$$

Wir untersuchen nun die Ausdrücke $(1 + \gamma_5)\psi_\nu$ und $(1 - \gamma_5)\psi_\nu$. Es ergibt sich:

$$(1 + \gamma_5) \cdot u_R = \frac{1}{\sqrt{2}} \cdot \begin{pmatrix} 1 & 0 & -1 & 0 \\ 0 & 1 & 0 & -1 \\ -1 & 0 & 1 & 0 \\ 0 & -1 & 0 & 1 \end{pmatrix} \cdot \begin{pmatrix} 1 \\ 0 \\ 1 \\ 0 \end{pmatrix} = \begin{pmatrix} 0 \\ 0 \\ 0 \\ 0 \end{pmatrix};$$

$$(1 + \gamma_5) \cdot u_L = \frac{1}{\sqrt{2}} \cdot \begin{pmatrix} 1 & 0 & -1 & 0 \\ 0 & 1 & 0 & -1 \\ -1 & 0 & 1 & 0 \\ 0 & -1 & 0 & 1 \end{pmatrix} \cdot \begin{pmatrix} 0 \\ 1 \\ 0 \\ -1 \end{pmatrix} = \frac{1}{\sqrt{2}} \cdot \begin{pmatrix} 0 \\ 2 \\ 0 \\ -2 \end{pmatrix},$$

$$(1 - \gamma_5) \, u_R = \frac{1}{\sqrt{2}} \cdot \begin{pmatrix} 1 & 0 & 1 & 0 \\ 0 & 1 & 0 & 1 \\ 1 & 0 & 1 & 0 \\ 0 & 1 & 0 & 1 \end{pmatrix} \cdot \begin{pmatrix} 1 \\ 0 \\ 1 \\ 0 \end{pmatrix} = \frac{1}{\sqrt{2}} \cdot \begin{pmatrix} 2 \\ 0 \\ 2 \\ 0 \end{pmatrix};$$

$$(1 - \gamma_5) \cdot u_L = \frac{1}{\sqrt{2}} \cdot \begin{pmatrix} 1 & 0 & 1 & 0 \\ 0 & 1 & 0 & 1 \\ 1 & 0 & 1 & 0 \\ 0 & 1 & 0 & 1 \end{pmatrix} \cdot \begin{pmatrix} 0 \\ 1 \\ 0 \\ -1 \end{pmatrix} = \begin{pmatrix} 0 \\ 0 \\ 0 \\ 0 \end{pmatrix}$$

und damit:

(290) $\qquad (1 + \gamma_5) \cdot \psi_\nu = \sqrt{2} \cdot \psi_\nu(\mathbf{r}) \cdot u_L$

und:

(291) $\qquad (1 - \gamma_5) \cdot \psi_\nu = \sqrt{2} \cdot \psi_\nu(\mathbf{r}) \cdot u_R$.

D.h. also, daß bei Vektor- und Axialvektorkopplung eine Wechselwirkung nur mit den Neutrinos stattfindet, deren Spins entgegengesetzt zur Flugrichtung stehen, und bei skalarer und tensorieller Kopplung nur mit denen, deren Spins in Flugrichtung stehen.

Unsere Schlußfolgerung aus den Elektron-Neutrino-Richtungskorrelationsmessungen, daß nur Vektor- und Achsialvektorkopplung existieren, während C_S und C_T verschwinden, bedeutet damit, daß die Schwache Wechselwirkung nur mit den Neutrinos erfolgt, deren Spins entgegengesetzt zur Flugrichtung stehen.

Experimente zur schwachen Wechselwirkung

Dieses verblüffende Resultat könnte die ganz einfache Erklärung haben, daß es gar keine anderen Neutrinos gibt, d.h., daß eine der elementaren Eigenschaften der Neutrinos selbst darin besteht, daß der Spin immer entgegengesetzt zur Flugrichtung orientiert ist. Diese auch „Zweikomponenten-Theorie" genannte Hypothese hat bestechende Konsequenzen:

1. Das Antineutrino muß den Spin in Flugrichtung haben. Damit ist erklärt, wodurch sich Neutrino und Antineutrino unterscheiden. Sie haben verschiedene Helizität.
2. Wegen $(1 - \gamma_5)\, u_L = 0$ verschwinden automatisch C_S und C_T.
3. Wegen $(1 + \gamma_5)\, u_L = 2\, u_L$ bleibt die Wechselwirkungsdichtematrix bis auf einen Normierungsfaktor unverändert, wenn man die ungeraden Terme einfach wieder wegläßt. D.h., die beobachtete maximale Paritätsverletzung ist nicht mehr eine Eigenschaft des Wechselwirkungsoperators, sondern sie ist allein eine Konsequenz davon, daß die Neutrinos in ihrer Helizität eine von Null verschiedene pseudoskalare Eigenschaft besitzen.

Bis heute hat man keinen Widerspruch zu dieser Hypothese gefunden. Da die Physiker annehmen, daß die Natur auf einfachen Gesetzen beruht und die „Zweikomponenten-Theorie" eine besonders einfache „Erklärung" für eine Fülle verwickelter Phänomene liefert, wird sie heute allgemein als richtig angesehen.

Ihre Gültigkeit hat folgende Konsequenzen:

1. Die Ruhmasse des Neutrinos verschwindet exakt.
2. Die Beziehungen:

$$C_S = 0;\ C_S' = 0;\ C_T = 0;\ C_T' = 0$$

und

$$C_V = C_V';\ C_A = C_A'$$

gelten exakt.

Der Name „Zweikomponenten-Theorie" rührt daher, daß es jetzt nur noch zwei Spinorzustände des Neutrinos gibt (Neutrino und

Antineutrino) und damit zweikomponentige Spinoren zur Beschreibung der Neutrinos ausreichen.

Die mathematische Entwicklung der zweikomponentigen Schreibweise der Schwachen Wechselwirkung führt über den Rahmen dieses Buches hinaus. Man findet eine Darstellung z.b. in Schopper: Weak Interactions and Nuclear Beta-decay, S. 20ff.

Nach dieser bemerkenswerten Diskussion über den Zusammenhang zwischen der Neutrinopolarisation und den Kopplungskonstanten wollen wir das Experiment beschreiben, durch das es gelang, direkt die Longitudinalpolarisation der bei einem „electron-capture" Zerfall emittierten Neutrinostrahlung zu messen:

49) Das Goldhaber-Experiment zur Bestimmung der Longitudinalpolarisation der bei einem E.C. Zerfall emittierten Neutrinos

Lit.: Goldhaber, Grodzins, and Sunyar, Phys.Rev. 109, 1015 (1958)

Goldhaber et al. verwendeten das 9,3 h Isotop ^{152m}Eu. Der interessierende Teil des Zerfallsschemas ist in Figur 133 dargestellt. Um die Longitudinalpolarisation (Helizität) $P_1 = \langle \sigma \cdot \mathbf{p}_0 \rangle$ der beim Elektroneneinfangprozeß

$$^{152}\text{Eu} + e^- = {}^{152}\text{Sm} + \nu$$

emittierten Neutrinos zu bestimmen, müssen gleichzeitig die Impulsrichtung und die Spinrichtung der Neutrinos beobachtet werden.

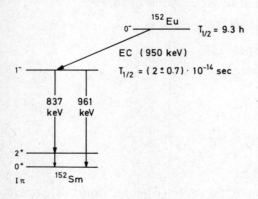

Figur 133: Ausschnitt aus dem Zerfallsschema von ^{152}Eu.

Da das aus der eigenen Atomhülle absorbierte Elektron den Atomen keinen Impuls übertragen kann, ist der Rückstoßimpuls des Tochterkerns ^{152}Sm aufgrund des Impulserhaltungssatzes gegeben durch:

$$p_R = -p_\nu.$$

Zur Erfassung der Richtung der Rückstoßbewegung der ^{152}Sm Kerne verwendeten Goldhaber et al. die Resonanzfluoreszenz der auf den EC-Zerfall folgenden 961 keV Gamma-Strahlung. Unter Kernresonanzfluoreszenz versteht man den Vorgang, daß Kern-Gamma-Strahlung in einem Streuer, der das gleiche Isotop im Grundzustand enthält, unter Anregung absorbiert wird. Danach strahlen die angeregten Streukerne die absorbierte Energie wieder aus. Die Anregung des Streukerns erfolgt natürlich auf das entsprechende Niveau, durch dessen Zerfall in der Strahlungsquelle die Gamma-Strahlung entstanden war.

Die Kernresonanz-Fluoreszenz findet nur selten statt, denn im allgemeinen würde sie den Energiesatz verletzen. Man muß nämlich berücksichtigen, daß nicht die gesamte Anregungsenergie eines Kerns als Gamma-Quant emittiert wird, sondern daß durch den Rückstoß des Gamma-Quants ein Teil der Energie als kinetische Energie den emittierenden Kernen übertragen wird. Außerdem kann auch beim Absorptionsprozeß nicht die gesamte Energie des Gamma-Quants zur inneren Anregung des Streukerns verwendet werden; denn auch hier würde aufgrund des Impulssatzes den getroffenen Kernen Impuls und damit kinetische Energie übertragen. Die schließlich verbleibende Energie reicht deshalb zur Anregung des ursprünglichen Niveaus nicht mehr aus.

Wenn jedoch die Strahlungsquelle nicht in Ruhe ist, sondern sich in Richtung auf den Streuer zu bewegt, wird durch den **Doppler-Effekt die Frequenz ν** und damit die Energie $h\nu$ des emittierten Gamma-Quants vergrößert und unter Umständen die Resonanz-Fluoreszenz ermöglicht.

Dies ist der Effekt, den Goldhaber et al. ausnutzten, um die Rückstoßbewegung der ^{152}Sm Kerne nach der Neutrino-Emission zu beobachten.

Um das Phänomen ganz zu verstehen, ist eine Abschätzung der absoluten Größe der Rückstoßverluste notwendig:

Bei der Emission eines Gamma-Quants der Energie $h\nu$ wird der Rückstoßimpuls übertragen:

$$p_R(\gamma) = \frac{h \cdot \nu}{c}.$$

Die mit diesem Impuls verbundene kinetische Energie des Rückstoßkerns beträgt:

$$E_R = \frac{p_R^2}{2 M_R} = \frac{(h\nu)^2}{2 M_R \cdot c^2}$$

Experimente zur schwachen Wechselwirkung

oder nach Einsetzen der Zahlenwerte unseres Falles

$h\nu = 961$ keV
$M_R = 152$

$$E_R = \frac{0{,}961^2}{2 \cdot 152 \cdot 938} \text{ MeV} = 3{,}2 \text{ eV}.$$

Andererseits ist die Energie $h\nu$ der Gamma-Quanten nicht absolut scharf definiert; die kurze mittlere Lebensdauer* des angeregten Niveaus von

$$\tau(1^-) = (3 \pm 1) \cdot 10^{-14} \text{ sec}$$

hat aufgrund der Heisenbergschen Unbestimmtheitsrelation eine Energieunschärfe des angeregten Niveaus und damit der Zerfallsenergie zur Folge von der Größe:

$$\Delta E_{nat} = \frac{\hbar}{\tau} = \frac{0{,}658 \cdot 10^{-15}}{3 \cdot 10^{-14}} \frac{\text{eV sec}}{\text{sec}} = 0{,}023 \text{ eV}.$$

Man nennt ΔE_{nat} auch die natürliche Linienbreite der Gamma-Linie in Analogie zu dem entsprechenden Phänomen in der optischen Spektroskopie. Die natürliche Linienbreite ist um zwei Größenordnungen kleiner als die Rückstoßenergie, so daß sich „Emissionsspektrum" und „Absorptionsspektrum" der 961 keV Linie nur ganz geringfügig überlagern. Figur 134 zeigt schema-

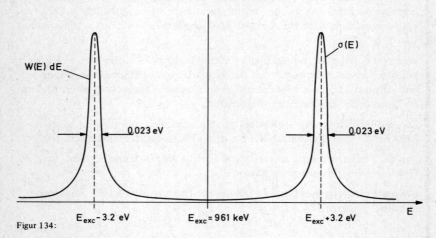

Figur 134: Schematische Darstellung des Emissionsspektrums und der Absorptionslinie des 961 keV Übergangs im ^{152}Sm.

---

* $\tau = \dfrac{T_{1/2}}{\ln 2}$.

Experimente zur schwachen Wechselwirkung

tisch das Emissionsspektrum $W(E)dE$ einer ruhenden ^{152}Sm Quelle und die Energieabhängigkeit des Wirkungsquerschnitts für Resonanz-Absorption $\sigma(E)$.

Wir berücksichtigen nun die Rückstoßbewegung, die die ^{152}Sm Kerne nach der Neutrino-Emission erfahren.

Aus den exakten Kernmassen leitet man ab, daß die Neutrinos mit einer Energie von 950 keV emittiert werden. Der übertragene Rückstoß beträgt deshalb:

$$p_R(\nu) = \frac{E_\nu}{c}$$

und die kinetische Energie des Rückstoßkerns:

$$E_R(\nu) = \frac{p_R^2(\nu)}{2 M_R} = \frac{E_\nu^2}{2 M_R c^2} = \frac{0{,}950^2}{2 \cdot 152 \cdot 938} \text{ MeV} = 3{,}12 \text{ eV}.$$

Falls der Rückstoß genau in Richtung der folgenden Gamma-Emission erfolgt, beträgt der Impuls der ^{152}Sm Kerne nach der Gamma-Emission

$$p_R = p_R(\nu) - p_R(\gamma) = \frac{E_\nu - h\nu}{c},$$

und damit die Energie nach der Gamma-Emission

$$E_R = \frac{(E_\nu - h\nu)^2}{2 M_R \cdot c^2} = \frac{0{,}011^2}{2 \cdot 152 \cdot 938} \text{ MeV} = 4 \cdot 10^{-4} \text{ eV},$$

d.h. beide Rückstöße kompensieren sich fast vollständig. Das bedeutet aber nicht etwa, daß genau die Anregungsenergie emittiert würde, sondern die Energiebilanz lautet:

$$E_\gamma = E_{\text{exc}} + E_R(\nu) - E_R = E_{\text{exc}} + 3{,}12 \text{ eV}.$$

Diese Erhöhung der Gamma-Energie entspricht dem Doppler-Effekt in der klassischen Deutung.

Damit tritt eine kräftige Überlagerung mit $\sigma(E)$ auf, und die Resonanzabsorption kann stattfinden.

Wenn jedoch die Neutrino-Emission nicht genau diametral zur Emissionsrichtung der Gamma-Strahlung erfolgt, so kompensieren sich beide Rückstöße weniger gut, E_R wird größer, E_ν kleiner und die Überlappung mit $\sigma(E)$ nimmt rapide ab.

Daraus folgt, daß die Beobachtung der Resonanz-Fluoreszenz ein empfindlicher Detektor dafür ist, daß die Neutrino-Ausstrahlung entgegengesetzt zur Gamma-Emission erfolgt ist.

Für die Beobachtung der Spins der Neutrinos wird der Drehimpulserhaltungssatz ausgenutzt.

^{152m}Eu hat den Kernspin $I_i = 0$ und negative Parität. Der EC-Zerfall führt auf ein ^{152}Sm Niveau vom Spin $I_f = 1$ mit negativer Parität. Es handelt sich um einen „erlaubten" Gamow-Teller-Übergang. Der Drehimpulserhaltungssatz lautet:

$$\mathbf{I}_i + \mathbf{j}_e = \mathbf{I}_f + \mathbf{j}_\nu$$

mit

$$I_i = 0; \quad j_e = \frac{1}{2}; \quad I_f = 1 \quad \text{und} \quad j_\nu = \frac{1}{2}.$$

Verwenden wir die Flugrichtung der Neutrinos als Quantisierungsachse, so gilt für die m-Komponenten:

$$m_e = m_{I_f} + m_\nu.$$

Für $m_\nu = +\frac{1}{2}$ gibt es die beiden Möglichkeiten:

$$m_{I_f} = -1; \quad m_e = -\frac{1}{2}$$

und

$$m_{I_f} = 0; \quad m_e = +\frac{1}{2},$$

d.h., $m_{I_f} = +1$ ist verboten.

Für $m_\nu = -\frac{1}{2}$ ist entsprechend $m_{I_f} = -1$ verboten.

Eine Longitudinalpolarisation der Neutrinostrahlung hat deshalb eine Polarisation der ^{152}Sm Kerne in Richtung der Neutrino-Emission zur Folge.

Wenden wir nun wieder den Drehimpulserhaltungssatz für den folgenden 961 keV Gamma-Übergang mit einer Emissionsrichtung diametral zur Neutrinoflugrichtung an, so gilt:

$$\mathbf{L}_\gamma = \mathbf{I}\,(961 \text{ keV}) - \mathbf{I}\,(0) = \mathbf{I}\,(961 \text{ keV})$$

und für die m-Komponenten bezüglich der obigen Quantisierungsachse:

$$m_\gamma = m_I\,(961 \text{ keV}).$$

Experimente zur schwachen Wechselwirkung

Es gehört jedoch zu den fundamentalen Eigenschaften der Quanten des elektromagnetischen Feldes, daß ihre Drehimpulskomponente in Flugrichtung nur die Werte $m_\gamma = \pm 1$ annehmen kann. Aus $m_\nu = +\frac{1}{2}$ folgt deshalb:

$$m_\gamma = -1$$

und aus $m_\nu = -\frac{1}{2}$:

$$m_\gamma = +1.$$

Die Helizität der Neutrinostrahlung

$$P_l(\nu) = \langle \sigma_\nu \cdot p_0(\nu) \rangle$$

ist deshalb exakt gleich der Zirkularpolarisation der diametral zur Neutrinoflugrichtung emittierten Gamma-Strahlung:

$$P_c(\gamma) = \langle L_\gamma \cdot p_0(\gamma) \rangle.$$

Zur Messung der Zirkularpolarisation* von Gamma-Strahlung nutzt man aus, daß der Wirkungsquerschnitt für Compton-Streuung an magnetisiertem Eisen (ausgerichteten Elektronen) von $P_c(\gamma)$ abhängig ist. Der Wirkungsquerschnitt beträgt**:

(291) $$\frac{d\sigma}{d\Omega} = \frac{e^4}{2 \cdot (4\pi)^2 \cdot \epsilon_0^2 \, m_e^2 \, c^4} \cdot \left(\frac{k'}{k}\right)^2 \cdot (\varphi_0 + f \cdot P_c(\gamma) \cdot \varphi_c)$$

mit:

$$\varphi_0 = 1 + \cos^2\theta + (k' - k) \cdot (1 - \cos\theta) \cdot \frac{1}{2\pi \, m_e \cdot c}$$

und:

$$\varphi_c = -(1 - \cos\theta) \cdot \{(k\cos\theta + k') \cdot \sigma_e\} \cdot \frac{1}{2\pi \cdot m_e \cdot c} .$$

---

*Eine ausführliche Beschreibung der experimentellen Methoden zur Messung der Zirkularpolarisation von Gamma-Strahlung findet man in dem Artikel von Steffen und Frauenfelder in Siegbahn: Alpha-, Beta-, and Gamma Ray Spectroscopy, North-Holland Publ.Comp., Amsterdam (1965), Seite 1456ff.

**Dies ist die bekannte „Klein-Nishina-Formel". Die richtige Herleitung dieser Formel ist einer der großen Erfolge der Quantenelektrodynamik.

In dieser Formel bedeuten:

$d\Omega$ = Raumwinkelelement für die gestreute Gamma-Strahlung

e = Elementarladung

$k = \dfrac{2\pi}{\lambda} = \dfrac{2\pi}{h} \cdot \dfrac{h\nu}{c} = \dfrac{1}{\hbar} \cdot p_\gamma$ = Wellenzahl der Gamma-Strahlung vor der Streuung

k' = Wellenzahl der Gamma-Strahlung nach der Streuung

$\mathbf{k} = \dfrac{1}{\hbar} \mathbf{p}_\gamma$ und $\mathbf{k}' = \dfrac{1}{\hbar} \mathbf{p}_{\gamma'}$ (Wellenvektoren der Gammaquanten)

θ = Compton-Streuwinkel

σ = Polarisationsvektor der Elektronen

f = Bruchteil der Elektronen, die polarisiert sind.

Die von Goldhaber et al. in ihrem Experiment benutzte Anordnung ist in Figur 135 dargestellt. Die Anordnung ist rotationssymmetrisch um die vertikale Achse.

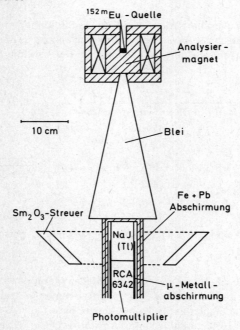

Figur 135:

Experimentelle Anordnung zur Beobachtung der longitudinalen Polarisation der bei einem EC-Zerfall emittierten Neutrinos. Die Figur ist der Arbeit von Goldhaber, Grodzins und Sunyar, Phys.Rev. 109, 1015 (1958), entnommen.

Die von der ^{152}Eu Quelle nach dem EC-Zerfall schräg nach unten emittierte 961 keV Gamma-Strahlung trifft den ringförmig angeordneten Sm_2O_3 Streuer. Ein zentral unter der Quelle angeordneter NaJ(Tl)-Szintillationsdetektor wird zum Nachweis der resonanzgestreuten Gamma-Strahlung verwendet. Der massive, zwischen Quelle und Detektor angeordnete Bleikörper verhindert, daß Gamma-Strahlung auf direktem Wege in den Detektor gelangt. Durch Vergleich des gemessenen Impulshöhenspektrums im NaJ-Detektor in dieser Anordnung mit einer weiteren Messung nach Ersetzung des Streuers durch ein anderes Material in gleicher Geometrie konnte der Untergrund durch nichtresonant gestreute Strahlung bestimmt werden. Dieser Untergrund betrug nur wenige Prozent.

Aus unseren obigen Überlegungen folgt, daß die beobachteten resonant gestreuten Quanten von Zerfällen stammen, bei denen das Neutrino in einen schmalen Raumwinkelbereich nach oben emittiert wird.

Zur Messung der Zirkularpolarisation der Gamma-Strahlung verwendet man die sogenannte Transmissionsmethode, d.h., die Gamma-Strahlung passiert in Flugrichtung der Gamma-Quanten magnetisiertes Eisen. Jedes Quant, das eine Compton-Streuung, auch um kleine Winkel, erleidet, wird nicht mehr beobachtet, da es wegen seines Energieverlustes nicht mehr resonanzfähig ist. Liegt eine Zirkularpolarisation vor, so ist die Schwächung der Zählrate für beide Magnetisierungsrichtungen des Eisens verschieden.

Goldhaber et al. beobachteten, daß sich tatsächlich die im Detektor beobachtete Zählrate der resonant gestreuten Gamma-Strahlung beim Umpolen des Magneten um einige Prozent änderte. Aus dem Vorzeichen des Effekts leiteten sie ab, daß die beobachtete Gamma-Strahlung links zirkularpolarisiert war. Die quantitative Auswertung ergab:

$$P_c(\gamma) = -0{,}66 \pm 0{,}15.$$

Es ist nun noch zu berücksichtigen, daß die Resonanzstreuung mit endlicher Wahrscheinlichkeit auch dann noch möglich ist, wenn der Winkel zwischen Neutrinoflugrichtung und Gamma-Emissionsrichtung nicht genau 180° beträgt. Eine quantitative Durchführung dieser Korrektur ergab innerhalb der Meßfehlergrenzen für die Helizität der Neutrinos den Wert:

$$P_1(\nu) = -1.$$

Dies ist genau der Wert, den man für die Axialvektorkopplung errechnet. während die Tensorkopplung zu $P_1(\nu) = +1$ geführt hätte.

Das Goldhaber-Experiment wurde zu einer Zeit durchgeführt, wo die Widersprüche in den (e^-, γ)-Richtungskorrelationsmessungen noch nicht völlig aufgeklärt waren. Es hat deshalb entscheidend zur

Klärung der Kopplung beim Gamow-Teller-Übergang beigetragen. Das Ergebnis, daß die Longitudinalpolarisation der Neutrinos tatsächlich innerhalb der Meßgenauigkeit 100% beträgt, ist eine starke Stütze der „Zweikomponenten-Theorie". Es wäre wertvoll, auch die Helizität der Antineutrinos direkt zu messen. Bis heute ist ein solches Experiment jedoch noch nicht durchgeführt worden.

Nachdem wir nunmehr weitgehend die Frage der Kopplungskonstanten geklärt haben, wollen wir nun das Resultat des Zeitumkehrexperiments (s. Seite 388) quantitativ auswerten.

Es war die Richtungskorrelation zwischen den Vektoren $\mathbf{I}_n$ und $\mathbf{p}_e \times \mathbf{p}_{\bar{\nu}}$ beim Beta-Zerfall des Neutrons gemessen worden:

(292) $$W(\theta) = 1 + D \cdot \frac{\mathbf{I} \cdot \mathbf{p}_e \times \mathbf{p}_{\bar{\nu}}}{I \cdot T_e \cdot T_{\bar{\nu}}}$$

(dimensionsloses Maßsystem mit $\hbar = m_e = c = 1$).

Das Meßresultat für D lautete:

$$D = -0{,}04 \pm 0{,}07.$$

Die erweiterte Formulierung der Theorie des Beta-Zerfalls liefert für D den Ausdruck:

(293) $$D = - \frac{2 \operatorname{Im}(C_V C_A'^* + C_V' C_A^*)}{|C_V|^2 + |C_V'|^2 + 3|C_A|^2 + 3|C_A'|^2}.$$

Hierbei ist bereits berücksichtigt, daß $C_S = C_S' = C_T = C_T' = 0$. Eine ausführliche Herleitung findet man in: Wu and Moskowski, Beta-decay, S. 359ff. Berücksichtigt man, daß $C_V = C_V'$ und $C_A = C_A'$ ist, so vereinfacht sich der Ausdruck zu:

$$D = -2 \frac{\operatorname{Im}(C_V C_A^*)}{|C_V|^2 + 3|C_A|^2}$$

oder mit $C_A/C_V = \lambda \cdot e^{i\phi}$:

(294) $$D = - \frac{2\lambda}{1 + 3\lambda^2} \cdot \sin \phi.$$

Berücksichtigt man ferner, daß $\dfrac{g_{GT}}{g_F} = \dfrac{|C_A|}{|C_V|} = \lambda = 1{,}18$, so erhält man für ϕ:

$$\sin \phi = -1{,}9\, D = -0{,}076 \pm 0{,}13$$

oder

$$\phi = -(4 \pm 7)° \quad \text{bzw.} \quad \phi = (176 \pm 7)°.$$

Nehmen wir an, daß die Zeitumkehrinvarianz exakt gilt, so bleiben die beiden Möglichkeiten:

$$\phi = 0° \quad \text{und} \quad \phi = 180°$$

oder was damit gleichbedeutend ist:

$$C_A = +1{,}18\, C_V$$

bzw.

$$C_A = -1{,}18\, C_V.$$

Die Entscheidung zwischen diesen beiden Möglichkeiten wurde durch eine Messung der Korrelation zwischen der Elektronenemissionsrichtung und dem Neutronenspin beim Beta-Zerfall des Neutrons getroffen. Unsere erweiterte Theorie liefert für diese Korrelation die Gleichung:

(295) $\qquad W(\theta) = 1 + A \cdot \dfrac{\langle \mathbf{v}_e \cdot \boldsymbol{\sigma}_n \rangle}{c},$

wobei man für den Korrelationskoeffizienten A den Ausdruck erhält:

(296) $\qquad A = -2\, \dfrac{\mathrm{Re}(C_V C_A'^* + C_V' C_A^*) + (C_A C_A'^* + C_A' C_A^*)}{|C_V|^2 + |C_V'|^2 + 3|C_A|^2 + 3|C_A'|^2}$

oder mit $C_V = C_V'$, $C_A = C_A'$ und C_A und C_V reell:

(297) $\qquad A = -\dfrac{2(C_A^2 + C_A C_V)}{C_A^2 + 3 C_V^2}.$

Das Interferenzglied $C_A C_V$ macht diesen Ausdruck empfindlich vom relativen Vorzeichen zwischen C_A und C_V abhängig. Man erhält nämlich für $C_A = +1{,}18\, C_V$:

$$A = -1{,}18$$

und für $C_A = -1{,}18\, C_V$:

$$A = -0{,}10.$$

Die Messung des Korrelationskoeffizienten A wurde von Burgy et al. durchgeführt.

50) Messung der Korrelation zwischen Beta-Emissionsrichtung und Neutronenspin an freien Neutronen

Lit.: Burgy, Epstein, Krohn, Novey, Raboy, and Ringo, Phys.Rev. 107, 1731 (1957)
Burgy, Krohn, Novey, Ringo, Phys.Rev. 110, 1214 (1958),
Phys.Rev.Letters 1, 324 (1958)

Die Anordnung für dieses Experiment ist sehr ähnlich wie die Anordnung, die Burgy et al. für ihr Zeitumkehrexperiment verwendeten (s. Seite **388**ff. und Figur 129).

Es war notwendig, wieder Koinzidenzen zwischen den β-Teilchen und den Rückstoßprotonen zu messen, um gegen den Raumuntergrund zu diskriminieren. Da jedoch die Richtung der Rückstoßprotonen bei diesem Experiment nicht interessiert, wurde das Schlitzsystem weggelassen. Außerdem wurde das Detektorsystem um 90° um die Strahlachse gedreht, so daß der Beta-Detektor nur Beta-Teilchen registriert, die in Richtung der Spins des Neutronenstrahls bzw. nach Umpolen des magnetischen Spiegels entgegengesetzt zum Spin der Neutronen emittiert werden.

Die erste Messung von Burgy et al. war noch recht unsicher. Das genaueste Ergebnis ist in der letzten Arbeit (Phys.Rev.Letters 1324 (1958)) angegeben, mit dem Zahlenwert:

$$A = -0{,}11 \pm 0{,}02.$$

Aus diesem Ergebnis folgt eindeutig, daß der Phasenwinkel $\phi = 180°$ beträgt, d.h. daß:

$$C_A = -1{,}18 \cdot C_V$$

gilt.

Damit sind alle beim erlaubten Beta-Zerfall beteiligten Kopplungskonstanten bestimmt.

Es war oben erwähnt worden, daß die Matrixelemente einer eventuellen pseudoskalaren Wechselwirkung bei erlaubten Übergängen verschwindend klein werden, so daß sie nicht in Erscheinung treten. Man sollte sie dagegen bei verbotenen Beta-Zerfällen beobachten können. Es stellte sich jedoch heraus, daß selbst für den Fall, daß C_P sehr groß sein sollte, der Nachweis schwierig ist. Dies liegt vor allem daran, daß sich bei verbotenen Beta-Zerfällen viele Matrixelemente überlagern und die pseudoskalare Wechselwirkung wenige charakteristische Effekte liefert. Am aussichtsreichsten ist die Untersuchung von $0 \to 0$-Übergängen mit Paritätswechsel; denn hier tragen nur wenige Matrixelemente bei.

Bhalla und Rose (Phys.Rev. 120, 1415 (1960)) zeigten, daß sowohl die Form eines solchen einfach verbotenen Beta-Spektrums als auch die Elektronenpolarisation von einer eventuellen pseudoskalaren Wechselwirkung beeinflußt würden.

Daniel et al. führten 1964 (Daniel, Engler, Kaschl, and Zaidi, Physics Letters 12, 337 (1964)) Messungen dieser Art an dem $0^- \to 0^+$ Beta-Übergang von ^{144}Pr nach ^{144}Nd durch. Ihre Analyse ergab eine obere Grenze für C_P:

$$|C_P| < 5 |C_A|.$$

Da es bis heute keine Experimente gibt, die nur durch $C_P \neq 0$ zu erklären sind, wendet man das Argument der Einfachheit der Naturgesetze an und nimmt an, daß exakt:

$$C_P = C_P' = 0$$

gilt. Neue experimentelle Daten zu dieser Frage wären von großem Wert.

Experimente zur schwachen Wechselwirkung

Es gibt jedoch noch einen wichtigen Hinweis für die Richtigkeit dieser Annahme aufgrund eines genauen Studiums des Zerfalls des π-Mesons.

Beim Zerfall des π-Mesons entstehen ein μ-Meson und ein Neutrino entsprechend der Gleichung:

$$\pi^{\pm} \to \mu^{\pm} + \nu.$$

Es war naheliegend zu vermuten, daß der bei den Atomkernen beobachtete Beta-Zerfall nur ein Spezialfall einer universellen Schwachen Wechselwirkung ist, und daß der π-μ-Zerfall ein anderes Beispiel dieser universellen Schwachen Wechselwirkung darstellt.

Daß der (π, μ)-Zerfall den Zerfall eines Partikels in zwei Partner darstellt, schließt nicht aus, daß der Mechanismus der gleiche ist wie beim Beta-Zerfall. Man kann sich vorstellen, daß das π-Meson sich zunächst virtuell* in ein Nukleon-Antinukleonpaar zerlegt, mit dem dann ein normaler Beta-Zerfall stattfindet mit der einzigen Besonderheit, daß anstelle eines Elektrons ein μ-Meson emittiert wird.

$$\pi^{+} \to p + \bar{n} \to \mu^{+} + \nu, \text{ bzw. } \pi^{-} \to \bar{p} + n \to \mu^{-} + \bar{\nu}.$$

Ersetzt man nämlich die Antiteilchen jeweils durch die entsprechenden Teilchen auf der anderen Seite der Reaktionsgleichung, so nehmen die beiden „schwachen Zerfälle" die Gestalt

$$p + \mu^{-} \to n + \nu, \text{ bzw. } n + \nu \to p + \mu^{-}$$

und damit die Form der Normalgleichung des Beta-Zerfalls an, in der lediglich das μ^{-}-Meson anstelle des Elektrons tritt.

Man sieht heute das μ-Meson als ein schweres Elektron an, das sich nur in der Masse vom Elektron unterscheidet und sonst identische

---

*Dieser Prozeß ist möglich, da für die π-Mesonen kein Erhaltungssatz gilt. Das Wort virtuell soll bedeuten, daß es sich um einen Prozeß handelt, der den Energieerhaltungssatz verletzt, denn die Ruhmasse eines π-Mesons ist wesentlich kleiner als die doppelte Nukleonenmasse. Als Zwischenstadium eines Zerfallsprozesses ist dieser virtuelle Übergang möglich, da die Heisenbergsche Unbestimmtheitsrelation $\Delta E \cdot \Delta t = \hbar$ eine kurzzeitige Verletzung des Energiesatzes zuläßt.

Eigenschaften hat. Auch das magnetische Moment stimmt z.B. mit dem des Elektrons überein, wenn man im Bohrschen Magneton die Elektronenmasse durch die μ-Mesonenmasse ersetzt.

Zur direkten Überprüfung der Richtigkeit der Hypothese einer „universellen Schwachen Wechselwirkung" sollte man unter Verwendung der aus dem Beta-Zerfall gewonnenen Kopplungskonstanten versuchen, die Halbwertszeit des (π, μ)-Zerfalls vorauszuberechnen. Die Durchführung ist schwierig, da der erste Schritt

$$\pi^+ \to p + \bar{n}, \text{ bzw. } \pi^- \to \bar{p} + n$$

ein Prozeß der Starken Wechselwirkung ist und die Kompliziertheit der Starken Wechselwirkung bis heute nur eine sehr grobe Berechnung zuläßt. Goldberger und Treiman (Phys.Rev. 110, 1178 (1958)) führten eine näherungsweise Berechnung durch und erhielten mit:

$$\tau_\pi = 3{,}2 \cdot 10^{-8} \text{ sec}$$

einen Wert, der erstaunlich gut mit der später experimentell bestimmten mittleren Lebensdauer von

$$\tau_{\pi \exp} = 2{,}5 \cdot 10^{-8} \text{ sec}$$

übereinstimmt.

Dies ist ein Hinweis dafür, daß die beim (π, μ)-Zerfall vorliegende Kopplung zwischen den Elementarteilchen mit der Kopplung beim Beta-Zerfall identisch ist.

Es erscheint jedoch unverständlich, warum der Zerfall des π-Mesons nicht auch in ein Elektron und ein Neutrino erfolgt. Umgekehrt versteht man zwar sofort, warum beim Beta-Zerfall der Atomkerne nur Elektronen und keine μ-Mesonen entstehen. Die verfügbaren Energien beim Beta-Zerfall sind einfach zu niedrig, um die wesentlich höhere Ruhenergie der μ-Mesonen aufzubringen.

Wir wollen deshalb etwas eingehender die Kinematik des (π, μ)-Zerfalls studieren:

Wir haben oben nachgewiesen (s. Seite 159ff.), daß die π-Mesonen eine negative Eigenparität und den Spin $I_\pi = 0$ haben. Das virtuelle Nukleonensystem, der Ausgangszustand des Schwachen Zerfalls, muß sich deshalb auch in einem 0^--Zustand befinden. Da der Endzustand des Nukleonensystems das Vakuum ist, müssen wir diesen Schwachen Zerfall als $0 \to 0$-Übergang mit Paritätswechsel klassifizieren.

Wendet man den Impulserhaltungssatz auf den π, μ-Zerfall:

$$\pi^+ \to \mu^+ + \nu \quad \text{bzw.} \quad \pi^- \to \mu^- + \bar{\nu}$$

an, so folgt, daß μ-Meson und Neutrino diametral auseinanderfliegen müssen.

Wir wollen im folgenden zunächst einmal voraussetzen, daß die $V-A$ Kopplung gilt*.

Dann haben die Neutrinos die Helizität

$$\langle \boldsymbol{\sigma} \cdot \mathbf{p}_0 \rangle_\nu = -1 \quad \text{und} \quad \langle \boldsymbol{\sigma} \cdot \mathbf{p}_0 \rangle_{\bar{\nu}} = +1,$$

und ohne Berücksichtigung weiterer Auswahlregeln würde man wie bei gewöhnlichen Beta-Zerfällen für die Helizität der μ-Mesonen erhalten:

$$\langle \boldsymbol{\sigma} \cdot \mathbf{p}_0 \rangle_{\mu^+} = +\frac{v}{c} \quad \text{und} \quad \langle \boldsymbol{\sigma} \cdot \mathbf{p}_0 \rangle_{\mu^-} = -\frac{v}{c}.$$

Nun muß jedoch zusätzlich der Drehimpulserhaltungssatz erfüllt werden. Er fordert, daß

$$\mathbf{j}_{\mu^+} + \mathbf{j}_{\bar{\nu}} = 0 \quad \text{bzw.} \quad \mathbf{j}_{\mu^-} + \mathbf{j}_{\bar{\nu}} = 0,$$

da der Spin des π-Mesons Null ist.

Die verschiedenen Helizitäten der Zerfallsprodukte bei gleichzeitig entgegengesetztem Impuls bedeuten aber, daß die Spins gleichgerichtet sind und sich addieren, so daß anscheinend ohne einen zusätzlichen Bahndrehimpuls der Drehimpulserhaltungssatz nicht befriedigt werden kann. Man muß jedoch berücksichtigen, daß die

---

*$V-A$ Kopplung ist die übliche Abkürzung für die Kopplung $C_V = C'_V = -\lambda C_A = -\lambda C'_A$ mit $\lambda = 1{,}18$ und $C_T = C'_T = C_S = C'_S = C_P = C'_P = 0$.

Experimente zur schwachen Wechselwirkung 423

Helizität der μ-Mesonen nicht eins, sondern v/c ist. Das bedeutet, daß bei

$$\langle \sigma \cdot p_0 \rangle_{\mu^+} = + \frac{v}{c}$$

die Wahrscheinlichkeit, daß der Spin in Flugrichtung steht, genau den Wert:

$$W_\uparrow = \frac{1}{2}\left(1 + \frac{v}{c}\right)$$

hat und entsprechend die Wahrscheinlichkeit, daß der Spin entgegengesetzt zur Flugrichtung steht:

$$W_\downarrow = \frac{1}{2}\left(1 - \frac{v}{c}\right)$$

beträgt; denn damit wird gerade

$$\langle \sigma \cdot p_0 \rangle = \frac{W_\uparrow - W_\downarrow}{W_\uparrow + W_\downarrow} = \frac{v}{c}.$$

Wir hatten bereits gesehen (s. Seite 149), daß beim π, μ-Zerfall eine Energie von insgesamt

$$\Delta E = 33{,}8 \text{ MeV}$$

frei wird, von der die π-Mesonen

$$E_{kin} = 4{,}2 \text{ MeV}$$

übernehmen. Dies entspricht einem v/c von:

$$\frac{v}{c} = 0{,}274, *$$

---

*Aus $m = \dfrac{m_0}{\sqrt{1 - \dfrac{v^2}{c^2}}}$ folgt $E^2 \cdot (1 - (v/c)^2) = E_0^2$ oder $\left(\dfrac{v}{c}\right)^2 = \dfrac{E^2 - E_0^2}{E^2}$.

Setzt man noch $E = E_0 + E_{kin}$, so erhält man

$$\left(\frac{v}{c}\right)^2 = \frac{E_{kin}^2 + 2 E_{kin} E_0}{E_0^2 + E_{kin}^2 + 2 E_{kin} \cdot E_0}.$$

Nach Einsetzen von $E_0 = 206 \cdot 0{,}511$ MeV und $E_{kin} = 4{,}2$ MeV ergibt sich $v/c = 0{,}274$.

so daß der Spin der μ-Mesonen immerhin mit der Wahrscheinlichkeit:

$$W_\uparrow = \frac{1}{2} \cdot (1 - 0{,}274) = 36\%$$

in der günstigen Richtung steht. Für den Elektronenzerfall der π-Mesonen:

$$\pi^+ \rightarrow e^+ + \nu$$

sind die Verhältnisse wesentlich ungünstiger. Wegen der kleinen Ruhmasse der Elektronen ist die verfügbare Energie jetzt:

$$\Delta E = 139 \text{ MeV}.$$

Nach Energie- und Impulssatz übernehmen die Elektronen fast die Hälfte dieser verfügbaren Energie, nämlich*:

$$E_{\text{kin}} = 69{,}3 \text{ MeV}.$$

Dies entspricht einem v/c von:

$$\frac{v}{c} = 0{,}999945.$$

Damit erhält man für die Wahrscheinlichkeit, daß die Spins in der günstigen Richtung stehen, nur

$$W_\uparrow = \frac{1}{2}(1 - 0{,}999945) = 2{,}8 \cdot 10^{-5}.$$

Dieser Unterschied hat zur Folge, daß bei der $V - A$ Kopplung der π-Zerfall in ein μ-Meson und ein Neutrino sehr viel wahrscheinlicher wird als in ein Elektron und ein Neutrino. Die quantitative Berechnung des Verhältnisses der Übergangswahrscheinlichkeiten für $V - A$ Kopplung liefert:

---

*Aus Energiesatz und Impulssatz folgt exakt:

$$E_{\text{kin}}(e) = \frac{\Delta E^2}{2(\Delta E + E_0)}.$$

$$R = \frac{W(\pi^+ \to e^+ + \nu)}{W(\pi^+ \to \mu^+ + \nu)} = 1{,}283 \cdot 10^{-4}. *$$

Ganz anders ist die Situation für eine pseudoskalare Kopplung. Ein genaueres Studium zeigt, daß hier keine Schwierigkeiten mit dem Drehimpulserhaltungssatz auftreten, und man erhält exakt:

$$R = 5{,}5. *$$

Tatsächlich findet der $(\pi^+ \to e^+ + \nu)$-Zerfall sehr viel seltener statt als der $(\pi^+ \to \mu^+ + \nu)$-Zerfall. Erst 1958 gelang es Ashkin et al. (Nuovo Cim. 13, 1240 (1959)), den $(\pi^+ \to e^+ + \nu)$-Zerfall nachzuweisen. Die genaue Messung des Verhältnisses R lieferte**

$$R_{\exp} = (1{,}247 \pm 0{,}028) \cdot 10^{-4}.$$

Die ausgezeichnete Übereinstimmung mit dem theoretischen Wert der $V - A$ Kopplung ist ein starkes Argument dafür, daß es sich tatsächlich um den gleichen Mechanismus handelt wie beim Beta-Zerfall der Atomkerne. R ändert sich so empfindlich bei auch nur kleinen Beimischungen von pseudoskalarer Kopplung, daß man aus der guten Übereinstimmung mit dem Wert für reine $V - A$ Kopplung eine obere Grenze für C_P ableiten kann. Man erhält***

$$|C_P| \leqslant 5 \cdot 10^{-4}.$$

Gegenwärtig ist kein Experiment zum Beta-Zerfall der Atomkerne denkbar, das mit ähnlicher Empfindlichkeit auf kleine Anteile pseudoskalarer Kopplung reagieren würde.

---

*Der erste Hinweis auf die empfindliche Abhängigkeit des Verhältnisses R von den Kopplungskonstanten und die erste quantitative Berechnung von R stammt von Ruderman und Finkelstein, Phys.Rev. 76, 1458 (1949). Eine ausführliche Darstellung der theoretischen Berechnungen findet man in Källén: Elementarteilchenphysik, BI, 100, S. 435ff.

**Anderson et al., Phys.Rev. 119, 2050 (1960).
Di Capua et al., Phys.Rev. 133, B1333 (1964).

***Treiman and Wyld, Phys.Rev. 101, 1552 (1956).

Die nächsten entscheidenden Fortschritte in der Erforschung der Schwachen Wechselwirkung wurden bei Untersuchungen der „Schwachen Zerfälle" der übrigen Elementarteilchen erzielt. Insbesondere ist auch der Zerfall des μ-Mesons ein Prozeß der Schwachen Wechselwirkung.

51) Experimente zur Bestimmung der Kopplungskonstante beim Beta-Zerfall des μ-Mesons.

Lit.: Michel, Proc.Phys.Soc. London, A 63, 514, 1371 (1950)
Bouchiat and Michel, Phys.Rev. 106, 170 (1957)
Plano, Phys.Rev. 119, 1400 (1960)
Block, Fiozini, Kikuchi, Giacomelli, and Ratti, Nuovo Cim. 23, 1114 (1962)
Booth, Caroll, Court, Davies, Edwards, Johnson, and Wormold, Proc. Phys.Soc. London, 84, 239 (1964)
Bardon, Norton, Peoples, Sachs, and Lee-Franzini, Phys.Rev.Letters 14, 449 (1965)

Wir haben oben gesehen (s. Seite 141 ff.), daß die μ-Mesonen eine sehr geringe Wechselwirkung mit den Nukleonen haben. Man hat den μ-Meson Einfangprozeß als einen Prozeß der Schwachen Wechselwirkung analog zum EC-Zerfall anzusehen. In Konkurrenz zum μ-Meson Einfangprozeß beobachtet man den Beta-Zerfall des μ-Zerfalls, der nach der Gleichung erfolgt:

$$\mu^{\pm} \to e^{\pm} + \nu + \bar{\nu}.$$

Aus der Beobachtung, daß das Energiespektrum der entstehenden Elektronen kontinuierlich ist, folgt, daß es sich nicht um einen Zweiteilchenzerfall handeln kann, sondern daß mindestens drei Zerfallsprodukte entstehen. Da man in fotografischen Emulsionen nur die Elektronenspur sieht, müssen die anderen Zerfallsprodukte neutrale Teilchen sein. Die maximale Energie des Elektronenspektrums entspricht der Massendifferenz zwischen Elektron und μ-Meson. Deshalb kann die Ruhmasse der neutralen Teilchen nur sehr klein sein. Man nimmt an, daß es sich um Neutrinos handelt. Wenn die beim Beta-Zerfall der Atomkerne beobachtete Erhaltung der Leptonenzahl universell gilt, dann muß eines der beiden Neutrinos ein Antiteilchen sein.

Man kann nun in ähnlicher Weise wie beim Beta-Zerfall der Atomkerne die Gestalt des Beta-Spektrums vorausberechnen. Michel führte diese Berechnung 1950 und Bouchiat und Michel mit Berücksichtigung der Paritätsverletzung 1957 durch, und sie erhielten die Form:

(298) $$N(x)dx = \frac{m_\mu^5 \cdot c^4}{3 \cdot 16 \cdot \pi^3 \cdot \hbar^7} \cdot g^2 \cdot x^2 \cdot \left\{ 3(1-x) + \frac{2}{3} \rho (4x - 3) \right\} \cdot dx$$

mit:

$N(x)dx$ = Wahrscheinlichkeit dafür, daß pro Sekunde ein Zerfall stattfindet, bei dem der Elektronenimpuls zwischen x und $x + dx$ liegt.

$$x = \frac{p_e}{p_{e\,max}}$$

$$g^2 = \frac{1}{16} \cdot \{ |g_S|^2 + |g_S'|^2 + |g_P|^2 + |g_P'|^2 + 4(|g_V|^2 + |g_V'|^2 + |g_A|^2 + |g_A'|^2) + 6(|g_T|^2 + |g_T'|^2) \}$$

ρ = Michel-Parameter

$$= \frac{3}{16\,g^2} \cdot \{ |g_V|^2 + |g_V'|^2 + |g_A|^2 + |g_A'|^2 + 2(|g_T|^2 + |g_T'|^2) \}.$$

Durch den Michel-Parameter wird die Gestalt des Beta-Spektrums empfindlich von der Kopplungskonstanten abhängig. (Die Berechnung wurde unter der Voraussetzung durchgeführt, daß die beiden emittierten Neutrinos nicht identisch sind, andernfalls wird $\rho \equiv 0$.)

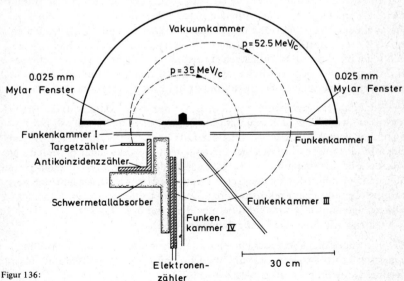

Figur 136: Experimentelle Anordnung von Bardon et al., Phys.Rev. Letters 14, 449 (1965) zur Messung des Elektronenimpulsspektrums beim μ-Zerfall.

Man hat große Anstrengungen unternommen, die Gestalt des Elektronenimpulsspektrums beim μ-Zerfall mit großer Genauigkeit zu messen. Erfolgreiche Messungen wurden von Plano, Block et al., Booth et al. und Bardon et al. durchgeführt. Die größte Genauigkeit wurde von Bardon et al. 1965 erzielt.

Bardon et al. verwendeten den π^+-Mesonenstrahl des Synchrozyklotrons der Columbia Universität. Dieser Strahl fällt in der in Figur 136 im Schnitt dargestellten Apparatur senkrecht zur Zeichenebene auf die Schmalseite eines 8 cm × 8 cm × 3 mm großen Plastik-Szintillators. Die π-Mesonen werden innerhalb dieses Szintillators bis zum Stillstand abgebremst und erleiden dann den (π, μ)-Zerfall. Die μ-Mesonen werden in alle Richtungen emittiert. Die meisten μ-Mesonen kommen innerhalb der Szintillatorschichtdicke ebenfalls zum Stillstand. Die Elektronen des anschließenden Beta-Zerfalls sind wegen der großen verfügbaren Energie* hochrelativistisch und verlieren nur wenig Energie im Target-Szintillator. Die Größe dieses Energieverlustes wird jedoch in jedem einzelnen Zerfall durch Messung der Impulshöhe registriert. Man verwendet diese Werte zur Korrektur der nachfolgenden Energiemessung in einem großen magnetischen Beta-Spektrometer. Das Magnetfeld dieses Spektrometers ist homogen und senkrecht zur Zeichenebene gerichtet. Auf diese Weise wird der in der gleichen Richtung einlaufende π-Mesonenstrahl durch das Magnetfeld nicht gestört.

Um eine ausreichende statistische Genauigkeit zu erzielen, kann man es sich nicht leisten, wie bei einem normalen Beta-Spektrometer, den vom Spektrometer akzeptierten Elektronenimpuls durch Eintritts- und Austrittsblenden zu definieren. Statt dessen registriert man von jedem einzelnen Elektron genau seine im Magnetfeld zurückgelegte Bahn, indem man in vier verschiedenen Ebenen senkrecht zur Bewegung der Elektronen mit Hilfe von Funkenkammern den jeweiligen Durchstoßpunkt des Elektrons bestimmt.

Die Funkenkammern befinden sich in Luft unter Normaldruck und bestehen jeweils aus zwei dünnen Aluminium-Folien, zwischen denen eine so hohe Spannung liegt, daß die Ionisierung der Luft beim Durchtritt eines Elektrons einen Funken auslöst. In den vier Ecken jeder Funkenkammer befinden sich Mikrophone, die den mit dem Funken verbundenen Knall registrieren. Durch Messung der Zeitdifferenz der registrierten **akustischen Signale läßt sich der** Durchstoßpunkt exakt rekonstruieren. Der Elektronenzähler am Ende der Elektronenbahn ist in verzögerter Koinzidenz mit dem Targetzähler und in Koinzidenz mit allen vier Funkenkammern geschaltet.

Die Informationen über jedes einzelne Ereignis werden mit einem „on line computer" sofort ausgewertet und die Krümmung im Magnetfeld und damit der Elektronenimpuls errechnet.

---

*$\overline{\Delta E = m_\mu c^2} - m_e c^2 = 105,5$ MeV $- 0,5$ MeV $= 105$ MeV.

Experimente zur schwachen Wechselwirkung

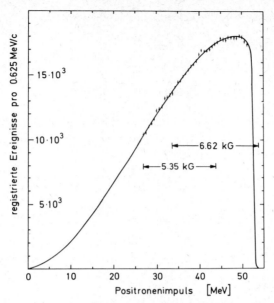

Figur 137:

Meßresultat für das Positronenimpulsspektrum beim Zerfall von μ-Mesonen. Die Figur ist der Arbeit von Bardon et al., Phys.Rev.Letters 14, 449 (1965), entnommen.

Das Resultat der Messung des Elektronenimpulsspektrums ist in Figur 137 dargestellt. Der oberste Teil des Spektrums wurde bei einem Spektrometermagnetfeld von 6,62 kgauß und der darunter befindliche Teil bei 5,35 kgauß aufgenommen.

Durch einen Angleich der theoretischen Gestalt des Spektrums an die Meßpunkte unter Berücksichtigung der endlichen Impulsauflösung des Spektrometers wurde der Michel-Parameter zu:

$$\rho = 0{,}747 \pm 0{,}005$$

bestimmt. Die in Figur 137 eingetragene Kurve ist das Ergebnis der Ausgleichsrechnung. Die Kurve folgt sehr gut den Meßpunkten, diese bestätigt die Richtigkeit der dem Angleich zugrunde liegenden theoretischen Funktion.

Der theoretische Ausdruck für ρ liefert für die $V-A$ Kopplung den Zahlenwert:

$$\rho_{V-A} = 0{,}75.$$

Die ausgezeichnete Übereinstimmung mit dem Meßresultat bestätigt, daß es sich beim μ-Zerfall um die gleiche Kopplung wie beim Beta-Zerfall der Atomkerne handelt.

Aus dem absoluten Wert der Lebensdauer des μ-Mesons

$$\tau_\mu = (2{,}200 \pm 0{,}002) \cdot 10^{-6} \text{ sec}$$

erhält man für die Kopplungskonstante g:

$$g = (1{,}431 \pm 0{,}001) \cdot 10^{-49} \text{ erg cm}^3.$$

Bei $V - A$ Kopplung gilt $C_S = C'_S = C_P = C'_P = C_T = C'_T = 0$ und $C_A = C'_A = -\lambda C_V = -\lambda C'_V$, und damit geht der obige Ausdruck für g^2 über in

(299) $\qquad g^2 = \dfrac{1}{2} \cdot \{\,|g_V|^2 + |g_A|^2\,\}.$

g^2 bedeutet damit den Mittelwert aus $|g_V|^2$ und $|g_A|^2$.

Für den Beta-Zerfall der Atomkerne hatten wir die Kopplungskonstanten gewonnen:

$$g_V = g_F = 1{,}406 \cdot 10^{-49} \text{ erg} \cdot \text{cm}^3$$

und

$$g_A = g_{GT} = 1{,}65_3 \cdot 10^{-49} \text{ erg} \cdot \text{cm}^3.$$

Es fällt auf, daß die Kopplungskonstante des μ-Zerfalls mit der Kopplungskonstanten $g_V = g_F$ des Beta-Zerfalls identisch ist. Die Kopplungskonstanten würden vollkommen übereinstimmen, wenn beim μ-Zerfall

$$\lambda = 1$$

gelten würde.

Man hat die naheliegende Hypothese aufgestellt, daß für die ungestörte Schwache Wechselwirkung tatsächlich $\lambda = 1$ gilt und die gesamte Wechselwirkung damit vollständig durch eine einzige Naturkonstante, g, beschrieben wird. Bei den Atomkernen, so behauptet diese Hypothese, wird der Beta-Zerfall durch die Starke Wechselwirkung gestört. Allerdings wirkt sich die Störung nur auf g_A aus, das sie um den Faktor 1,18 vergrößert, während sie g_V unverändert läßt.

Man nennt diese Hypothese auch die CVC-Theorie, was die Abkürzung von „conserved vector current" bedeuten soll.

Eine Darstellung der CVC-Theorie geht über den Rahmen dieses Buches hinaus. Es sei nur erwähnt, daß die Durchführung der CVC-Theorie eine Reihe charakteristischer Eigenschaften des Beta-Zerfalls der Atomkerne voraussagt, die sich experimentell untersuchen lassen. Mehrere Experimente sind durchgeführt worden. Innerhalb der Meßgenauigkeit bestätigen sie die Resultate der CVC-Theorie.

Die Übereinstimmung zwischen den Kopplungskonstanten des μ-Zerfalls und des Beta-Zerfalls ist das stärkste Argument dafür, daß es sich um dieselbe Wechselwirkung handelt. Aber man hat auch nachgeprüft, ob andere Phänomene des Beta-Zerfalls bei den μ-Zerfällen in entsprechender Weise auftreten. Insbesondere hat man Experimente zur Paritätsverletzung beim μ-Zerfall durchgeführt. Tatsächlich gelang es nachzuweisen, daß die beim μ^+-Zerfall entstehenden Positronen longitudinal polarisiert sind. Der Spin steht wie erwartet in Flugrichtung, und der Polarisationsgrad beträgt praktisch 100%. Lange war ungeklärt, warum das μ-Meson nicht auch nach der Gleichung

$$\mu^\pm \to e^\pm + \gamma$$

zerfällt. Ein solcher Prozeß würde allerdings voraussetzen, daß die im μ-Zerfall

$$\mu^\pm \to e^\pm + \nu + \bar{\nu}$$

entstehenden Neutrinos sich wirklich wie Teilchen und Antiteilchen verhalten, so daß sie sich vernichten können. Man hat deshalb den Verdacht geäußert, daß es zwei verschiedene Neutrinos geben könnte, von denen das eine, ν_μ, beim π-Zerfall zusammen mit den μ-Mesonen entsteht und das andere, ν_e, beim Beta-Zerfall der Atomkerne entsteht. Die Normalgleichung des μ-Zerfalls hätte dann die Form:

$$\mu^- + \nu_e \to e^- + \nu_\mu.$$

Man hat diesen Verdacht experimentell überprüft und zur Überraschung der Physiker tatsächlich bestätigt gefunden:

(52) Der experimentelle Nachweis der Verschiedenheit von ν_μ und ν_e

Lit.: Danby, Gaillard, Goulianos, Lederman, Mistry, Schwartz, and Steinberger, Phys.Rev.Letters 9, 36 (1962)
Bienlein, Böhm, von Dardel, Faissner, Ferrero, Gaillard, Gerber, Hahn, Kaftanov, Krienen, Reinharz, Salmeron, Seiler, Staude, Stein, and Steiner, Physics Letters 13, 80 (1964)

Folgender Gedanke liegt diesen berühmten Neutrino-Experimenten zugrunde: Man erzeugt einen gerichteten Strahl hochenergetischer μ-Neutrinos, indem man hochenergetische π-Mesonen im Flug zerfallen läßt:

$$\pi^+ \to \mu^+ + \nu_\mu \quad \text{und} \quad \pi^- \to \mu^- + \bar{\nu}_\mu.$$

Im Schwerpunktsystem erfolgt die Neutrinoemission isotrop, im Laborsystem ist sie jedoch in Flugrichtung der Mesonen gerichtet.

Durch eine gewaltige Abschirmung aus Eisen befreit man den Neutrinostrahl von geladenen Partikeln jeglicher Art. Dann untersucht man die Wechselwirkung der Neutrinos mit Materie. Folgende Neutrinoprozesse sind denkbar:

$$\nu + n \to p + e^-$$
$$\bar{\nu} + p \to n + e^+$$
$$\nu + n \to p + \mu^-$$
$$\bar{\nu} + p \to n + \mu^+.$$

Wenn die μ-Neutrinos die gleichen Teilchen sind wie die Neutrinos, die beim Beta-Zerfall der Atomkerne entstehen, dann sollten alle vier Prozesse stattfinden, vorausgesetzt, daß die Energie der Neutrinos hinreichend hoch ist, um auch die Ruhenergie der μ-Mesonen liefern zu können. Sind dagegen die μ-Neutrinos verschieden von den e-Neutrinos, so würden bei diesem Experiment nur Reaktionen nach den beiden letzten Gleichungen stattfinden können.

Zum Nachweis der Neutrinoreaktionen verwendete man ein System von vielen parallel angeordneten Funkenkammern. Die Platten dieser Funkenkammern bestanden aus massivem Aluminium und dienten gleichzeitig als Target für die Neutrino-Reaktionen.

Nachgewiesen werden die Spuren der Elektronen und der μ-Mesonen. Man kann diese recht gut unterscheiden; denn die kinetische Energie der μ-Mesonen liegt bei einer Energie der Neutrinos von einigen 100 MeV in der Größenordnung ihrer Ruhenergie und damit etwa im Minimum der Ionisierung,

Experimente zur schwachen Wechselwirkung

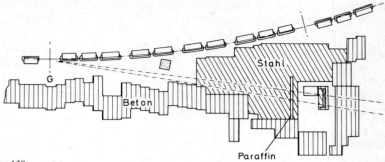

Figur 138:

Experimentelle Anordnung von Danby et al., Phys.Rev. Letters 9, 36 (1962) zum experimentellen Nachweis der Verschiedenheit von ν_μ und ν_e.

und man beobachtet saubere Einzelteilchenspuren. Elektronen von einigen 100 MeV produzieren dagegen Lawinen von **Photonen und Sekundärelektronen**. Das erste erfolgreiche Experiment wurde von Danby et al. 1962 am 30 GeV Proton-Synchrotron in Brookhaven durchgeführt. Figur 138 zeigt die Anordnung. Im feldfreien Stück zwischen zwei Führungsmagneten des AG-Synchrotrons befindet sich bei G ein Beryllium-Target, das mit 15 GeV Protonen beschossen wird, um einen hochenergetischen π-Mesonenstrahl zu erzeugen. Die π-Mesonen legen ca. 15 m Flugstrecke in Luft zurück. Während dieser Zeit erfährt ein großer Teil der π-Mesonen den π, μ-Zerfall. Die Eisenabschirmung zur Absorption aller geladenen Partikel aus dem Strahl hat eine Dicke von 13,5 m.

Der Beobachtungsbunker enthält das Funkenkammersystem. Die gleichzeitig als Target dienenden Aluminium-Platten haben ein Gesamtgewicht von 10 t. Alle Ereignisse wurden mit Hilfe von Stereokameras festgehalten. Zur Auslösung der Stereokameras dienen mehrere in Koinzidenz geschaltete Szintillations-Detektoren. Bei insgesamt mehreren 100 Stunden Meßzeit wurden insgesamt 34 Neutrino-Reaktionen vom zweiten Typ, d.h. mit μ-Mesonen-Produktion beobachtet. Andererseits fand man nur insgesamt acht Schauern von **hochenergetischen Elektronen, die vielleicht Neutrinoreaktionen des ersten Typs zuzuordnen wären.**

Man hatte vorherberechnet, daß man für den Fall, daß $\nu_e = \nu_\mu$ sein sollte, etwa 19 Ereignisse dieser Art erwarten müßte. Außerdem war zu berücksichtigen, daß der ν_μ Strahl auch einen kleinen Anteil ν_e Teilchen enthielt aufgrund der Reaktion:

$$K^+ \to e^+ + \nu_e + \pi^\circ.$$

Experimente zur schwachen Wechselwirkung

Die Autoren nahmen an, daß die wenigen beobachteten Ereignisse vom ersten Typ auf Verunreinigungen des ν_μ-Strahls mit ν_e-Neutrinos zurückzuführen waren und folgerten, daß ν_e und ν_μ verschiedene Teilchen sind.

Auch am CERN Proton-Synchroton hat man Neutrinoexperimente durchgeführt. Es gelang der CERN-Gruppe (Bienlein et al. (1964)), in einem Neutrinostrahl von hundertfacher Intensität und mit einer wesentlich verbesserten Funkenkammeranordnung mit einer „Konfidenz" von mindestens 99% die Verschiedenheit von ν_μ und ν_e sicherzustellen.

Man hatte gehofft, bei diesen Experimenten mit hochenergetischen Neutrinos eventuell auch einmal das hypothetische „intermediäre Boson" frei beobachten zu können, das man als Träger der Schwachen Wechselwirkung annimmt. Bis heute hat man jedoch kein eindeutiges positives Resultat erzielt. Es ist denkbar, daß die Masse des „intermediären Bosons" sehr groß ist und die bisher angewendeten Energien noch nicht ausreichen, um es als freies Teilchen zu produzieren.

Es ist somit sichergestellt, daß es zwei verschiedene Neutrinos ν_μ und ν_e mit gleicher Helizität und ihre Antiteilchen mit entgegengesetzter Helizität gibt. In welchen sonstigen Eigenschaften sie sich unterscheiden, ist bis heute nicht bekannt.

Neben den „schwachen Zerfällen", die wir hier ausführlich diskutiert haben, kennt man heute noch einige weitere.

Wir hatten oben gesehen, daß der Zerfall des K-Mesons in zwei oder drei π-Mesonen den Anstoß dazu gab, an der Invarianz der Naturgesetze gegenüber der Paritätstransformation zu zweifeln.

Auch der K-Zerfall ist ein Prozeß der Schwachen Wechselwirkung, obwohl hier gar keine Leptonen beteiligt sind. Der K-Zerfall hat bis in die jüngste Zeit die Physiker in Atem gehalten, vor allem seit man entdeckt hat, daß er nicht nur die Parität, sondern auch $P \cdot C$ zu verletzen scheint. Damit sollte aufgrund des CTP Theorems auch die Zeitumkehrinvarianz verletzt sein. Es gibt mehrere, zum Teil recht abenteuerliche Theorien zur Erklärung der verwickelten Phänomene, und man darf gespannt sein, welche Geheimnisse die Natur im Zusammenhang mit dem K-Zerfall für uns noch verborgen hält.

Nachdem wir gesehen haben, daß es neben dem Beta-Zerfall der Atomkerne noch einige weitere Zerfälle von Elementarteilchen gibt, die den gleichen Kopplungsgesetzen folgen, erscheint es notwendig, die den Beta-Zerfall beschreibende Wechselwirkungsdichtematrix zu erweitern, damit sie diese Prozesse miterfaßt. Ein besonders eleganter Vorschlag ist das sogenannte „Strom-Strom"-Kopplungs- schema, das 1958 von Feynman und Gell-Mann (Feynman and Gell- Mann, Phys.Rev. 109, 193 (1958)) vorgeschlagen wurde.

In diesem Modell der „Strom-Strom"-Kopplung der universellen Schwachen Wechselwirkung setzt man für die Wechselwirkungs- dichtematrix den Ausdruck an:

$$H = g \cdot \frac{1}{\sqrt{2}} \cdot (j^e_\lambda + j^\mu_\lambda + J_\lambda + S_\lambda)^+ \cdot (j^e_\lambda + j^\mu_\lambda + J_\lambda + S_\lambda) + \text{h.c.}$$

(300)

mit:

$$g = 1{,}43 \cdot 10^{-49} \text{ erg cm}^3$$

$$j^e_\lambda = \widetilde{\psi}_e \gamma_\lambda (1 + \gamma_5) \psi_{\nu_e}$$

$$j^\mu_\lambda = \widetilde{\psi}_\mu \gamma_\lambda (1 + \gamma_5) \psi_{\nu_\mu}$$

$$J_\lambda = \widetilde{\psi}_n \gamma_\lambda (1 + \gamma_5) \psi_p$$

$$S_\lambda = \widetilde{\psi}_\Lambda \gamma_\lambda (1 + \gamma_5) \psi_p + \widetilde{\psi}_\Sigma \gamma_\lambda (1 + \gamma_5) \cdot \psi_n + \ldots$$

Um diesen Ausdruck zu verstehen, muß man berücksichtigen, daß die $V - A$ Kopplung mit $\lambda = 1$ zugrunde liegt.

Der Operator der Vektorkopplung war:

$$O_V = \gamma_\lambda \qquad \text{(s. Seite 333)}$$

und der Operator der Achsialvektorkopplung:

$$O_A = i \gamma_\lambda \cdot \gamma_5.$$

Unter Verwendung der $V - A$ Kopplung reduzieren sich die auf Seite 404f. aufgeführten Ansätze für die Wechselwirkungsdichtematrix für den Beta-Zerfall eines Nukleons (oder genauer für die Reaktion $n + \nu \rightarrow p + e^-$) zu

$$H = g \cdot \left\{ \frac{1}{\sqrt{2}} \cdot (\tilde{\psi}_p \gamma_\lambda \psi_n)(\tilde{\psi}_e \gamma_\lambda (1 + \gamma_5) \psi_\nu) \right.$$

(301)
$$\left. - \frac{1}{\sqrt{2}} (\tilde{\psi}_p i \gamma_\lambda \gamma_5 \psi_n)(\tilde{\psi}_e i \gamma_\lambda \gamma_5 (1 + \gamma_5) \psi_\nu) \right\} + \text{h.c.}$$

Es ist also $C_A = - C_V$ gesetzt, und die Normierung $\sum | C_V |^2 = 1$ liefert $C_A = \frac{1}{\sqrt{2}}$ und $C_V = - \frac{1}{\sqrt{2}}$.

Berücksichtigt man, daß $\gamma_5 (1 + \gamma_5) = 1 + \gamma_5$ ist*, so läßt sich H umschreiben in:

$$H = \frac{g}{\sqrt{2}} \cdot \{ (\tilde{\psi}_p \gamma_\lambda \psi_n)(\tilde{\psi}_e \gamma_\lambda (1 + \gamma_5) \psi_\nu) +$$

(302)
$$+ (\tilde{\psi}_p \gamma_\lambda \gamma_5 \psi_n)(\tilde{\psi}_e \gamma_\lambda (1 + \gamma_5) \psi_\nu) \} + \text{h.c.}$$

$$= \frac{g}{\sqrt{2}} \cdot (\tilde{\psi}_p \gamma_\lambda (1 + \gamma_5) \psi_n)(\tilde{\psi}_e \gamma_\lambda (1 + \gamma_5) \psi_\nu) + \text{h.c.}$$

Es ist natürlich immer über den doppelt vorkommenden Index λ zu summieren.

Man erkennt jetzt, daß dieser Ansatz identisch mit dem folgenden Glied der „Strom-Strom"-Kopplung ist:

(303) $$H = \frac{g}{\sqrt{2}} \cdot J_\lambda^+ \cdot j_\lambda^e,$$

---

*
$$\gamma_5 (1 + \gamma_5) = \begin{pmatrix} 0 & 0 & -1 & 0 \\ 0 & 0 & 0 & -1 \\ -1 & 0 & 0 & 0 \\ 0 & -1 & 0 & 0 \end{pmatrix} \begin{pmatrix} 1 & 0 & -1 & 0 \\ 0 & 1 & 0 & -1 \\ -1 & 0 & 1 & 0 \\ 0 & -1 & 0 & 1 \end{pmatrix} = \begin{pmatrix} 1 & 0 & -1 & 0 \\ 0 & 1 & 0 & -1 \\ -1 & 0 & 1 & 0 \\ 0 & -1 & 0 & 1 \end{pmatrix} = 1 + \gamma_5.$$

denn:

$$J_\lambda^+ = (\tilde{\psi}_n \gamma_\lambda (1 + \gamma_5) \psi_p)^+ = (\psi_n^+ \beta \gamma_\lambda (1 + \gamma_5) \psi_p)^+$$

$$= (\beta \gamma_\lambda (1 + \gamma_5) \psi_p)^+ \psi_n = (\psi_p^+ \beta \gamma_\lambda (1 + \gamma_5) \psi_n)$$

$$= (\tilde{\psi}_p \gamma_\lambda (1 + \gamma_5) \psi_n).*$$

Damit geht $\dfrac{g}{\sqrt{2}} J_\lambda^+ j_\lambda^e$ in unseren gerade hergeleiteten Ausdruck für den Beta-Zerfall des Nukleons über.

Man versteht jetzt auch die übrigen Glieder des „Strom-Strom"-Kopplungsansatzes:

Das Glied

$$\frac{g}{\sqrt{2}} \cdot j_\lambda^{e^+} J_\lambda$$

beschreibt den umgekehrten Prozeß, d.h. den Elektroneneinfangprozeß $p + e^- \to n + \nu_e$ und

$$\frac{g}{\sqrt{2}} \cdot j_\lambda^{\mu^+} j_\lambda^e$$

den Zerfall des μ-Mesons, und

$$\frac{g}{\sqrt{2}} j_\lambda^{\mu^+} J_\lambda$$

den μ-Einfangprozeß: $p + \mu^- \to n + \nu_\mu$ usw.

Der Name „Strom-Strom"-Kopplung soll besagen, daß die Dichtematrixelemente $j_\lambda^e, j_\lambda^\mu, J_\lambda$ und S_λ Übergangsströme beschreiben,

---

*Das Symbol $^+$ bedeutet hermitisch konjugiert, d.h. A^+ geht aus A hervor durch Vertauschung von Zeilen mit Spalten und Ersetzen aller Elemente durch die konjugiert komplexen Größen. Die Matrizen-Lehre zeigt, daß für Matrizen-Produkte gilt: $(AB)^+ = B^+ A^+$ und damit $(AB\Gamma)^+ = (B\Gamma)^+ A^+ = \Gamma^+ B^+ A^+$. Für die Diracschen Gamma-Matrizen gilt generell $\gamma_i^+ = \gamma_i$. Die Matrix $\beta \equiv \gamma_4$.

denn sie stellen Matrixelemente zwischen Anfangs- und Endzuständen dar, die sich in der Ladung um eine Elementarladung unterscheiden. Das Vorzeichen ist so, daß beim Übergang eine positive Elementarladung abgegeben wird. Die hermitisch konjugierten Ströme $j_\lambda^{e^+}$ ... usw. nehmen entsprechend eine positive Elementarladung auf, so daß insgesamt die Ladung erhalten bleibt.

Diese formale, sehr einfache und elegante Beschreibung der gesamten bekannten schwachen Wechselwirkungsprozesse geht über unsere bisherige, durch Experimente gesicherte Formulierung der Schwachen Wechselwirkung hinaus; nur die gemischten Terme sind die experimentell gesicherten Prozesse. Die „Strom-Strom"-Kopplung enthält darüber hinaus die quadratischen Terme:

$$\frac{g}{\sqrt{2}} \left(j_\lambda^{e^+} j_\lambda^{e} \right); \quad \frac{g}{\sqrt{2}} \left(j_\lambda^{\mu^+} j_\lambda^{\mu} \right); \quad \frac{g}{\sqrt{2}} \left(J_\lambda^+ J_\lambda \right) \text{ und } \frac{g}{\sqrt{2}} (S_\lambda^+ S_\lambda).$$

Diese beschreiben offensichtlich elastische Streuprozesse aufgrund der Schwachen Wechselwirkung, z.B. die Elektron-Neutrino-Streuung:

$$e^- + \nu \rightarrow \nu + e^-$$

oder auch den Prozeß:

$$e^- + e^+ \rightarrow \nu + \bar\nu,$$

d.h. die Elektron-Positron-Vernichtung ohne elektromagnetische Strahlung durch Emission eines Neutrino-**Antineutrino-Paares**.

Besonders interessant ist das Glied $\frac{g}{\sqrt{2}} \cdot (J_\lambda^+ J_\lambda)$, das eine schwache Nukleon-Nukleon-Wechselwirkung beschreibt:

Ob der „Strom-Strom"-Kopplungsansatz der universellen Schwachen Wechselwirkung von Feynman und Gell-Mann richtig ist, kann nur durch Experimente entschieden werden. Er stellt eine Spekulation dar, die nur auf dem Argument der Einfachheit der Naturgesetze beruht. Um die Richtigkeit zu prüfen, muß man untersuchen, ob die quadratischen Terme tatsächlich existieren.

Ein Elektron-Neutrino-Streuexperiment durchzuführen, erscheint wenig aussichtsreich, wenn man den Wirkungsquerschnitt berechnet, den die „Strom-Strom"-Kopplung voraussagt. Trotzdem werden Experimente dieser Art ernsthaft diskutiert.

Auch der Nachweis der Elektron-Positron-Vernichtung ohne Gamma-Emission scheint aussichtslos zu sein. Da es sich um einen Konkurrenzprozeß zur elektromagnetischen Wechselwirkung handelt, sollte dieser Prozeß nur ungeheuer selten stattfinden.

Auf den ersten Blick scheint der Nachweis der schwachen Nukleon-Nukleon-Wechselwirkung noch aussichtsloser, da diese Wechselwirkung in Konkurrenz mit der Starken Wechselwirkung, der Kernkraft tritt. Die Kernkraft ist jedoch paritätserhaltend, während die Schwache Wechselwirkung die Parität maximal verletzt. Wenn eine schwache Nukleon-Nukleon-Wechselwirkung existierte, so hätte sie zur Folge, daß die Parität der Kernzustände keine gute Quantenzahl wäre, sondern alle Kernzustände eine kleine Beimischung der anderen Parität enthalten würden. Man kann dann die Kernwellenfunktion als lineare Kombination zwischen zwei paritätsreinen Wellenfunktionen darstellen:

(304) $\qquad \psi = \psi_{\text{reg}} + i f \psi_{\text{irreg}},$

wobei die Amplitude f der Beimischung der anderen Parität nur etwa

$$|f| \approx 5 \cdot 10^{-7}$$

betragen sollte. Dieser Faktor wurde aufgrund der Verhältnisse der absoluten Kopplungskonstanten der Starken Wechselwirkung zur Schwachen Wechselwirkung abgeschätzt*.

Der Phasenwinkel zwischen ψ_{reg} und ψ_{irreg} muß genau $\pi/2$ oder $3\pi/2$ betragen, so lange man voraussetzt, daß die Zeitumkehrinvarianz für die Nukleon-Nukleon-Wechselwirkung im Kern erhalten bleibt. Für jeden anderen Phasenwinkel würde nämlich der Erwar-

---

*Michel, Phys.Rev. 133, B 329 (1963).

tungswert des elektrischen Dipolmoments des Atomkerns nicht verschwinden:

$$\langle m_e \rangle = \langle \psi | e r | \psi \rangle$$

oder mit $\psi = \psi_{reg} + e^{i\phi} \cdot f \cdot \psi_{irreg}$:

$$\langle m_e \rangle = \langle \psi_{reg} + e^{i\phi} \cdot f \cdot \psi_{irreg} | e r | \psi_{reg} + e^{i\phi} f \psi_{irreg} \rangle$$

$$= f \cdot (e^{-i\phi} + e^{i\phi}) \cdot \langle \psi_{irreg} | e r | \psi_{reg} \rangle.$$

Man erkennt, daß $\langle m_e \rangle$ dann und nur dann verschwindet, wenn

$$e^{-i\phi} + e^{i\phi} = 0.$$

Die einzigen Lösungen sind:

$$\phi_1 = \frac{\pi}{2} \text{ und } \phi_2 = \frac{3\pi}{2}.$$

Andererseits würde ein statisches elektrisches Dipolmoment der Atomkerne die Zeitumkehrinvarianz verletzen. Dies sieht man in folgender Weise ein:

Die Existenz eines statischen elektrischen Dipolmoments bedeutet, daß der Erwartungswert des Pseudoskalares:

$$\langle m_e \cdot I \rangle$$

von Null verschieden ist. Da der T-Operator das Vorzeichen des Kernspins I umkehrt, jedoch das elektrische Dipolmoment m_e invariant läßt, wechselt der Pseudoskalar $\langle m_e \cdot I \rangle$ bei der Zeitumkehrtransformation sein Vorzeichen; die Zeitumkehrinvarianz verlangt deshalb, daß er verschwindet.

Wenn die Parität der Kernniveaus gemischt ist, dann sollte die elektromagnetische Strahlung, die die Kerne bei einem Übergang von einem Niveau auf ein anderes emittieren, zirkularpolarisiert sein.

Wir werden die elektromagnetischen Übergänge der Atomkerne erst später ausführlich diskutieren, und es möge deshalb an dieser Stelle genügen, die Ursache dieser Zirkularpolarisation anhand des Korrespondenzprinzips zu erläutern:

Experimente zur schwachen Wechselwirkung

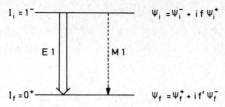

Figur 139:

Schematische Darstellung der möglichen Dipolübergänge bei Paritätsmischung.

Wir betrachten den speziellen Fall eines Gamma-Übergangs zwischen Niveaus mit den Spins $I_i = 1^-$ und $I_f = 0^+$ (s. Figur 139). Die elektromagnetische Strahlung übernimmt die Drehimpulsdifferenz:

$$L = \Delta I = 1$$

und auch den Paritätsunterschied. Ein elektromagnetisches Strahlungsfeld mit $L = 1$ und negativer Parität nennt man auch elektrische Dipolstrahlung oder $E1$ Strahlung, und ein elektrisches Strahlungsfeld mit $L = 1$ und positiver Parität magnetische Dipolstrahlung oder $M1$ Strahlung. In der Tat liefert die nicht stationäre Lösung

$$\Psi = c_i \Psi_i + c_f \Psi_f.$$

mit:

$$\Psi_i = \psi_i \cdot e^{-i \frac{E_i}{\hbar} t}$$

und

$$\Psi_f = \psi_f \cdot e^{-i \frac{E_f}{\hbar} t}$$

bei $\Delta I = 1$ oder 0 (außer 0 → 0) und $\pi_i \neq \pi_f$ für den Erwartungswert von m_e:

$$\langle \Psi | m_e | \Psi \rangle = m_e(0) \cdot \cos \frac{E_i - E_f}{\hbar} \cdot t$$

ein mit endlicher Amplitude und der Frequenz der emittierten Strahlung schwingendes elektrisches Dipolmoment* und bei $\Delta I = 1$ oder 0 (außer $0 \to 0$) und $\pi_i = \pi_f$ für den Erwartungswert von $\mathbf{m}_\mu$:

$$\langle \Psi | \mathbf{m}_\mu | \Psi \rangle = \mathbf{m}_\mu(0) \cdot \cos \frac{E_i - E_f}{\hbar} t$$

ein entsprechend schwingendes magnetisches Dipolmoment.

In unserem speziellen Fall liefern die regulären Komponenten von Ψ_i und Ψ_f einen schwingenden elektrischen Dipol und die beiden gemischten Terme aus $\Psi_{i\,\text{reg}}$ mit $\Psi_{f\,\text{irreg}}$ und $\Psi_{i\,\text{irreg}}$ mit $\Psi_{f\,\text{reg}}$ einen schwingenden magnetischen Dipol. Die Schwingungen erfolgen kohärent und in der Richtung von $\mathbf{I}_i$. Der Phasenfaktor i zwischen Ψ_{reg} und Ψ_{irreg} hat zur Folge, daß auch die Schwingungen dieser beiden Dipole um 90° phasenverschoben erfolgen.

Wir müssen uns nun das Strahlungsfeld dieser beiden schwingenden Dipole in großer Entfernung von der Strahlungsquelle anschauen. Es ist in Figur 140 schematisch dargestellt. Man erkennt, daß eine zirkularpolarisierte Welle entsteht. Da f jedoch sehr klein ist, ist die $M1$ Amplitude auch nur sehr klein, und damit entsteht eine schwach elliptisch polarisierte Welle.

Verwendet man eine nichtpolarisierte Strahlungsquelle, so mitteln sich die linearpolarisierten Anteile heraus, während der schwach zirkularpolarisierte Anteil bestehen bleibt.

Die experimentelle Beobachtung einer von Null verschiedenen Zirkularpolarisation der Gamma-Strahlung einer nicht ausgerichteten radioaktiven Quelle würde damit die Existenz der schwachen

---

* $\langle \Psi | \mathbf{m}_e | \Psi \rangle = \langle c_i \Psi_i + c_f \Psi_f | \mathbf{m}_e | c_i \Psi_i + c_f \Psi_f \rangle$

$= e^{i \frac{E_f - E_i}{\hbar} t} \cdot c_i c_f \langle \psi_i | \mathbf{m}_e | \psi_f \rangle + e^{-i \frac{E_f - E_i}{\hbar} t} \cdot$
$\cdot c_i c_f \langle \psi_f | \mathbf{m}_e | \psi_i \rangle$

$= 2 c_i c_f \cdot \langle \psi_f | \mathbf{m}_e | \psi_i \rangle \cdot \cos \frac{E_i - E_f}{\hbar} t.$

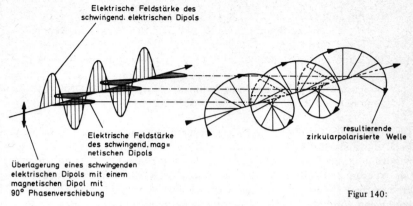

Figur 140:

Ein elektromagnetischer Sender enthält einen schwingenden magnetischen Dipol und einen schwingenden elektrischen Dipol, die um 90° phasen-verschoben sind. Die Figur zeigt, daß in großer Entfernung von der Strahlungsquelle eine zirkular-polarisierte Welle auftritt.

Nukleon-Nukleon-Wechselwirkung nachweisen. Dieses Experiment würde direkt die Richtigkeit der von Feynman und Gell-Mann eingeführten Hypothese der „Strom-Strom"-Kopplung prüfen.

Mehrere Experimente sind in den letzten Jahren durchgeführt worden. Zum Teil wurden positive Resultate erzielt. Noch widersprechen sich die Ergebnisse. Die endgültige Entscheidung über die Richtigkeit der „Strom-Strom"-Kopplung steht deshalb noch aus. Aus diesem Grunde ist es nicht verwunderlich, daß zur Zeit in zahlreichen Laboratorien mit großem Aufwand an diesem Problem gearbeitet wird. Die bisher wahrscheinlich zuverlässigste Messung wurde von Lobashov et al. in Leningrad durchgeführt:

53 Das Lobashov-Experiment zum Nachweis einer Paritätsmischung in Kernzuständen

Lit.: Michel, Phys.Rev. 133, B329 (1964)
Wahlborn, Phys.Rev. 138, B 530 (1965)
Boehm and Kankeleit, Phys.Rev.Letters 14, 312 (1965)
Lobashov, Nazarenko, Saenko, and Smotritsky, J.E.T.P. 3, 76 (1966)
Lobashov, Nazarenko, Saenko, Smotritsky, and Kharkevitch, Physics Letters 25 B, 104 (1967)

Boehm and Kankeleit, Nucl.Physics A 109, 457 (1968)
Vanderleeden and Boehm, AEC Research and Development Report Calt-63-121
Bock and Jenschke, Bericht KFK 1116, Kernforschungszentrum Karlsruhe
Bodenstedt, Ley, Schlenz, and Wehmann, Nucl.Phys. A 137, 33 (1969)
Jenschke and Bock, Physics Letters 31B, 65 (1970)

Die Schwierigkeiten dieser Messungen liegen darin, daß man im allgemeinen Falle eine äußerst kleine Zirkularpolarisation erwartet. P_c sollte in der Größenordnung von f liegen, und Zirkularpolarisationen von 10^{-7} sind jenseits der experimentellen Nachweisbarkeit. Michel wies jedoch in einer theoretischen Arbeit 1964 darauf hin, daß man wesentlich größere Polarisationen erhält, wenn durch die Kernstruktur zufällig der reguläre Gamma-Übergang stark gehindert wird, während gleichzeitig keine Hinderung des irregulären Gamma-Übergangs vorliegt. Er analysierte einige geeignete Fälle und machte Vorschläge für spezielle Experimente. Ausführliche Berechnungen zu dieser Frage findet man auch in der Arbeit von Wahlborn.

Die absolute Größe der zu erwartenden Zirkularpolarisation ist durch die Formel gegeben:

(305)*
$$P_c = \frac{2q}{1+q^2}$$

mit

$$q = \frac{\langle f \| \sigma_{\text{irreg}}, L \| i \rangle}{\langle f \| \sigma_{\text{reg}}, L \| i \rangle} .$$

In dieser Formel ist q das Amplitudenverhältnis der irregulären Strahlung der Multipolordnung L und der regulären Strahlung. Die genaue Definition der „reduzierten" Gamma-Matrixelemente $\langle f \| \sigma, L \| i \rangle$ wird auf Seite 582 gegeben.

---

*Die Herleitung findet man z.B. in der Arbeit von Wahlborn in Abschnitt II. Falls die reguläre Strahlung noch eine Beimischung der Multipolordnung $L+1$ mit dem Mischungsparameter δ enthält

$$\delta = \frac{\langle f \| \sigma_{\text{reg}}, L+1 \| i \rangle}{\langle f \| \sigma_{\text{reg}}, L \| i \rangle} ,$$

so ergibt sich für P_c:

$$P_c = \frac{2q}{1+q^2+\delta^2} .$$

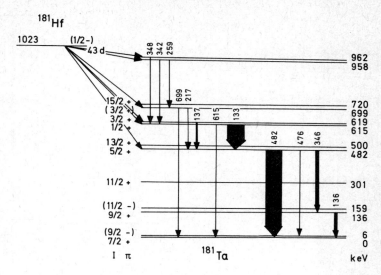

Figur 141: Zerfallsschema von ^{181}Hf.

Ein besonders geeigneter Fall ist der 482 keV Übergang in ^{181}Ta (s. Figur 141). Die reguläre Multipolarität ist $M1$. Durch Besonderheiten der inneren Struktur des ^{181}Ta ist dieser Übergang sehr stark verlangsamt. Dies folgt schon allein aus der beobachteten Halbwertszeit des 482 keV Niveaus, denn diese Halbwertszeit ist wesentlich länger als sonst üblich bei $M1$-Übergängen dieser Energie. Die Ursache der Verlangsamung des $M1$-Übergangs ist gut verstanden, und man erwartet außerdem, daß die irreguläre $E1$ Strahlung nicht gehindert wird. Die aufgrund der „Strom-Strom"-Kopplung zu erwartende Zirkularpolarisation liegt bei 10^{-4} bis 10^{-5}.

Die von Lobashov et al. verwendete Anordnung zur Messung dieser winzigen Zirkularpolarisation ist in Figur 142 dargestellt. Es wurde eine 500 Curie starke ^{181}Hf Quelle verwendet. Zur Messung der Zirkularpolarisation wurde die Methode der Compton-Streuung an magnetisiertem Eisen verwendet, die wir schon bei der Diskussion des Goldhaber-Experiments (s. Seite **408ff.**) kennengelernt haben. Der Nachweis der gestreuten Strahlung geschieht mit Hilfe eines CsJ(Tl)-Szintillationskristalls. Die Streustrahlung der 500 Curie-Quelle ist natürlich viel zu intensiv, um die gestreuten Quanten einzeln zu registrieren. Statt dessen mißt man die Lichtstärke des leuchtenden Szintillationskristalls integral mit einer Fotodiode, die über einen Plexiglaslichtleiter mit dem Kristall verbunden ist. Ein quarzgesteuerter Zeitgeber polt den Streumagneten jede Sekunde um. Wenn die Strahlung zirkularpolarisiert ist, dann sollte der von der Fotozelle abgegebene Fotostrom eine schwache Modulation in dieser Periode zeigen.

446 Experimente zur schwachen Wechselwirkung

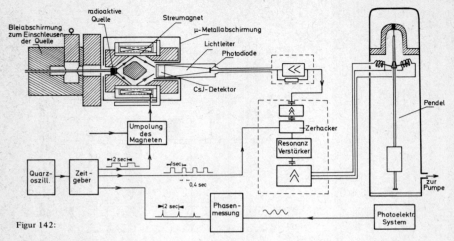

Figur 142:

Versuchsaufbau von Lobashov et al., Phys.Letters 25 B, 104 (1967), zur Messung der Zirkularpolarisation der 482 keV Gamma-Strahlung im ^{181}Ta.

Der Fotostrom wird deshalb mit einem Resonanzverstärker verstärkt, der nur auf die Frequenz von 1/2 Hz anspricht. Da der Magnet etwa 0,4 sec braucht, bis der Ummagnetisierungsprozeß beendet ist, wird der Fotostrom nach dem Umpolen des Magneten jeweils für 0,4 sec unterbrochen.

Der Ausgang des Resonanzverstärkers wird schließlich auf einen besonders scharf selektiven elektromechanischen Resonanzverstärker gegeben. Es handelt sich hierbei um ein möglichst dämpfungsfrei, d.h. im Vakuum, aufgehängtes mechanisches Pendel, dessen Eigenfrequenz auf besser als 10^{-6} mit der Frequenz des Zeitgebers übereinstimmt. Der Ausgang des elektronischen Resonanzverstärkers wird auf zwei kleine Elektromagnete gegeben, die das Pendel anstoßen.

Falls eine Modulation des Fotostroms vorliegt, muß das Pendel nach einiger Zeit von selbst anfangen zu schwingen. Aus der Amplitude dieser Schwingung läßt sich auf die Größe der Zirkularpolarisation der Gamma-Strahlung schließen.

Lobashov et al. haben die Apparatur sorgfältig getestet und die Ansprechwahrscheinlichkeit mit Hilfe einer Messung der Zirkularpolarisation der Bremsstrahlung eines Beta-Präparats gemessen. Die Bremsstrahlung, die beim Abbremsen von schnellen Elektronen entsteht, wird bekanntlich vorzugsweise in Flugrichtung der Elektronen emittiert. Aufgrund des Drehimpulserhaltungssatzes übernehmen sie dabei die Helizität der Beta-Teilchen und werden dadurch selbst zirkular polarisiert. Dieser Effekt wird gerne benutzt, um Apparaturen zur Messung der Zirkularpolarisation zu eichen. Andererseits stellt dieser Effekt auch eine gefährliche Fehlerquelle für dieses Experiment dar. Glücklicherweise enthält der Beta-Zerfall von ^{181}Hf fast nur niederenergetische Beta-Strahlung, die deshalb nur niederenergetische Bremsstrahlung erzeugen kann. Diese läßt sich durch eine Bleiabschirmung der Quelle beseitigen. Man nutzt dabei aus, daß der Fotoabsorptionsquerschnitt von Blei für niederenergetische Gamma-Strahlung wesentlich höher ist als für hohe Gamma-Energien. Exakte theoretische Berechnungen und Kontrollexperimente scheinen zu zeigen, daß bei hinreichend großer Bleidicke* der Effekt der Bremsstrahlung vernachlässigbar klein gehalten werden kann. Lobashov et al. erhielten das Resultat:

$$P_c (482 \text{ keV}, {}^{181}\text{Ta}) = -(6 \pm 1) \cdot 10^{-6}.$$

Die gleichen Autoren konnten noch in einem zweiten Fall die Zirkularpolarisation einer Kern-Gamma-Strahlung beobachten. Sie fanden für die 396 keV Gamma-Strahlung des ^{175}Lu den Wert:

$$P_c (396 \text{ keV}, {}^{177}\text{Lu}) = +(4 \pm 1) \cdot 10^{-5}.$$

Heute liegen noch eine Reihe weiterer statistisch signifikanter Ergebnisse, vor allem für den Übergang im ^{181}Ta, vor. Die Arbeiten sind oben zitiert. Wenn sich die Zahlenwerte auch zum Teil noch widersprechen, so stimmen die Ergebnisse doch wenigstens im Vorzeichen alle überein.

Wegen der Wichtigkeit dieser Experimente und der besonderen Anfälligkeit gegen systematische Fehlerquellen sind weitere Versuche von größtem Wert. Man darf darauf gespannt sein, ob zukünftige Messungen die heute angedeuteten Effekte bestätigen und damit die Richtigkeit der Hypothese der „Strom-Strom"-Kopplung nachweisen**.

---

*Bei gleichzeitiger Mischung der Quelle mit einem Material von niedriger Ordnungszahl (MgO) zur Verringerung der Intensität der äußeren Bremsstrahlung.

**Im Zeitraum zwischen der Fertigstellung des Manuskriptes und der Drucklegung des Buches sind zahlreiche weitere Arbeiten zu diesem wichtigen Phänomen erschienen. Die Paritätsmischung des 482 keV Übergangs des ^{181}Ta erscheint auch heute noch zweifelhaft; insbesondere ergab eine kürzliche Messung von E. Kuphal (Z.f.Physik 253, 314 (1972) mit

$$P_c = +(1 \pm 4) \cdot 10^{-6}$$

eine erneute Diskrepanz. Bemerkenswert ist eine theoretische Arbeit von M. Gari et al. (M. Gari, U. Dumitrescu, J.G. Zapolitzky, and H. Kümmel, Phys.

Fortsetzung der Fußnote ** auf Seite 448

Experimente zur schwachen Wechselwirkung

Der heutige Stand der Erforschung der Schwachen Wechselwirkung zeigt scheinbar ein abgerundetes Bild. Im Gegensatz zur Kernkraft ist die Schwache Wechselwirkung einfach, und ein einziger Parameter, die Kopplungskonstante g, reicht aus, um alle bisher beobachteten Phänomene wiederzugeben.

Dies darf jedoch nicht darüber hinwegtäuschen, daß ein großer Teil der Experimente zum Beta-Zerfall nicht sehr genau ist und daß es sehr wohl denkbar wäre, daß bei Verbesserung der Meßgenauigkeit neue Erscheinungen auftreten, die mit dem bisherigen einfachen Bild nicht mehr verträglich sind.

Der Beta-Zerfall gehört mit zu den ersten Beobachtungen, die man in der Kernphysik gemacht hat. Es mag deshalb verwundern, warum

---

Fortsetzung der Fußnote ** von Seite 447

Lett. 35B, 19 (1971)), die zu dem Ergebnis kam, daß für diesen Übergang die herkömmlichen theoretischen Ansätze ein positives Vorzeichen von P_c ergaben im Gegensatz zu allen früheren experimentellen Resultaten; die vorhergesagte Größe des Effektes liegt überdies unter der heutigen Nachweisgrenze. Daß der Effekt so viel kleiner sein soll als früher angenommen, hat folgenden einfachen physikalischen Grund:

Der abstoßende „hard core" der Nukleon-Nukleon-Kraft verhindert, daß sich zwei Nukleonen im Innern des Atomkerns beliebig nahekommen und verhindert deshalb in erster Näherung, daß die extrem kurzreichweitige Schwache Wechselwirkung überhaupt in Aktion tritt. Trotzdem gelang es in einem anderen Fall, experimentell eine große Paritätsmischung sicher nachzuweisen. Es handelt sich um den 501 keV Übergang im Zerfall des ^{180m}Hf. Der reguläre Übergang ist hier durch die sogenannte K-Auswahlregel äußerst stark gehindert. Der Hinderungsfaktor beträgt $2{,}6 \times 10^{-10}$ (siehe auch Experiment (96) im Teil III und Fig. 284). B. Jenschke und P. Bock (Phys.Lett. 31B, 65 (1970)) beobachteten eine Zirkularpolarisation von $P_c = -(2{,}8 \pm 0{,}3) \cdot 10^{-3}$, und drei andere Gruppen konnten diese Messung inzwischen bestätigen. Die quantitative theoretische Interpretation ist schwierig, da sich schlecht berechnen läßt, ob überhaupt und wie stark in diesem Fall der irreguläre Übergang gehindert ist. Schließlich erscheint noch eine schwache Paritätsmischung des 8,87 MeV 2-Niveaus des ^{16}O durch H. Hättig et al. (H. Hättig, K. Hündchen, and H. Wäffler, Phys.Rev.Lett. 25, 941 (1970)) eindeutig sichergestellt zu sein. In diesem Fall wurde ein Alphazerfall beobachtet, der aufgrund von Paritäts- und Drehimpulsauswahlregeln für die reguläre Parität absolut verboten ist.

Experimente zur schwachen Wechselwirkung

fast alle entscheidenden Experimente erst in den letzten Jahren gelungen sind. Studiert man diese Experimente jedoch näher, so sieht man, daß die meisten entweder auf genialen Einfällen beruhen oder daß zu ihrer Durchführung langwierige technologische Entwicklungen notwendig waren. Die Natur hat es den Physikern schwer gemacht, die Phänomene der Schwachen Wechselwirkung zu durchschauen.

VI. EXPERIMENTE ZUR ELEKTROMAGNETISCHEN WECHSELWIRKUNG ZWISCHEN ATOMKERN UND UMGEBUNG

Die elektromagnetische Wechselwirkung ist im Gegensatz zur Kernkraft und zur Schwachen Wechselwirkung gut bekannt. Die Experimente zur Wechselwirkung zwischen den statischen elektromagnetischen Momenten der Atomkerne und den elektromagnetischen Feldern der Umgebung bzw. zwischen den dynamischen Multipolmomenten bei elektromagnetischen Übergängen der Atomkerne und dem Strahlungsfeld oder dem Feld der Elektronen der umgebenden Atomhülle dienen deshalb nicht zur Aufklärung der Eigenschaften des Elektromagnetismus. Sie dienen in erster Linie dazu, die statischen und dynamischen elektromagnetischen Eigenschaften der Atomkerne systematisch auszumessen, um daraus Rückschlüsse auf die Struktur der Atomkerne zu ziehen. In zweiter Linie dienen Experimente zur elektromagnetischen Wechselwirkung mit den Feldern der Umgebung dazu, die absolute Größe dieser Felder zu bestimmen. Sie bilden ein einzigartiges Hilfsmittel zur Klärung vieler Fragen der Festkörperphysik, der Physik der Flüssigkeiten oder der Struktur chemischer Verbindungen.

Wir wollen zunächst die Wechselwirkung zwischen den statischen elektromagnetischen Momenten der Atomkerne mit dem elektromagnetischen Feld der eigenen Atomhülle bei freien Atomen studieren.

Da die spezifische Ladung e/m der Atomkerne um drei Zehnerpotenzen kleiner ist als die der Atomhülle, ist diese Wechselwirkung nur schwach und stört deshalb auch nicht die Kopplung der Elektronenspins mit ihren Bahndrehimpulsen zum Gesamtdrehimpuls der Atomhülle **J**. Der Drehimpulsvektor **J** stellt eine Symmetrieachse des Atoms dar, und das elektromagnetische Feld, das von der Atomhülle erzeugt wird, muß deshalb auch um die **J**-Achse rotationssymmetrisch sein. Die Wechselwirkung mit dem magnetischen Dipolmoment und dem elektrischen Quadrupolmoment des Atom-

Experimente zur elektromagnetischen Wechselwirkung

kerns führt zu einer Kopplung zwischen Kernspin und Hüllenspin zum Gesamtdrehimpuls **F** des freien Atoms:

(306)   **F** = **J** + **I**,

wobei die Quantenzahl F die Werte

$$|J - I|; \; |J - I| + 1; \ldots J + I$$

annehmen kann.

Die Wechselwirkung hat zur Folge, daß diese durch $2I + 1$ (oder $2J + 1$, je nachdem, ob $I < J$ oder $J < I$) verschiedene Werte der F-Quantenzahl charakterisierten Zustände des Atoms etwas verschiedene Energie haben. Man nennt dies die Hyperfeinstrukturaufspaltung der optischen Terme des Atoms. Sie hat zur Folge, daß auch die Spektrallinien der optischen Spektren eine Hyperfeinstrukturaufspaltung zeigen. Nur bei den Elementen sehr hoher Ordnungszahl ist diese Hyperfeinstrukturaufspaltung gelegentlich so groß, daß man sie mit einem guten Gitterspektralapparat auflösen kann, meist muß man raffiniertere Techniken anwenden.

Die beste Methode zur Beobachtung der Hyperfeinstruktur optischer Spektrallinien ist die Anwendung eines Interferometers bei hoher Ordnungszahl. Am häufigsten wird das Perot-Fabry-Interferometer verwendet:

(54) Beobachtung der Hyperfeinstruktur optischer Spektrallinien mit Hilfe eines Perot-Fabry-Interferometers

Lit.: Steudel: „Optical Hyperfine Measurements" in Freeman and Frankel: Hyperfine Interactions, Academic Press, New York + London (1967)
Schüler, Zeitschrift für Physik 59, 149 (1930)

Eine moderne Anordnung zur Messung der Hyperfeinstruktur optischer Spektrallinien ist schematisch in Figur 143 dargestellt. Das von der Lichtquelle austretende Licht wird über die Linse L_1 und einen Hohlspiegel auf die Eintrittsblende eines Gittermonochromators gelenkt. Dieser liefert eine Vorzerlegung des optischen Spektrums. Der Hohlspiegel im Inneren des Monochromators verwandelt das einfallende Licht in ein paralleles Bündel,

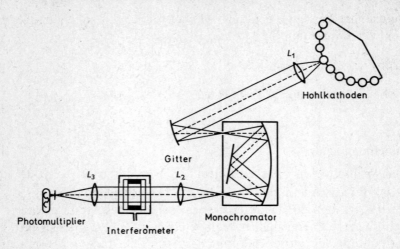

Figur 143:

Moderner Versuchsaufbau zur Beobachtung der Hyperfeinstruktur optischer Spektrallinien. Die Figur ist dem Buch Freemann und Frankel: „Hyperfine Interactions", Academic Press, New York 1967, entnommen.

das auf ein ebenes Strichgitter fällt. Dieses zerlegt das Lichtbündel nach der Reflexion in die einzelnen Spektrallinien. Man stellt die Lage dieses Gitters so ein, daß nur das Licht der zu untersuchenden optischen Spektrallinie über den Hohlspiegel genau auf die Ausgangsblende des Monochromators abgebildet wird. Das Auflösungsvermögen dieses Monochromators ist so niedrig, daß die Hyperfeinstruktur nicht aufgelöst wird.

Das aus dem Monochromator austretende Licht wird durch die Sammellinse L_2 parallel gemacht und tritt nun in das Perot-Fabry-Interferometer ein.

Das Perot-Fabry-Interferometer besteht aus zwei parallelen Glasplatten, deren einander zugewandte Seiten halbdurchlässig verspiegelt sind. Das in den Innenraum eintretende Licht wird viele Male zwischen den Platten hin und her reflektiert, wobei bei jeder **Reflexion ein geringer Anteil austritt. Die** nach vorn austretenden Partialwellen werden mit Hilfe der Linse L_3 auf eine Lochblende fokussiert. Dort interferieren sie miteinander.

Der Gangunterschied der N-ten Partialwelle zur ersten Partialwelle beträgt:

$$S_N = 2d \cdot (N-1),$$

wo d den Abstand zwischen den Innenflächen der Glasplatten bedeutet. Der Raum zwischen den Glasplatten sei mit Luft mit dem Brechungsindex n gefüllt*. Dann beträgt die Wellenlänge einer Hyperfeinstrukturkomponente mit der Vakuumwellenlänge λ_0:

$$\lambda_n = \frac{1}{n} \cdot \lambda_0.$$

Konstruktive Interferenz liegt vor, wenn der Gangunterschied aufeinanderfolgender Partialwellen exakt ein ganzzahliges Vielfaches der Wellenlänge ist, d.h., wenn

$$\frac{2d}{\lambda_n} = n \cdot \frac{2d}{\lambda_0} = \nu$$

eine ganze Zahl ist. Man nennt diese Zahl auch die Ordnung der beobachteten Interferenzen. Das Perot-Fabry-Interferometer wirkt auf diese Weise wie ein hochauflösender Monochromator.

Zur Messung des Hyperfeinstrukturspektrums wird die auf der Lochblende fokussierte Intensität über einen Fotomultiplier empfangen und mit Hilfe eines Linienschreibers registriert. Um den schmalen Längenwellenbereich, bei dem konstruktive Interferenz und damit Transmission eintritt, kontinuierlich zu verschieben, variiert man nicht etwa den Plattenabstand. Dies wäre wegen der hohen, an die Parallelität gestellten Anforderungen und wegen der

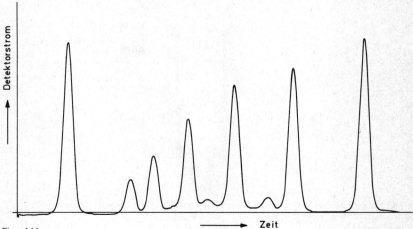

Figur 144:

Hyperfeinstrukturspektrum der 7106A° Linie von atomarem ^{151}Eu, aufgenommen mit einer Anordnung von etwa der Art, wie sie in Figur 128a dargestellt ist. Diese Figur ist dem gleichen Buch von Freemann und Frankel entnommen.

*Unter Normalbedingungen beträgt der Brechungsindex der Luft etwa
$n_{Luft} = 1,0003$.

winzigen Größe der erforderlichen Verschiebung technisch äußerst schwierig. Man variiert statt dessen den Brechungsindex n des zwischen den Platten befindlichen Gases, indem man den Gasdruck ändert. Der Brechungsindex eines Gases ist streng proportional zum Gasdruck. Das Pumpsystem wird so geregelt, daß der Druck sich linear mit der Zeit ändert. Dann entspricht die Zeitachse des Linienschreibers direkt der **Wellenlänge,** und man erhält unmittelbar das Hyperfeinstrukturspektrum automatisch registriert. Figur 144 zeigt als Beispiel ein auf diese Weise gemessenes Hyperfeinstrukturspektrum der 7106Å Linie von atomarem ^{151}Eu. Das in der Aufnahme dargestellte Wellenlängenintervall beträgt 833 mK (Milli-Kayser)*.

Die Beobachtung der Hyperfeinstruktur optischer Spektrallinien stellt besondere Anforderungen an die Lichtquelle. Normalerweise wird die Wellenlänge einer Spektrallinie durch den **Dopplereffekt**** aufgrund der Bewegung der Atome während der Lichtaussendung über ein Wellenlängenintervall verschmiert, das bereits größer ist als die ganze Hyperfeinstrukturaufspaltung.

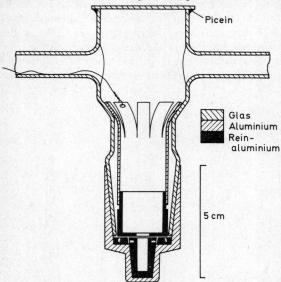

Figur 145:

Aufbau einer Schülerschen Hohlkathode. Diese Figur ist dem Buch Kopfermann: „Kernmomente", Akademische Verlagsgesellschaft, Frankfurt 1956, entnommen.

---

* 1 Kayser = 1 K = 1 cm^{-1} = Einheit für Wellenzahl $\bar{\nu} = \dfrac{1}{\lambda}$.

**Wenn λ_0 die Wellenlänge der Emissionslinie eines ruhenden Atoms ist, dann beobachtet man eine Wellenlänge

$$\lambda = \lambda_0 \cdot \left(1 - \frac{v}{c}\right),$$

wenn sich das Atom mit der Geschwindigkeit v auf den Beobachter zubewegt.

Experimente zur elektromagnetischen Wechselwirkung

Eine geniale Lösung dieses Problems gelang Schüler 1930 durch die Konstruktion der nach ihm benannten Hohlkathode. Figur 145 zeigt eine moderne Ausführung. In der Bohrung der Hohlkathode befindet sich die zu untersuchende Substanz. Die Anode befindet sich so dicht über der Kathode, daß sich bei einer Glimmentladung keine positive Säule ausbildet, sondern nur ein Glimmlicht im Hohlraum der Kathode beobachtet wird. Als Gasfüllung für die Glimmentladung verwendet man meist eines der Edelgase Helium, Neon, Argon oder Krypton. Die in der Hohlkathode befindliche feste Substanz wird durch das Bombardement durch die positiven Ionen zerstäubt (Kathodenzerstäubung) und im Hohlkathodenraum zur Lichtemission angeregt. Die Kathode wird von außen durch flüssigen Stickstoff gekühlt. Dadurch erreicht man tatsächlich, daß die Geschwindigkeiten der Gasatome in der Hohlkathode sehr klein werden, so daß der Dopplereffekt nicht mehr stört.

Die Hohlkathode hat darüber hinaus den Vorteil, daß im Entladungsraum kein elektrisches Feld herrscht, das das optische Spektrum beeinflussen könnte.

Das Licht tritt in der in Figur 145 dargestellten Konstruktion durch die oben angekittete Gasplatte aus.

Über die Hyperfeinstrukturaufspaltung optischer Spektrallinien liegen heute bei fast allen Elementen experimentelle Daten vor. Es hat zunächst lange gedauert, bis man die Hyperfeinstruktur richtig interpretieren konnte. Dies lag vor allem daran, daß zunächst das Phänomen der optischen Feinstruktur aufzuklären war. Erst 1924 fand Pauli die richtige Erklärung der Hyperfeinstruktur. Pauli nahm zuerst an, daß es sich allein um die magnetische Wechselwirkung zwischen dem mit dem Kernspin verbundenen magnetischen Moment:

$$(307) \qquad \mathbf{\mu} = g \cdot \mu_k \cdot \frac{\mathbf{I}}{\hbar} = \frac{\mu}{I \cdot \hbar} \cdot \mathbf{I}$$

und dem Magnetfeld, das die Atomhülle am Kernort erzeugt:

$$\mathbf{H}_0 = \frac{\langle H_0 \rangle}{J \cdot \hbar} \cdot \mathbf{J}$$

mit

$$(308) \qquad \langle H_0 \rangle = \langle J, m = J | H_0 | J, m = J \rangle,$$

handelt.

456 Experimente zur elektromagnetischen Wechselwirkung

Der Operator der Wechselwirkungsenergie beträgt

$$(W_{mag})_{op} = - \mu \cdot H_0 =$$

(309) $$-\frac{\mu \cdot \langle H_0 \rangle}{\hbar^2 \cdot I \cdot J} \cdot \mathbf{I} \cdot \mathbf{J} = - \frac{\mu \cdot \langle H_0 \rangle}{2\hbar^2 IJ} \cdot (\mathbf{F}^2 - \mathbf{I}^2 - \mathbf{J}^2)$$

mit den Eigenwerten:

$$W_{mag} = - \frac{\mu \cdot \langle H_0 \rangle}{2IJ} \cdot \{F(F+1) - I(I+1) - J(J+1)\}.$$
(310)

Es ist bemerkenswert, daß die Energieaufspaltung nicht äquidistant ist wie beim Zeeman-Effekt, sondern das Verhältnis aufeinanderfolgender Termabstände beträgt:

$$\frac{W_F - W_{F-1}}{W_{F-1} - W_{F-2}} = \frac{F(F+1) - (F-1) \cdot F}{(F-1) \cdot F - (F-2)(F-1)} = \frac{2F}{2(F-1)} =$$

(311) $$= \frac{F}{F-1}.$$

Man nennt dies die Intervallregel.

Man fand tatsächlich, daß sich viele der beobachteten Hyperfeinstrukturspektren unter Verwendung dieser Intervallregel interpretieren lassen. Die Analyse der Spektren ist natürlich durch den Umstand kompliziert, daß im allgemeinen beide Niveaus der Atomhülle, zwischen denen der optische Übergang stattfindet, eine Hyperfeinstrukturaufspaltung unterschiedlicher Größe zeigen. Außerdem ist die Auswahlregel $\Delta F = 0$, oder ± 1 bei der Analyse zu berücksichtigen. Figur 146 zeigt schematisch an einem willkürlich gewählten Beispiel, welche Hyperfeinstrukturübergänge auftreten können.

Bald erkannte man jedoch, daß bei einigen Spektren eine Interpretation allein durch magnetische Hyperfeinstrukturwechselwirkung nicht möglich war. Die Intervallregel wurde offensichtlich durch eine zusätzliche elektrische Wechselwirkung gestört. Das elektrische Dipolmoment der Atomkerne verschwindet; auf Seite 440 wurde gezeigt, daß ein evtl. elektrisches Dipolmoment der Atomkerne die

Experimente zur elektromagnetischen Wechselwirkung

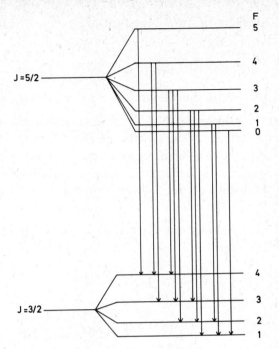

Figur 146:

Schematische Darstellung der Hyperfeinstruktur zweier optischer Terme mit den erlaubten Hyperfeinstrukturübergängen. Der Kernspin beträgt: $I = \frac{5}{2}$.

Zeitumkehrinvarianz der Kernkräfte verletzen würde. Das wichtigste Glied der elektrischen Wechselwirkung ist deshalb die Kopplung des elektrischen Quadrupolmoments des Atomkerns an den elektrischen Feldgradienten, der von der Atomhülle am Kernort erzeugt wird.

Die quantenmechanische Behandlung der freien elektrischen Quadrupol-Wechselwirkung ist komplizierter als die der magnetischen Dipol-Wechselwirkung. Wir wollen im folgenden die Theorie der elektrischen Hyperfeinstrukturwechselwirkung zwischen den Atomkernen und dem von der Umgebung am Atomkern produzierten elektrischen Feld in allgemeiner Form entwickeln:

Die Kernladung im Volumenelement $d\tau$ an der Stelle $\mathbf{r}_n$ ist:

$$dQ_n = + e \cdot \rho_n(\mathbf{r}_n) \cdot d\tau_n,$$

wo $\rho_n(\mathbf{r}_n)$ den Operator der Protonendichte bedeutet. Entsprechend ist die Elektronenladung im Volumenelement $d\tau_e$:

$$dQ_e = -e \cdot \rho_e(\mathbf{r}_e) \cdot d\tau_e,$$

wo $\rho_e(\mathbf{r}_e)$ der Operator der Elektronendichte am Ort $\mathbf{r}_e$ bedeutet.

Es sei darauf hingewiesen, daß die im folgenden hergeleiteten Formeln sich unmittelbar auf die elektrische Hyperfeinstrukturwechselwirkung in Kristallfeldern übertragen lassen; in diesem Fall bedeutet $-e \cdot \rho_e(\mathbf{r}_e)$ generell die Ladungsdichte außerhalb des Kerns, zu der sowohl die Elektronen als auch die Atomkerne der Umgebung beitragen.

Der Operator der elektrischen Wechselwirkungsenergie läßt sich damit in der Form schreiben:

(313)
$$(W_e)_{op} = \frac{1}{4\pi\epsilon_0} \iint \frac{dQ_e \cdot dQ_n}{r}$$

$$= -\frac{e^2}{4\pi\epsilon_0} \cdot \iint \frac{\rho_n(\mathbf{r}_n) \cdot \rho_e(\mathbf{r}_e)}{|\mathbf{r}_e - \mathbf{r}_n|} \cdot d\tau_e \cdot d\tau_n,$$

wobei die Integrationen über das Kernvolumen sowie über den Raum der zum Feld am Kernort beitragenden Kernumgebung auszuführen sind.

Der Faktor $1/|\mathbf{r}_e - \mathbf{r}_n|$ läßt sich in Kugelflächenfunktionen entwickeln:

(314)
$$\frac{1}{|\mathbf{r}_e - \mathbf{r}_n|} = 4\pi \sum_{l=0}^{\infty} \sum_{m=-l}^{+l} \frac{1}{2l+1} \cdot \frac{r_<^l}{r_>^{l+1}} \cdot Y_{lm}^*(\theta_n, \varphi_n) \cdot Y_{lm}(\theta_e, \varphi_e).$$

Diese Gleichung ist eine mathematische Identität. Das Symbol $r_<$ bedeutet, daß von r_e und r_n der jeweils kleinere Wert einzusetzen ist, und $r_>$ bedeutet entsprechend, daß der größere Wert zu nehmen ist. l bedeutet die Multipolordnung der Wechselwirkung.

Experimente zur elektromagnetischen Wechselwirkung

Das Glied mit $l = 0$ nennt man auch die (2^0)- oder Monopolwechselwirkung, das Glied mit $l = 1$ die (2^1)- oder Dipolwechselwirkung und das Glied mit $l = 2$ die (2^2)- oder Quadrupolwechselwirkung usw.

Das Monopol-Glied läßt sich in sehr guter Näherung unter Verwendung einer punktförmigen Kernladung berücksichtigen. In dieser Näherung berechnet man üblicherweise die Energieeigenwerte des Atoms. Die endliche Kerngröße liefert eine Korrektur in der Größenordnung der Hyperfeinstrukturaufspaltung der optischen Terme. Wir werden später (siehe Experiment ⑧⑧) sehen, daß es gelungen ist, diesen Effekt experimentell zu beobachten. Dort werden wir deshalb das Monopol-Glied der Coulomb-Energie weiter entwickeln.

Wir hatten außerdem bereits erwähnt, daß das Dipol-Glied verschwindet, da die Atomkerne kein statisches elektrisches Dipol-Moment haben.

Wir beschränken uns deshalb im folgenden auf das Quadrupol-Glied der Entwicklung, d.h. das Glied $l = 2$.

Dieses Glied lautet:

$$W_e(l=2) = -\frac{e^2}{5\epsilon_0} \cdot \sum_{m=-2}^{+2} \int r_n^2 \cdot Y_{2m}^*(\theta_n, \varphi_n) \cdot \rho_n \cdot d\tau_n \cdot$$

(315)

$$\cdot \int \frac{1}{r_e^3} Y_{2m}(\theta_e, \varphi_e) \cdot \rho_e \cdot d\tau_e.$$

Hierbei wurde $r_> = r_e$ und $r_< = r_n$ gesetzt und die Integration über den Raum der Elektronen auf den Außenraum des Kerns beschränkt*.

---

*Daß diese Näherung gut ist, ist nicht trivial. Der wesentliche Anteil der Elektronendichte im Innern des Atomkerns kommt von den s-Elektronen. Es ist jedoch ein weitverbreiteter Irrtum anzunehmen, daß die kugelsymmetrische Ladungsverteilung der s-Elektronen keinen Feldgradienten erzeugt, denn aus der Poisson-Gleichung:

$$\Delta V = \frac{\rho}{\epsilon_0}, \text{ oder } V_{xx} + V_{yy} + V_{zz} = \frac{\rho}{\epsilon_0}$$

Fortsetzung der Fußnote* auf Seite 460

Experimente zur elektromagnetischen Wechselwirkung

Unser Wechselwirkungsoperator W_e besteht aus Produkten aus jeweils zwei Faktoren, von denen der erste nur auf die Kernwellenfunktionen und der zweite nur auf die Wellenfunktionen der Umgebung wirkt.

Der Kernoperator lautet:

(316) $$q_m^{(2)} = e \cdot \int r_n^2 \cdot Y_{2m}^*(\theta_n, \varphi_n) \cdot \rho_n \cdot d\tau_n.$$

Man nennt diesen Operator auch den elektrischen Quadrupoloperator. Er ist ein sogenannter sphärischer Tensor-Operator, m charakterisiert die fünf sphärischen Komponenten*. Der Zusammenhang mit dem spektroskopischen Quadrupol-Moment Q_I, das wir oben (s. Seite 192) bereits eingeführt hatten, ist folgender:

(317) $$Q_I = \frac{1}{e} \cdot \left(\frac{16\pi}{5}\right)^{1/2} \cdot \langle I, m = I \mid q_0^{(2)} \mid I, m = I \rangle.$$

Setzt man nämlich den Operator $q_0^{(2)}$ ein, so erhält man unter Berücksichtigung, daß:

$$Y_{20} = \left(\frac{5}{16\pi}\right)^{1/2} \cdot (3\cos^2\theta_n - 1),$$

---

* Die sphärischen Tensor-Operatoren spielen eine wichtige Rolle in der Quantenmechanik. Sie sind deshalb in allen Lehrbüchern der Quantenmechanik ausführlich behandelt, z.B. in Messiah: Quantenmechanics, North-Holland Publishing Company, Amsterdam 1963, S. 569.

Fortsetzung der Fußnote* von Seite 459

folgt z.B. für die Stelle $r = 0$ wegen der Rotationssymmetrie $V_{xx} = V_{yy} = V_{zz}$ und damit für den elektrischen Feldgradienten:

$$V_{xx} = \frac{\rho}{3\epsilon_0}; \ V_{yy} = \frac{\rho}{3\epsilon_0} \ \text{und} \ V_{zz} = \frac{\rho}{3\epsilon_0}.$$

Da dieser Feldgradient rotationssymmetrisch ist, liefert er keinen Beitrag zur Hyperfeinstrukturaufspaltung der optischen Terme, wohl dagegen zur absoluten Energie der Terme.

den Ausdruck:

$$Q_I = \langle II \mid (3\cos^2\theta_n - 1) \cdot \rho_n \cdot r_n^2 \mid II \rangle,$$

oder mit $z_n = r_n \cdot \cos\theta_n$:

(318) $\quad Q_I = \langle II \mid (3 z_n^2 - r_n^2)_p \mid II \rangle.$

Dies ist aber genau die oben eingeführte Definition des spektroskopischen Quadrupol-Moments.

Der zweite Faktor des Wechselwirkungsoperators, der auf die Wellenfunktion der Kernumgebung wirkt, lautet:

(319) $\quad V_m^{(2)} = -\dfrac{e}{4\pi\epsilon_0} \cdot \int \dfrac{1}{r_e^3} \cdot Y_{2m}(\theta_e, \varphi_e) \cdot \rho_e \cdot d\tau_e.$

Man nennt ihn auch den elektrischen Feldgradienttensor. Er ist ebenfalls in sphärischen Koordinaten dargestellt.

Die Transformationsgleichungen in kartesische Koordinaten lauten allgemein:

(320)
$$V_0^{(2)} = \frac{1}{4} \cdot \left(\frac{5}{\pi}\right)^{1/2} \cdot V_{zz}.$$
$$V_{\pm 1}^{(2)} = \frac{1}{2} \cdot \left(\frac{5}{6\pi}\right)^{1/2} \cdot (V_{xz} \pm i \cdot V_{yz}),$$
$$V_{\pm 2}^{(2)} = \frac{1}{4} \cdot \left(\frac{5}{6\pi}\right)^{1/2} \cdot (V_{xx} - V_{yy} \pm 2i V_{xy})$$

oder wenn das kartesische Koordinatensystem das Hauptachsensystem bildet:

(321)
$$V_0^{(2)} = \frac{1}{4} \cdot \left(\frac{5}{\pi}\right)^{1/2} \cdot V_{zz},$$
$$V_{\pm 1}^{(2)} = 0,$$
$$V_{\pm 2}^{(2)} = \frac{1}{4} \cdot \left(\frac{5}{6\pi}\right)^{1/2} \cdot (V_{xx} - V_{yy}) = \frac{1}{4} \cdot \left(\frac{5}{6\pi}\right)^{1/2} \cdot \eta \cdot V_{zz}.$$

Man nennt:

(322) $$\eta = \frac{V_{xx} - V_{yy}}{V_{zz}}$$

auch den Axialasymmetrie-Parameter des elektrischen Feldgradienten. Viele Kristallgitter von niedriger Symmetrie produzieren axialsymmetrische Feldgradienten am Kernort.

Unter Verwendung dieser beiden Tensor-Operatoren lautet der Wechselwirkungsoperator insgesamt:

(323) $$W_e = \frac{4\pi}{5} \cdot \sum_{m=-2}^{+2} q_m^{(2)} \cdot V_m^{(2)}.$$

Wir wollen nun die Energieeigenwerte für den Spezialfall freier Atome berechnen.

Der Drehimpuls der Hülle sei J und der Drehimpuls des Kerns I, und es gilt für den Gesamtdrehimpuls:

$$F = I + J.$$

Dann kann man nach einem Satz der Quantenmechanik das Matrix-Element des Produkts zweier sphärischer Tensor-Operatoren mit Hilfe des Produkts reduzierter Matrix-Elemente ausdrücken und die Richtungsabhängigkeit in einen Zahlenfaktor abspalten, der nur die Spin-Quantenzahlen enthält:

$$\langle FIJ | \sum_m q_m^{(2)} V_m^{(2)} | FIJ \rangle = (-1)^{I+J-F} \cdot (2I+1)^{1/2} \cdot$$

$$\cdot (2J+1)^{1/2} \cdot W(IJIJ, F2) \times \langle I \| q^{(2)} \| I \rangle \cdot \langle J \| V^{(2)} \| J \rangle.$$
(324)*

In dieser Gleichung bedeutet $W(IJIJ, F2)$ einen sogenannten Racah-Koeffizienten, eine algebraische Funktion der Drehimpuls-

---

*Siehe z.B. Rose: Elementary Theory of Angular Momentum, Seite 115ff., Gleichungen 6.16 und 6.22.

quantenzahlen. Da diese algebraische Funktion recht kompliziert ist, findet man die Racah-Koeffizienten tabelliert.

Die reduzierten Matrix-Elemente sphärischer Tensoren sind durch das Wigner-Eckart-Theorem definiert*:

$$\langle IM \mid T_q^{(k)} \mid I'M' \rangle = \frac{1}{(2I+1)^{1/2}} \cdot \langle I'\, kM'\, q \mid IM \rangle \cdot \langle I \parallel T^{(k)} \parallel I' \rangle$$
(325)

Die Richtungsabhängigkeit ist in den Faktor $\langle I'\, kM'\, q \mid IM \rangle$ abgespalten. Man nennt diese algebraische Funktion von Drehimpulsquantenzahlen auch Vektoradditionskoeffizient oder Clebsch-Gordan-Koeffizient**.

Man kann nun in Gleichung 324 die beiden reduzierten Matrix-Elemente mit Hilfe des elektrischen Quadrupol-Moments Q_I und des elektrischen Feldgradienten der Atomhülle am Kernort $\langle V_{zz} \rangle$ in folgender Weise ausdrücken:

Es war:

$$Q_I = \frac{4}{e} \cdot \left(\frac{\pi}{5}\right)^{1/2} \cdot \langle II \mid q_0^{(2)} \mid II \rangle.$$

---

* Das Wigner-Eckart-Theorem wird in allen Lehrbüchern der Quantenmechanik behandelt, z.B. in Messiah: Quantenmechanics, North Holland Publ. Comp. Amsterdam 1965, Seite 573.

** Diese Koeffizienten findet man z.B. tabelliert in: „Tables of the Clebsch-Gordan-Coefficients", Science Press, Peking 1965. Der Name Vektoradditionskoeffizient rührt von der folgenden Definition der Clebsch-Gordan-Koeffizienten her: es sei $I_i = I_f + L$, dann läßt sich die Wellenfunktion $\mid I_i\, m_i \rangle$ nach Produktwellenfunktionen $\mid I_f\, m_f \rangle \cdot \mid LM \rangle$ entwickeln:

(326) $$\mid I_i\, m_i \rangle = \sum_{m_f M} \mid I_f\, m_f \rangle \cdot \mid LM \rangle \cdot \langle I_f L\, m_f M \mid I_i\, m_i \rangle.$$

Die Entwicklungskoeffizienten sind die Clebsch-Gordan-Koeffizienten. Große Sorgfalt ist auf die Beachtung der Reihenfolge der Indizes in den Clebsch-Gordan-Koeffizienten zu verwenden; denn in der Literatur findet man häufig den durch Gl. 326 definierten Koeffizienten in der Form geschrieben: $\langle I_f\, m_f\, LM \mid I_i\, m_i \rangle$.

464 *Experimente zur elektromagnetischen Wechselwirkung*

Oder unter Verwendung des Wigner-Eckart-Theorems erhält man:

(327) $Q_I = \frac{4}{e} \cdot \left(\frac{\pi}{5}\right)^{1/2} \cdot \frac{1}{(2I+1)^{1/2}} \cdot \langle I\, 2\, I\, 0 | I\, I \rangle \cdot \langle I \| q^{(2)} \| I \rangle.$

Entsprechend erhalten wir mit $V_0^{(2)} = \frac{1}{4} \cdot \left(\frac{5}{\pi}\right)^{1/2} \cdot V_{zz}$:

$$\langle V_{zz} \rangle = \langle JJ | V_{zz} | JJ \rangle$$

$$= 4 \cdot \left(\frac{\pi}{5}\right)^{1/2} \cdot \langle JJ | V_0^{(2)} | JJ \rangle$$

und wieder unter Verwendung des Wigner-Eckart-Theorems:

$\langle V_{zz} \rangle = 4 \cdot \left(\frac{\pi}{5}\right)^{1/2} \cdot \frac{1}{(2I+1)^{1/2}} \cdot \langle J\, 2\, J\, 0 | J\, J \rangle \cdot \langle J \| V^{(2)} \| J \rangle.$
(328)

Wir können nun die reduzierten Matrix-Elemente in der Wechselwirkungsenergie (Gleichung 324) eliminieren und erhalten:

$\langle FIJ | W_e | FIJ \rangle = \frac{4\pi}{5} \cdot (-1)^{I+J-F} \cdot (2I+1) \cdot (2J+1) \cdot$

$\frac{5}{16\pi} \cdot e \cdot Q_I \langle V_{zz} \rangle \times W(IJIJ, F2) \cdot \frac{1}{\langle I\, 2\, I\, 0 | I\, I \rangle \cdot \langle J\, 2\, J\, 0 | J\, J \rangle}$

$= \frac{e}{4} \langle V_{zz} \rangle \cdot Q_I \cdot \frac{(2I+1) \cdot (2J+1) \cdot W(IJIJ, F2)}{\langle J\, 2\, J\, 0 | J\, J \rangle \cdot \langle I\, 2\, I\, 0 | I\, I \rangle}$

(329)

Setzt man die algebraischen Ausdrücke für den Racah-Koeffizienten und die Clebsch-Gordan-Koeffizienten ein, so läßt sich der Ausdruck noch weiter reduzieren zu:

$\langle FIJ | W_e | FIJ \rangle = \frac{e}{4} Q_I \cdot \langle V_{zz} \rangle \cdot$

(330) $\cdot \frac{\frac{3}{2} C(C+1) - 2I \cdot (I+1) \cdot J \cdot (J+1)}{I(2I-1) \cdot J(2J-1)}$

Experimente zur elektromagnetischen Wechselwirkung

mit:

$$C = F(F+1) - I(I+1) - J(J+1).$$

Diese Formel wurde zuerst von Casimir 1935* hergeleitet.

Es sei noch erwähnt, daß sich der Operator der elektrischen Quadrupolwechselwirkung auch direkt mit Hilfe der Drehimpulsoperatoren darstellen läßt**:

$$(W_{el})_{op} = \frac{e}{4} Q_I \cdot \langle V_{zz} \rangle \cdot \frac{\frac{3}{2}\left(2 \cdot \frac{I \cdot J}{\hbar^2}\right) \cdot \left(2\frac{I \cdot J}{\hbar^2} + 1\right) - 2\frac{I^2 \cdot J^2}{\hbar^4}}{I \cdot (2I-1) \cdot J \cdot (2J-1)}.$$
(331)

Für freie Atome reduziert sich dieser Ausdruck unter Verwendung von $\mathbf{F} = \mathbf{I} + \mathbf{J}$ zu:

$$(W_{el})_{op} = \frac{e}{4} Q_I \cdot \langle V_{zz} \rangle \cdot$$

$$\cdot \frac{\frac{3}{2} \cdot \left(\frac{F^2}{\hbar^2} - \frac{I^2}{\hbar^2} - \frac{J^2}{\hbar^2}\right) \cdot \left(\frac{F^2}{\hbar^2} - \frac{I^2}{\hbar^2} - \frac{J^2}{\hbar^2} + 1\right) - 2 \cdot \frac{I^2 \cdot J^2}{\hbar^4}}{I \cdot (2I-1) \cdot J \cdot (2J-1)}.$$
(332)

Man erkennt sofort, daß die Eigenwerte dieses Operators mit dem Ergebnis unserer Rechnung (Gleichung 330) identisch sind.

Wir können nunmehr die Gesamtenergie eines Hyperfeinstrukturterms in der Form darstellen:

$$W_F = W_J + A \cdot \frac{C}{2} + B \cdot \frac{\frac{3}{4}C \cdot (C+1) - I(I+1) \cdot J(J+1)}{2I \cdot (2I-1) \cdot J(2J-1)}$$
(333)

mit:

$$C = F(F+1) - I(I+1) - J \cdot (J+1)$$

---
*Casimir, Physica 2, 719 (1955).
**Kusch and Hughes, H.d.Physik XXXVII, S. 81ff. (1959).

und:

$$A = - \frac{\mu \cdot \langle H_0 \rangle}{I \cdot J} \quad \text{und} \quad B = e Q \cdot \langle V_{zz}(0) \rangle.$$

Hierin bedeutet W_J die Termenergie ohne Hyperfeinstrukturwechselwirkung.

Abgesehen von den Drehimpulsquantenzahlen wird das gesamte Hyperfeinstrukturtermschema allein durch die beiden Konstanten A und B bestimmt. Bei der Analyse eines experimentell beobachteten Hyperfeinstrukturspektrums werden diese beiden Konstanten durch eine Ausgleichsrechnung ermittelt. Eine Tabellierung der durch ungeheuer umfangreiche optische Messungen gewonnenen Hyperfeinstrukturkonstanten A und B findet man z.B. in den Landolt-Börnstein-Tabellen (6.Auflage I, 1 (1952)), die von Brix und Kopfermann zusammengestellt wurden.

Bei freien Atomen ist die Wellenfunktion der Elektronenhülle recht gut bekannt. Insbesondere kennt man auch die radialen Wellenfunktionen aufgrund von Hartree-Fock-Rechnungen* sehr gut. Man kann deshalb heute das Magnetfeld $\langle H_0 \rangle$ und den elektrischen Feldgradienten $\langle V_{zz}(0) \rangle$ für die meisten Atome berechnen. Die Genauigkeit ist allerdings nur mäßig. Dies liegt daran, daß die von den äußeren, in nicht abgeschlossenen Schalen befindlichen Elektronen hervorgerufenen Felder die inneren Schalen polarisieren. Dadurch werden vor allem für die elektrischen Feldgradienten kräftige Korrekturen (Sternheimer-Effekt) notwendig, die sich bis heute nur schlecht berechnen lassen.

Die Methoden zur Berechnung von $\langle H_0 \rangle$ und $\langle V_{zz}(0) \rangle$ bei freien Atomen sind z.B. von Kopfermann**, von Watson und Freeman*** und von Moser**** ausführlich beschrieben worden.

---

*Selbstkonsistentes Näherungsverfahren zur Berechnung von Wellenfunktionen in der Atomhülle.

**Kopfermann: Kernmomente, Akademische Verlagsgesellschaft, Frankfurt 1956, Seite 104 - 147.

***Watson and Freeman in Freeman and Frankel: Hyperfine Interactions, Academic Press, N.Y. - London 1967.

****Moser im gleichen Buch.

Eine neuere Tabelle der gemessenen magnetischen Dipolmomente, elektrischen Quadrupolmomente und der Spins der Atomkerne in ihren Grundzuständen findet man z.B. in Goldring and Kalish: Hyperfine Interactions in Excited Nuclei, Gordon and Breach 1971, Vol. 4, p. 1255 ff., und im Anhang von Karlsson and Wäppling: Hyperfine Interactions Studied in Nuclear Reactions and Decay, Almqvist + Wiksell International, Stockholm 1975. In der zuletzt genannten Tabelle ist zu jedem zitierten Meßresultat die Methode angegeben, mit der das Ergebnis gewonnen wurde. Man entnimmt dieser Tabelle, daß die optischen Hyperfeinstrukturuntersuchungen heute an Bedeutung verloren haben. In sehr vielen Fällen gelang es, die Kernmomente mit Methoden der Hochfrequenzspektroskopie zu bestimmen. Diese Methoden sind den optischen Messungen im allgemeinen durch ihre höhere Meßgenauigkeit überlegen.

Wir haben bereits einige Hochfrequenzmethoden kennengelernt:

Die Methode der Kernresonanz (NMR = Abkürzung für Nuclear Magnetic Resonance) wurde bereits bei der Beschreibung der Messung des magnetischen Moments des Protons (Experiment (17)) ausführlich diskutiert. Diese Methode hat bei sehr vielen Kernen zu exakten Werten der magnetischen Momente geführt. Nicht zugänglich sind dieser Methode die stabilen Atomkerne im Gebiet der Seltenen Erden, da hier die $4f$-Elektronenschale durch ihr starkes Magnetfeld am Kernort stört.

Die Molekularstrahlradiofrequenz-Methode mit Hilfe einer Rabi-Apparatur wurde am Beispiel der Messung des elektrischen Quadrupolmoments des Deuterons (Experiment (27)) beschrieben.

Schließlich gehört auch die im Experiment (18) geschilderte Messung des magnetischen Moments des Neutrons in das Gebiet der Hochfrequenzspektroskopie.

Bevor wir uns mit der Systematik der Resultate beschäftigen, wollen wir einige weitere experimentelle **Methoden behandeln:**

Die normalen NMR-Messungen, die an flüssigen oder festen Proben in einem äußeren Magnetfeld durchgeführt werden, setzen makroskopische Substanzmengen voraus. Sie sind deshalb auf stabile Atomkerne oder radioaktive Atomkerne sehr großer Halbwertszeit beschränkt. Da man die direkte Wechselwirkung mit dem äußeren Feld und keine Hyperfeinstrukturwechselwirkung beobachtet, erhält man keine Aussage über das elektrische Quadrupolmoment. Man könnte daran denken, zur Messung der elektrischen Quadrupolmomente das Magnetfeld durch ein äußeres elektrisches Feld mit einem starken Feldgradienten zu ersetzen. Dieses Verfahren scheitert jedoch daran, daß man keine hinreichend großen elektrischen Feldgradienten mit makroskopischen technischen Hilfsmitteln erzeugen kann. Alle bisherigen Messungen statischer elektrischer Quadrupolmomente von Atomkernen verwenden ausschließlich die hohen elektrischen Feldgradienten, die von den eigenen Atomhüllen in freien Atomen, Ionen oder Molekülen, oder vom Kristallfeld eines festen Körpers am Kernort erzeugt werden. Die Genauigkeit der Bestimmung von elektrischen Quadrupolmomenten ist deshalb in jedem Fall durch die Unsicherheit in der Berechnung dieser Felder beschränkt.

Das wichtigste Verfahren zur Messung von Quadrupolmomenten stabiler und radioaktiver Atomkerne mit Halbwertszeiten bis herunter zu etwa einigen Minuten ist die Methode der Atomstrahlradiofrequenz-Spektroskopie. Dieses Verfahren ist gleichzeitig auch das wichtigste Verfahren zur Messung der magnetischen Momente der radioaktiven Atomkerne.

(55) Präzisionsmessungen der Hyperfeinstruktur an freien Atomen durch Methoden der Atomstrahlradiofrequenz-Spektroskopie

Lit.: Kusch and Hughes, Atomic and Molecular Beam Spectroscopy in
   Handbuch der Physik XXXVII 1, 1 (1959)
Wessel and Lew, Phys.Rev. 92, 641 (1953)
Fricke, Z.f.Physik 141, 166 (1955)
Hobson, Hubbs, Nierenberg, Silsbee, and Sunderland, Phys.Rev. 104, 101 (1956)
Ramsey, Phys.Rev. 78, 695 (1950)

Experimente zur elektromagnetischen Wechselwirkung

Bei dieser Methode beobachtet man elektromagnetische Übergänge an freien Atomen, die sich durch ein homogenes äußeres Magnetfeld bewegen, unter der Wirkung eines äußeren Hochfrequenzfeldes. Das Prinzip ist das gleiche, das auch bei der Messung des elektrischen Quadrupolmoments des Deuterons angewendet wurde. Um die Anwendungsmöglichkeiten in vollem Umfange zu erfassen, ist es wichtig, die Aufspaltung der Hyperfeinstrukturterme des Atoms unter der Wirkung des äußeren Feldes zu berechnen.

Der Operator der Gesamtenergie des Atoms im Magnetfeld H_a lautet (s. Gleichungen 331 und 333):

$$H_{op} = H_{atom} + H_{Kern} + A \cdot \frac{\mathbf{I} \cdot \mathbf{J}}{\hbar^2} + B \cdot \frac{1}{4} \cdot$$

$$\cdot \frac{\frac{3}{2}\left(2\frac{\mathbf{I} \cdot \mathbf{J}}{\hbar^2}\right)\left(2\frac{\mathbf{I} \cdot \mathbf{J}}{\hbar^2}+1\right) - 2 \cdot \frac{\mathbf{I}^2 \mathbf{J}^2}{\hbar^4}}{I \cdot (2I-1) \cdot J(2J-1)} - g_J \cdot \mu_B \cdot \frac{\mathbf{J} \cdot \mathbf{H}_a}{\hbar} - g_I^* \cdot \mu_B \cdot \frac{\mathbf{I} \cdot \mathbf{H}_a}{\hbar}$$

(334)*

Die Berechnung der Energieeigenwerte wird durch den Umstand erschwert, daß die Matrix

$$\langle F, m_F | H_{op} | F', m_F' \rangle$$

nicht diagonal ist. Die allgemeine Lösung der Säkulargleichung, die diese Matrix diagonalisiert, läßt sich nicht in geschlossener Form darstellen. Man ist darauf angewiesen, die Diagonalisierung mit Hilfe einer elektronischen Rechenmaschine durchzuführen.

Für einige Spezialfälle lassen sich die Eigenwerte jedoch in geschlossener Form angeben:

1. Im Grenzfall ganz schwacher Magnetfelder tritt noch keine Entkopplung der Hyperfeinstrukturwechselwirkung ein, F bleibt eine gute Quantenzahl, und man erhält analog zum Zeeman-Effekt die Energieeigenwerte:

$$W(F, m_F) = W_F - \langle IJF m_F | g_J \mu_B \frac{\mathbf{J} \cdot \mathbf{H}_a}{\hbar} + g_I^* \cdot \mu_B \frac{\mathbf{I} \cdot \mathbf{H}_a}{\hbar} | IJF m_F \rangle$$

$$= W_F - g_F \cdot \mu_B \cdot m \cdot H_0$$

---

*In der Atomphysik ist es üblich, den Kern-g-Faktor genauso wie den Hüllen-g-Faktor auf das Bohrsche Magneton zu beziehen. Es gilt deshalb:

$$g_I = g_I^* \cdot \frac{m_p}{m_e} \cdot$$

mit

(335)*
$$g_F = g_J \cdot \frac{F(F+1) + J(J+1) - I(I+1)}{2F \cdot (F+1)} +$$
$$+ g_I^* \cdot \frac{F(F+1) + I(I+1) - J(J+1)}{2F \cdot (F+1)}.$$

2. Im Grenzfall starker Magnetfelder tritt eine vollständige Entkopplung von I und J ein, und man erhält analog zum Paschen-Back-Effekt**:

(336) $W(m = m_I + m_J, m_I, m_J) = W_J - g_J \mu_B \, m_J \, H_a - g_I^* \mu_B \, m_I \, H_a + A \cdot m_I \, m_J$.

3. Im Übergangsgebiet mittlerer Felder lassen sich die Eigenwerte geschlossen darstellen, wenn $J = 1/2$ ist und damit die Quadrupolwechselwirkung verschwindet. Man erhält in diesem Fall die sogenannte „Breit-Rabi"-Formel***:

$$W(F, m) = W_J - \frac{\Delta W}{2(2I+1)} - g_I^* \, \mu_B \, m H_a \pm \frac{\Delta W}{2} \cdot \sqrt{1 + \frac{4m}{2I+1} x + x^2},$$
(337)

wobei das positive Vorzeichen für $F = I + 1/2$ und das negative für $F = I - 1/2$ gilt. Es ist ferner:

$$x = -\frac{(g_J - g_I^*) \, \mu_B \cdot H_a}{\Delta W}$$

mit

$$\Delta W = \frac{A}{2} \cdot (2I + 1).$$

ΔW ist also die Hyperfeinstrukturaufspaltung ohne äußeres Magnetfeld zwischen den beiden Zuständen mit $F = I + 1/2$ und $F = I - 1/2$.

Figur 147 zeigt die Aufspaltung der Hyperfeinstrukturterme für den speziellen Fall $J = 1/2$ und $I = 3/2$ als Funktion des äußeren Magnetfeldes.

---

* Diese Formel läßt sich leicht in völliger Analogie zur Herleitung des Landé-Faktors in der Atomphysik gewinnen. Man findet Ableitungen in jedem Lehrbuch der Atomphysik oder Quantentheorie (s. auch Seite 482).

** Der Paschen-Back-Effekt wird in jedem Lehrbuch der Atomphysik oder der Quantentheorie behandelt.

***Breit and Rabi, Phys.Rev. 38, 2082 (1931).

Experimente zur elektromagnetischen Wechselwirkung

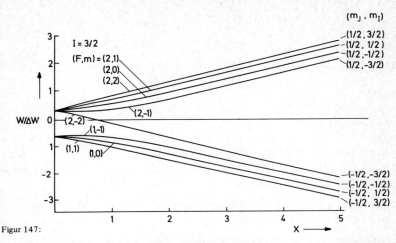

Figur 147:

Aufspaltung der Hyperfeinstrukturterme für den Spezialfall $J = 1/2$ und $I = 3/2$ als Funktion der Stärke des äußeren Magnetfelds. Zur Definition von x siehe Gleichung 337.

Bei schwachen Magnetfeldern hat man die gewöhnliche Zeeman-Aufspaltung der Terme. Die Messung von magnetischen Dipolübergängen liefert einmal Werte für g_F; zum anderen läßt sich durch Messungen bei verschieden starken Magnetfeldern sehr exakt auf $H_a = 0$ extrapolieren und damit die Hyperfeinstrukturaufspaltung ausmessen. Aus den Konstanten A und B der Hyperfeinstrukturaufspaltung erhält man über berechnete Werte der inneren Felder $\langle H_0 \rangle$ und $\langle V_{zz}(0) \rangle$ das magnetische Moment und elektrische Quadrupolmoment des Atomkerns.

Eine direkte Berechnung des Kern-g-Faktors g_I^* und damit des magnetischen Moments des Kerns aus gemessenen Werten von g_F ist im allgemeinen nicht möglich, denn man muß berücksichtigen, daß g_I^* um drei Größenordnungen kleiner als g_J ist und damit g_F bis auf einige Zehntel Promille gleich g_J ist. Die Ableitung von g_I^* aus g_F setzt deshalb eine ungeheure Meßgenauigkeit voraus. Frequenzen lassen sich zwar mit hinreichender Genauigkeit messen; andererseits ist jedoch im Gebiet des schwachen Feldes die Zeeman-Aufspaltung direkt der Feldstärke H_a proportional. Man hätte deshalb unerfüllbare Anforderungen an die Homogenität und zeitliche Stabilität von H_a zu stellen. Man kann jedoch ausnutzen, daß bei mittleren Magnetfeldern mehrere Zeeman-Komponenten Minima oder Maxima zeigen. Die Energie der Übergänge zwischen solchen Zeeman-Komponenten ist dann weitgehend unabhängig vom Magnetfeld, und eine direkte g-Faktor-Messung wird durchführbar. Besonders geeignet für die direkte Messung von g_I-Faktoren ist der Vergleich eines Übergangs:

$$\Delta F = 1; \quad \Delta m = 1 \qquad (m_2 \to m_1)$$

mit dem entsprechenden Übergang:

$$\Delta F = 1; \quad \Delta m = -1 \qquad (m_1 \to m_2),$$

denn aus der Breit-Rabi-Formel folgt, daß die Energiedifferenz dieser beiden Übergänge die Größe hat:

(338) $\qquad \Delta E = h \cdot (\nu_1 - \nu_2) = -2 g_I^* \cdot \mu_B \cdot H_a.$

Alle übrigen Glieder verschwinden exakt, und die Aufspaltung dieses Dubletts ist direkt proportional zum Kern-g-Faktor.

Viele direkte Messungen von g_I-Faktoren sind auf diese Weise durchgeführt worden, und man spricht auch von der Dublett-Methode.

Schließlich erlaubt auch eine Beobachtung von Übergängen bei starkem Magnetfeld mit $\Delta m_J = 0$ und $\Delta m_I = \pm 1$ eine direkte Messung von g_I.

Die Atomstrahlradiofrequenz-Spektroskopie hat ihre große Bedeutung dadurch erlangt, daß viele technische Weiterentwicklungen immer mehr Atomkerne der Messung zugänglich gemacht haben. Im folgenden werden die wichtigsten dieser Entwicklungen beschrieben. Einen ausführlichen Übersichtsartikel über das Gesamtgebiet findet man im Handbuch der Physik XXXVII/1 von Kusch und Hughes.

Jede Atomstrahlradiofrequenz-Apparatur (Rabi-Apparatur) besteht, wie bereits im Experiment ㉗ beschrieben, aus dem Atomstrahlofen, zwei Magneten (A und B), die ein inhomogenes Magnetfeld erzeugen, einem Magneten (C) mit einem homogenen Magnetfeld, in dem der Radiofrequenzübergang durch Einstrahlung von Hochfrequenz induziert wird, und einem Atomstrahldetektor. Figur 148 zeigt schematisch die Anordnung. In den Magneten A und B wird der Atomstrahl durch die Wechselwirkung des magnetischen Moments mit dem inhomogenen Magnetfeld abgelenkt. Nur wenn im C-Feld ein Dipolübergang stattgefunden hat, gelangt der Strahl auf den Detektor.

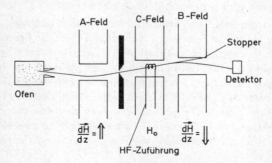

Figur 148: Schematische Darstellung einer Rabi-Apparatur.

Experimente zur elektromagnetischen Wechselwirkung

Ein entscheidender Fortschritt war die Entwicklung eines universellen Detektors, der im Gegensatz zu dem früher hauptsächlich verwendeten Langmuir-Taylor-Detektor (Langmuir and Kingdom, Proc.Roy.Soc., London 21, 380 (1923) und Taylor, Zeitschrift für Physik 57, 242 (1929)) für alle stabilen Atome in gleicher Weise anwendbar ist. Er wurde von Wessel und Lew und von Fricke beschrieben. Das Prinzip ist folgendes (s. Figur 149):

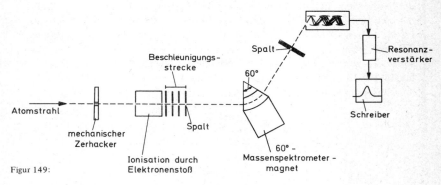

Figur 149: Universaldetektor für eine Atomstrahlresonanz-Apparatur.

Der Atomstrahl wird mechanisch zerhackt und dann in einer Kammer, die sich auf positiver Hochspannung befindet, durch intensiven Beschuß mit niederenergetischen Elektronen ionisiert. Er durchläuft dann eine elektrostatische Beschleunigungsstrecke und einen Massenspektrometermagneten, der so eingestellt ist, daß das zu untersuchende Isotop auf den Austrittsspalt des Spektrometers fokussiert wird. Dort erfolgt der Nachweis über einen offenen Sekundärelektronenvervielfacher. Das Zerhacken des Strahls dient zur Diskriminierung vom Untergrund; der nachfolgende Resonanzverstärker verstärkt nur die Frequenzkomponente, die in Resonanz mit der Zerhackerfrequenz ist. Der komplizierteste Teil dieses Detektors ist der Ionisierer. Die Schwierigkeit liegt darin, eine hohe Ionisationsausbeute des Atomstrahls zu erzielen. Eine moderne Ausführung ist in einer Arbeit von Giglberger und Penselin (Zeitschrift für Physik 199, 244 (1967)) beschrieben.

Bei Untersuchung kurzlebiger radioaktiver Isotope benutzt man als Detektor die Radioaktivität selbst. Dieses Verfahren ist vor allem von Nierenberg und Mitarbeitern entwickelt und inzwischen auf sehr viele Isotope angewendet worden. Ein Beispiel einer solchen Messung ist die oben zitierte Arbeit von Hobson et al. Diese Messungen gehen so vor sich, daß man an der Detektorposition für jeweils einige Minuten einen Auffänger einschleust, der die Strahlung sammelt; danach wird die Probe herausgenommen und die Aktivität gemessen. Die Frequenz des HF-Senders wird in Schritten variiert und nach jedem Schritt der Detektorstrom durch Sammeln der Teilchen auf

474 *Experimente zur elektromagnetischen Wechselwirkung*

einem Auffänger und Ausmessen der Aktivität bestimmt. Das Verfahren wird auf diese Weise sehr langwierig, bis man die Resonanz gefunden hat. In der Ausmessung der Resonanz selbst erhält man jedoch die gleiche Genauigkeit wie bei stabilen Kernen.

Die direkte Messung von Kern-g-Faktoren ohne den Umweg über die Hyperfeinstrukturwechselwirkung erfordert, wie oben gezeigt wurde, eine besonders hohe Genauigkeit in der Messung der Resonanzfrequenz. Die Meßgenauigkeit ist im allgemeinen durch die Breite der Resonanzkurve begrenzt. Da die Lebensdauer der Hyperfeinstrukturterme sehr groß ist, so lange es sich um Atome im Grundzustand handelt, ist die natürliche Breite der Resonanzkurve nicht durch die Lebensdauer der Niveaus, sondern die Zeit, die für die HF-Übergänge zur Verfügung steht, bestimmt. Man erhält sie aufgrund der Heisenbergschen Unbestimmtheitsrelation aus dieser Zeit ΔT zu:

(339) $$\Delta \nu = \frac{1}{2\pi \Delta T} \cdot *$$

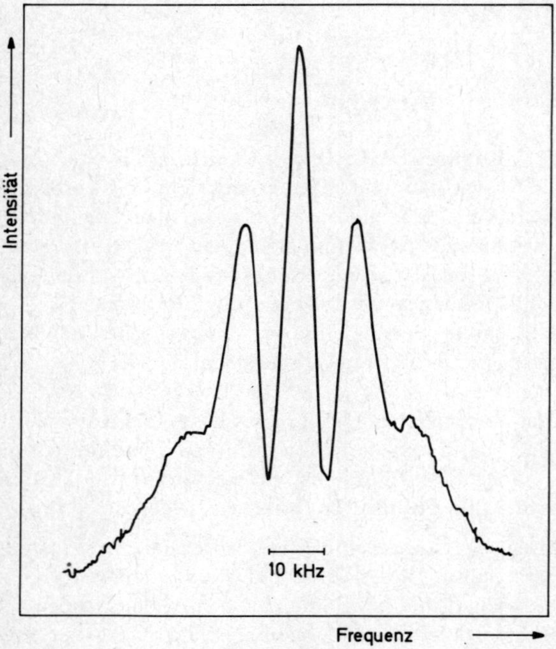

Figur 150:

„Ramsey-Resonanzkurve" beim $(F = 1, m = 0) \to (F = 0, m = 0)$-Übergang am ^{107}Ag. Dieses Diagramm ist der Arbeit von Dahmen und Penselin, Z.f.Physik, 200, 456 (1967), entnommen.

---

*Die Heisenbergsche Unbestimmtheitsrelation lautet $\Delta E \cdot \Delta T = \hbar$, und man ersetzt $\Delta E = h \cdot \Delta \nu$ und erhält für $\Delta \nu$: $\Delta \nu = \frac{1}{2\pi \Delta T} \cdot$

Experimente zur elektromagnetischen Wechselwirkung 475

Um ΔT groß zu machen, führt man im allgemeinen das HF-Feld dem ganzen Inneren des C-Magneten zu. Die Zeit ΔT ist dann durch die Laufzeit des Atomstrahls durch den C-Magneten bestimmt. Eine entscheidende Verbesserung wurde von Ramsey entdeckt. Er zeigte theoretisch, daß man eine bessere Auflösung erzielt, wenn man das HF-Feld auf zwei schmale Zonen am Anfang und am Ende des C-Magneten beschränkt. Anstelle einer breiten Resonanzkurve erhält man dann einen schmaleren Resonanz-peak mit mehreren Nebenmaxima auf beiden Seiten. Die Theorie des Zustandekommens der Ramsey-Resonanzkurve ist kompliziert. Anschaulich bedeutet das erste Nebenmaximum, daß die Atome bei dieser Verstimmung der Frequenz auf dem Weg von der ersten HF-Spule zur zweiten gerade eine Larmor-Präzession mehr oder weniger ausgeführt haben, als die HF volle Perioden durchlaufen hat, so daß die Wechselwirkungen der HF-Felder beider Spulen in gleicher Phase erfolgen und damit „konstruktiv" interferieren.

Das Ramsey-Verfahren ist in vielen Fällen mit großem Erfolg angewendet worden. Figur 150 zeigt als Beispiel eine experimentell gewonnene „Ramsey-Resonanzkurve" beim $(F = 1, m = 0) \rightarrow (F = 0, m = 0)$-Übergang am ^{107}Ag. Diese Figur ist einer Arbeit von Dahmen und Penselin (Zeitschrift für Physik 200, 456 (1967)) entnommen, in der das magnetische Kernmoment von ^{107}Ag unter Anwendung der Dublett-Methode direkt gemessen wurde.

Von den zahlreichen weiteren speziellen Verfahren, die in den letzten Jahren zur Messung der Momente der Atomkerne in den Grundzuständen entwickelt worden sind, haben wohl die Verfahren der dynamischen Kernausrichtung die größte Bedeutung. Besonders bekannt wurde die von Feher eingeführte ENDOR-Methode. Der Name ENDOR ist die Abkürzung für „Electron Nuclear Double Resonance":

56 Das ENDOR-Verfahren (Elektron-Kern-Doppelresonanz) und die dynamische Kernausrichtung

Lit.: Overhauser, Phys.Rev. 92, 411 (1953)
Feher, Phys.Rev. 103, 500 (1956)
Feher and Gere, Phys.Rev. 103, 501 (1956)
Feher, Phys.Rev. 103, 834 (1956)
Nierenberg and Lindgren: Measurement of Spins and Moments of Groundstates of Radioactive Nuclei, in Siegbahn: Alpha-, Beta-, and Gamma-Ray-Spectroscopy, North Holland. Publ. Comp., Amsterdam (1956), Chapt. XX

Experimente zur elektromagnetischen Wechselwirkung

Wir hatten bei der Diskussion des Wu-Experiments die Probleme der statischen Kernausrichtung kennengelernt. Die statische Kernausrichtung gelingt durch Ausrichtung der Atomhülle in einem äußeren Magnetfeld bei hinreichend tiefen Temperaturen über die magnetische Hyperfeinstrukturkopplung der Kernspins an die Atomhülle. Eine dynamische Kernausrichtung gelingt dadurch, daß man das thermodynamische Gleichgewicht von Atomen in einem äußeren Magnetfeld durch Elektronenspinresonanzübergänge stört. Dies wurde zuerst von Overhauser gezeigt (Overhauser-Effekt).

Man baut die zu untersuchenden Atome als Störatome in einen nicht paramagnetischen Kristall ein. Zur Erläuterung des Verfahrens betrachten wir den besonders einfachen Spezialfall, daß sowohl der Elektronenspin der Störstelle J als auch der Kernspin I den Wert 1/2 haben. Zwischen beiden Spins wirkt die magnetische Hyperfeinstrukturwechselwirkung. In einem äußeren Magnetfeld werden die Hyperfeinstrukturterme entsprechend der Breit-Rabi-Formel (s. Seite 470) aufgespalten. Das Aufspaltungsbild ist in Figur 151 dargestellt. Durch Einstrahlung von Mikrowellen der Frequenz ν_e gelingt es, Übergänge zwischen den Termen A' und A hervorzurufen. Die Beobachtung der Resonanz geschieht nach den gleichen Verfahren, die bei der Behandlung des Kernresonanzverfahrens (s. Seite 107ff.) ausführlich beschrieben wurden.

Man arbeitet bei so tiefer Temperatur (ungefähr 1°K), daß im thermischen Gleichgewicht der Term A' merklich stärker besetzt ist als der Term A. Der Unterschied in der Besetzung von A' und B' bzw. A und B ist sehr viel klei-

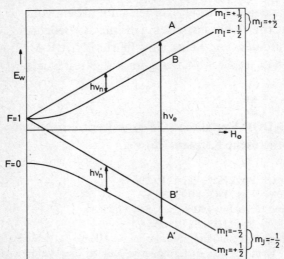

Figur 151:

Aufspaltung der Hyperfeinstrukturterme für den Spezialfall $J = 1/2$ und $I = 1/2$ in einem äußeren Magnetfeld als Funktion der Magnetfeldstärke, entsprechend der Breit-Rabi-Formel.

ner wegen des geringeren Energieabstands. Die Einstrahlung von ν_e stört das thermische Gleichgewicht. Bei hinreichend hoher HF-Leistung werden die induzierten elektromagnetischen Absorptions- und Emissionsübergänge mit $\Delta E = h\nu_e$ zahlreicher als die strahlungslosen Übergänge durch thermische Wechselwirkung mit dem Gitter – man nennt diese letztgenannten Prozesse auch Spingitterrelaxation –, und man nähert sich dem Grenzfall der sogenannten Sättigung. Bei Sättigung ist die Besetzung von A' und A gleich. Bei allen HF-Resonanzexperimenten macht sich die Annäherung an die Sättigung dadurch bemerkbar, daß das empfangene Signal immer kleiner wird. Die Ursache liegt darin, daß bei exakter Gleichbesetzung der Terme A und A' der Emissionsprozeß und der Absorptionsprozeß exakt gleich wahrscheinlich werden, so daß die Dämpfung des HF-Oszillators entfällt und andererseits auch der makroskopische Magnetisierungsvektor der Probe verschwindet, mit dem man bei der Induktionsmethode die Resonanz nachweist*.

Wenn man den $A' - A$-Übergang gesättigt hat, hat man gleichzeitig einen merklichen Unterschied in der Besetzung von A' und B' bzw. auch von A und B erzielt. Es ist jetzt nämlich B' merklich stärker als A' besetzt und entsprechend A stärker als B. Man kann dies auch so ausdrücken, daß die beiden Hyperfeinstrukturkomponenten $m_I = +1/2$ und $m_I = -1/2$ des $m_J = -1/2$ Terms und in entsprechender Weise auch des $m_J = +1/2$ Terms verschieden besetzt sind, was eine Kernausrichtung in diesen beiden Termen bedeutet.

Man kann nun diese verschiedenen Besetzungen ausnutzen, um Kernresonanzübergänge durch gleichzeitige Einstrahlung der Frequenzen ν'_n bzw. ν_n durchzuführen.

Zum Nachweis dieser Kernspinübergänge beobachtet man das Elektronenspinresonanzsignal des $\Delta E = h\nu_e$ Übergangs. Wenn nämlich z.B. ν'_n mit hinreichender Amplitude eingestrahlt wird, erhöht sich wieder die Besetzung von A' und wird damit von der Besetzung von A verschieden, und das Elektronenspinresonanzsignal vergrößert sich. Genauso läßt sich auch die Resonanzfrequenz ν_n bestimmen, die nach der Breit-Rabi-Formel von ν'_n etwas verschieden ist. Exakt ergibt die Breit-Rabi-Formel für diesen Unterschied:

(340) $$h(\nu' - \nu) = a(1 + x^2)^{1/2} - a \cdot x + 2 g_I^* \mu_B \cdot H.$$

Eine Messung von ν' und ν erlaubt deshalb eine direkte Messung des Kern-g-Faktors ohne den Umweg über das nur ungenau bekannte Hyperfeinstrukturfeld.

---

*Eine ausführliche Darstellung der theoretischen Zusammenhänge findet man in Kopfermann: Kernmomente, Akademische Verlagsgesellschaft 1956, S. 266ff.

Die erste erfolgreiche Messung dieser Art gelang Feher 1956 (Phys.Rev. 103, 834) an dem Isotop ^{31}P. Als Probe wurde ein mit Phosphor dotierter Silizium-Kristall verwendet. Bei einem äußeren Magnetfeld von 3133 Gauß betrug die Elektronenspinresonanzfrequenz:

$$\nu_e = 8824 \text{ MHz}.$$

Zur Beobachtung des Elektronenspinresonanzsignals wurde das Magnetfeld mit 100 Hz mit kleiner Amplitude um die Resonanz herum moduliert, dann wurde zusätzlich ν_n eingestrahlt. Diese Frequenz wurde langsam variiert, bis die Kernresonanz sich durch eine Vergrößerung des Elektronenspinresonanzsignals anzeigte. Feher konnte auf diese Weise sowohl ν_n als auch ν'_n bestimmen und daraus den Kern-g-Faktor von ^{31}P:

$$g_I = 2{,}265 \pm 0{,}004$$

ableiten. In diesem Falle war der Kern-g-Faktor auch schon durch normale Kernresonanz bestimmt worden.

Es zeigte sich jedoch, daß das ENDOR-Verfahren bis heute viele Fälle erschlossen hat, die anderen Verfahren nicht zugänglich sind. Hervorgehoben seien folgende Gesichtspunkte:

1. Da die Elektronenspinresonanz schon bei winzigen Substanzmengen meßbare Signale liefert (die Signale sind wegen des günstigeren Verhältnisses von e/m sehr viel größer als bei der Kernresonanz), sind radioaktive Kerne diesem Verfahren zugänglich.

2. Es gelang mit dem ENDOR-Verfahren, auch bei einigen seltenen Erden direkte g-Faktormessungen durchzuführen. Es wurde oben erwähnt, daß die starken Hyperfeinstrukturfelder der nicht abgeschlossenen $4f$-Elektronenschale das normale NMR-Verfahren bei den seltenen Erden unmöglich macht.

Eine direkte g-Faktormessung war besonders wertvoll, da sie durch Vergleich mit der Hyperfeinstrukturaufspaltung, die sich bei Elektronenspinresonanzmessungen beobachten läßt, eine direkte Information über die absolute Größe des Magnetfeldes der $4f$-Schale am Kernort liefert.

Ein anderes interessantes Verfahren der dynamischen Kernausrichtung über die Hyperfeinstrukturkopplung ist das sogenannte optische Pumpen*. Hier ersetzt man die HF-Übergänge zwischen Zee-

---

*Brossel and Kastler, Compt.Rend. 229, 1213 (1949).
Kastler, J.Opt.Soc.Am. 47, 460 (1957).

man-Termen durch optische Übergänge zwischen optischen Termen des Atoms. Die Übergänge werden durch Einstrahlung von polarisiertem Resonanzlicht induziert. Es sei hier auf eine eingehendere Darstellung dieser noch sehr in der Entwicklung stehenden Technik verzichtet, und zum eingehenderen Studium sei auf einen kürzlichen Übersichtsartikel von Jeffries (Jeffries: Dynamical Orientation of Nuclei, in Matthias and Shirley: Hyperfine Structure and Nuclear Radiation, North Holland Publ.Comp., Amsterdam 1968, S. 775) hingewiesen.

Wir wollen uns nun mit den Ergebnissen der Bestimmung der Drehimpulse, magnetischen Dipolmomente und elektrischen Quadrupolmomente der stabilen und radioaktiven Atomkerne beschäftigen. Dieses umfangreiche empirische Beobachtungsmaterial liefert uns einige klare direkte Aussagen darüber, wie die Kerne aufgebaut sind, und wir kommen so zu einer Erweiterung des Bildes von der Struktur der zusammengesetzten Kerne, das wir zunächst aus der Systematik der Kernbindungsenergien abgeleitet hatten (s. Seite 165 bis 186).

Folgende empirische Gesetzmäßigkeiten über die Spins der Atomkerne in den Grundzuständen gelten ausnahmslos:

1. Alle gg-Kerne haben den Spin $I = 0$.
2. Alle Kerne mit gerader Massenzahl haben einen ganzzahligen Spin.
3. Alle Kerne mit ungerader Massenzahl haben einen halbzahligen Spin.

Kombiniert man diese Aussagen mit dem Resultat aus der Systematik der Kernbindungsenergien, daß Paare gleichartiger Nukleonen besonders kräftig gebunden sind, so ist es naheliegend, aus der ersten Gesetzmäßigkeit die Folgerungen zu ziehen, daß die Nukleonen in den Grundzuständen der Atomkerne Paare mit antiparallelem Drehimpuls bilden. Dieser Ansatz hat zur Folge, daß alle gg-Kerne nur aus Paaren bestehen und damit der Gesamtspin verschwindet.

Alle Kerne mit ungerader Massenzahl bestehen nach diesem Ansatz aus $(A - 1)/2$ Paaren plus einem „unpaarigen" Nukleon. Dieses

„unpaarige" Nukleon wäre damit Träger des gesamten Drehimpulses des Kerns. Er setzt sich noch aus dem Bahndrehimpuls und dem Eigendrehimpuls dieses Nukleons zusammen. Aus der Tatsache, daß für den gg-Kern mit dem Spin auch das magnetische Moment verschwinden muß, folgt, daß im Rahmen dieses einfachen Ansatzes das unpaarige Nukleon auch allein für das magnetische Moment verantwortlich ist. Bei den uu-Kernen koppeln in entsprechender Weise die Spins und magnetischen Momente der beiden unpaarigen Nukleonen zum Gesamtspin und zum gesamten magnetischen Moment.

Ob dieses einfache Kernmodell, das man auch das extreme Einteilchenmodell (extreme single particle model) nennt, richtig ist, läßt sich dadurch prüfen, daß man in diesem Modell die magnetischen Momente berechnet und mit den empirischen Daten vergleicht.

Das magnetische Moment des unpaarigen Nukleons setzt sich aus dem mit dem Bahndrehimpuls l verbundenen Moment:

(341) $$\mu_l = g_l \cdot \frac{l}{\hbar} \cdot \mu_k$$

und dem Eigenmoment

(342) $$\mu_s = g_s \cdot \frac{s}{\hbar} \cdot \mu_k = \mu_s \cdot \frac{s}{s\hbar}$$

vektoriell zusammen. μ_k ist das Kernmagneton, und entsprechend seiner Definition gilt:

$$g_l(p) = 1 \quad \text{und} \quad g_l(n) = 0.$$

Aus den gemessenen Werten der magnetischen Eigenmomente von Neutron und Proton[*] folgt:

$$g_s(p) = 5{,}5855 \quad \text{und} \quad g_s(n) = -3{,}8256.$$

Man steht vor dem gleichen Problem wie bei der Berechnung des magnetischen Moments der Atomhülle: wegen der Verschiedenheit

---

[*] s. Seite 107 und Seite 115.

von g_l und g_s hat der magnetische Momentvektor $\mu_l + \mu_s$ nicht die gleiche Richtung wie der Drehimpulsvektor $\mathbf{I} = \mathbf{j} = \mathbf{l} + \mathbf{s}$. Wie in der Atomhülle definiert man als Vektor des mittleren magnetischen Moments einen Vektor in Richtung des Drehimpulsvektors durch die Beziehung:

(343) $$\mu = g \cdot \frac{\mathbf{I}}{\hbar} \cdot \mu_k = \mu_I \cdot \frac{\mathbf{I}}{I \cdot \hbar} \,,$$

wobei man die Eigenschaft fordert, daß die Wechselwirkungsenergie mit einem schwachen äußeren Magnetfeld gegeben ist durch:

$$E_m = -\langle \mu \cdot \mathbf{H} \rangle.$$

Wie aus der Atomphysik bekannt ist, gibt es einen skalaren, von Stärke und Richtung des Magnetfeldes unabhängigen Zahlenfaktor g, den Landéschen g-Faktor, der diese Forderung erfüllt und den Wert hat (s. auch Seite 468f.):

(344) $$g = g_l \cdot \frac{I(I+1) + l(l+1) - s(s+1)}{2I(I+1)} + g_s \cdot \frac{I(I+1) + s(s+1) - l(l+1)}{2I(I+1)} \,.$$

In unserem speziellen Fall ist $s = 1/2$, und I kann nur die Werte $I = l + 1/2$ oder $I = l - 1/2$ annehmen. Damit vereinfacht sich der Ausdruck für g zu:

(345) $$g = \frac{(2I-1)g_l + g_s}{2I}, \text{ für } I = l + \frac{1}{2}$$

und

(346) $$g = \frac{(2I+3)g_l - g_s}{2(I+1)}, \text{ für } I = l - \frac{1}{2}.$$

Für die magnetischen Momente $\mu_I = g \cdot I \cdot \mu_k$ erhält man damit schließlich:

für ein unpaariges Proton:

$$\mu_I = (I + 2{,}29) \cdot \mu_k \quad \text{für } I = l + \frac{1}{2}$$

(347)

$$\mu_I = \left(I - 2{,}29 \cdot \frac{I}{I+1}\right) \cdot \mu_k \quad \text{für } I = l - \frac{1}{2}$$

und für ein unpaariges Neutron:

$$\mu_I = -1{,}91\, \mu_k \quad \text{für } I = l + \frac{1}{2}$$

(348)

$$\mu_I = 1{,}91 \frac{I}{I+1} \cdot \mu_k \quad \text{für } I = l - \frac{1}{2}.$$

[Eine naive Herleitung des Landéschen g-Faktors verwendet das Modellbild des „Vektorgerüsts". Man geht davon aus, daß eine Kopplung zwischen l und s eine Präzession von l und s und damit auch von $\mu_l + \mu_s$ um I zur Folge hat. Im schwachen Magnetfeld präzediert außerdem I langsam um H. H soll so schwach sein, daß keine Entkopplung von l und s stattfindet, d.h., daß I eine gute Quantenzahl bleibt.

Exakt gilt für die Wechselwirkungsenergie

(349) $\quad E_m = -\langle (g_s \mathbf{s} + g_l \mathbf{l}) \cdot \mathbf{H} \rangle \cdot \dfrac{\mu_k}{\hbar}.$

Wegen der raschen Präzession von $g_s \mathbf{s} + g_l \mathbf{l}$ um I wird nur die Projektion in Richtung von I wirksam, und man führt den skalaren Landé-Faktor, g, durch die Beziehung ein:

(350) $\quad \langle (g_s \mathbf{s} + g_l \mathbf{l}) \cdot \mathbf{I} \rangle = \langle g \mathbf{I} \cdot \mathbf{I} \rangle$

oder

(351) $\quad g = \dfrac{g_s \cdot \langle \mathbf{s} \cdot \mathbf{I} \rangle + g_l \langle \mathbf{l} \cdot \mathbf{I} \rangle}{\langle \mathbf{I}^2 \rangle}.$

Mit den Eigenwerten:

$$\langle \mathbf{s} \cdot \mathbf{I} \rangle = \frac{1}{2} \{ I(I+1) + s(s+1) - l(l+1) \} \cdot \hbar^2,$$

$$\langle \mathbf{l} \cdot \mathbf{I} \rangle = \frac{1}{2} \{ I(I+1) + l(l+1) - s(s+1) \} \cdot \hbar^2 \quad *$$

und

$$\langle \mathbf{I}^2 \rangle = I(I+1) \cdot \hbar^2$$

erhält man für den g-Faktor:

$$g = g_l \cdot \frac{I(I+1) + l(l+1) - s(s+1)}{2I(I+1)} + $$

$$+ g_s \cdot \frac{I(I+1) + s(s+1) - l(l+1)}{2I(I+1)}.$$

Es sei noch bemerkt, daß die strenge Herleitung des Landéschen g-Faktors tiefere Kenntnisse über die Quantenmechanik des Drehimpulses erfordert. Daß die Komponente des Vektors $\mu_s + \mu_l$ in Richtung von $\mathbf{I}$ ausreicht, um im schwachen Magnetfeld die magnetische Wechselwirkung vollständig zu beschreiben, ist insbesondere eine Folge des Wigner-Eckart-Theorems der Quantenmechanik. Zum eingehenderen Studium sei auf die Entwicklung des g-Faktors in Messiah: Quantum Mechanics, North Holland Publ.Comp., Amsterdam 1965 II, S. 706 bis 708, hingewiesen.]

Wir wollen nun die gemessenen magnetischen Momente der Atomkerne mit ungerader Ordnungszahl (in den Grundzuständen) mit den Werten vergleichen, die das extreme Einteilchenmodell voraussagt.

---

*Aus:

$$\mathbf{l}^2 = (\mathbf{I} - \mathbf{s})^2 = \mathbf{I}^2 - 2\,\mathbf{I} \cdot \mathbf{s} + \mathbf{s}^2$$

folgt

$$\mathbf{I} \cdot \mathbf{s} = \frac{1}{2} \cdot \{ \mathbf{I}^2 + \mathbf{s}^2 - \mathbf{l}^2 \} \quad \text{usw.}$$

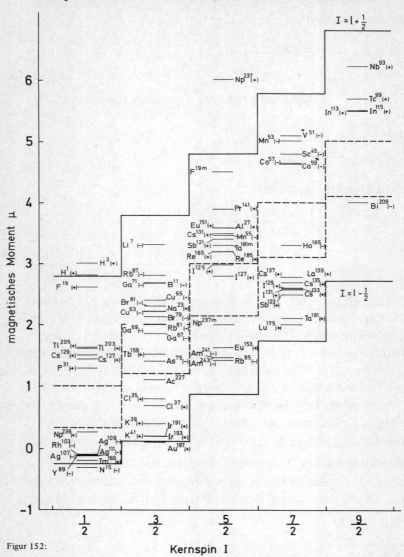

Figur 152:

Darstellung der magnetischen Momente der ug-Kerne im Schmidt-Diagramm. Die +- oder − -Zeichen hinter den Symbolen der Atomkerne bezeichnen die Parität des Niveaus. Das Diagramm ist dem Buch Preston: Physics of the Nucleus, Addison-Wesley Publ.Comp. 1965, entnommen.

Figur 152 zeigt diesen Vergleich für die Kerne mit ungerader Protonenzahl und Figur 153 mit ungerader Neutronenzahl. Die beiden

Experimente zur elektromagnetischen Wechselwirkung

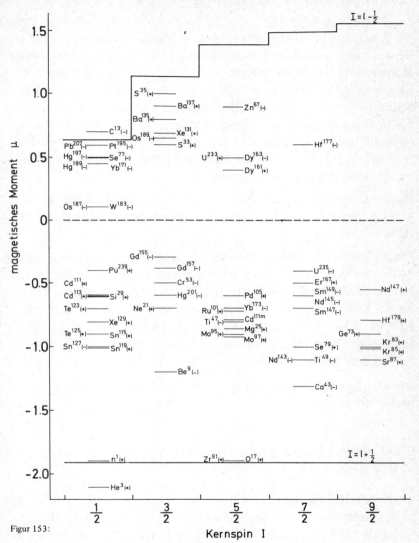

Figur 153:

Darstellung der magnetischen Momente der gu-Kerne im Schmidt-Diagramm. Diese Figur ist dem gleichen Buch von Preston entnommen.

voll ausgezogenen Kurven stellen die theoretischen Werte (Schmidt-Werte) für die beiden Möglichkeiten

$$I = l + \frac{1}{2} \quad \text{und} \quad I = l - \frac{1}{2}$$

dar. Man erkennt, daß praktisch alle Meßwerte innerhalb des durch die Schmidt-Werte begrenzten Bereichs liegen und daß bei den Kernen mit ungerader Protonenzahl auch der Anstieg der magnetischen Momente mit steigendem Kernspin richtig wiedergegeben wird. Es ist jedoch keineswegs so, daß die magnetischen Momente mit den Schmidt-Werten zusammenfallen, sondern es zeigt sich, daß eine breite Streuung der Werte zwischen den Schmidt-Werten beobachtet wird. Man muß daraus den Schluß ziehen, daß das extreme Einteilchenmodell eine gute erste Näherung darstellt, daß es jedoch die Feinheiten noch nicht richtig wiedergibt.

Das extreme Einteilchenmodell erlaubt auch, die Spins der Atomkerne in den Grundzuständen und den niedrigsten angeregten Zuständen vorauszusagen.

Die im folgenden entwickelten Überlegungen sind unter dem Namen Schalenmodell bekannt. Das Schalenmodell bildet heute die Grundlage zu allen Modellen über die Struktur der zusammengesetzten Kerne. Es wurde zuerst von Maria Goeppert-Mayer (Mayer, Phys. Rev. 75, 1969 (1949) und Phys.Rev. 78, 19 (1950)) und von Haxel, Jensen und Suess (Haxel, Jensen, and Suess, Phys.Rev. 75, 1766 (1949) und Zeitschrift für Physik 128, 295 (1950)) vorgeschlagen.

Die wichtigsten Voraussetzungen des Schalenmodells waren zunächst die folgenden:

1. Die mittlere freie Weglänge der Nukleonen im Atomkern ist groß gegenüber dem Kerndurchmesser.

2. Die Wechselwirkung eines Nukleons mit allen übrigen Nukleonen des Atomkerns kann durch ein mittleres statisches kugelsymmetrisches Potential beschrieben werden. Dieses statische **Potential** wird bei schweren Atomkernen näherungsweise durch ein Kastenpotential (entsprechend der Vorstellung des Tröpfchenmodells) und bei leichten Kernen durch ein Parabelpotential beschrieben; bei mittelschweren Kernen ist ein realistischer Potentialansatz ein Kastenpotential mit einer kontinuierlich übergehenden Randzone.

3. Gleichartige Nukleonen im Atomkern koppeln paarweise in gleichen Quantenzuständen mit antisymmetrischem Spin zusammen, so daß das unpaarige Nukleon bei ug- oder gu-Kernen bzw. die beiden unpaarigen Nukleonen bei uu-Kernen allein den gesamten Drehimpuls tragen. Der Systematik der Kernmassen und Kernbindungsenergien haben wir oben (Seite 165ff.) empirisch entnommen, daß die Kopplungsenergie dieser Paare bei etwa 1 MeV liegt.

Von diesen drei Hypothesen ist die erste besonders überraschend. Tatsächlich lag es vor allem an der Schwierigkeit einer theoretischen Begründung dieser Hypothese, daß es sehr lange gedauert hat, bis die Güte und die Bedeutung des Schalenmodells richtig erkannt und gewürdigt wurden.

Hier mag folgendes Argument zur Begründung dieser Hypothese genügen:

Wie wir im folgenden noch explizit sehen werden, liegen die im Schalenmodell berechneten Zustände der Nukleonen im allgemeinen mehrere 100 keV auseinander. Andererseits sind auch die Nukleonen im Atomkern im thermodynamischen Gleichgewicht mit der Materie der Umgebung*. Sie sind Fermionen, und für sie gilt deshalb die Fermi-Statistik für die Besetzungswahrscheinlichkeit der möglichen Zustände (s. Seite 98):

$$\overline{N}_k = \frac{1}{e^{\frac{\epsilon_k - \epsilon_F}{kT}} + 1}, \text{ mit } \sum_k{}' \overline{N}_k = N.$$

Das Übergangsgebiet zwischen den Besetzungswahrscheinlichkeiten $\overline{N}_k = 1$ und $\overline{N}_k = 0$ erstreckt sich über ein Energiegebiet in der Umgebung von ϵ_F von etwa der Ausdehnung $\epsilon_F - 2kT < \epsilon_k < \epsilon_F + 2kT$. Wenn sich die Umgebung auf Zimmertemperatur befindet, ist $kT \approx 1/40$ eV; dies hat zur Folge, daß die Fermi-Schwelle in den Atomkernen ganz scharf sein müßte; d.h., alle möglichen Zustände

---

*Die Wechselwirkung mit der Materie der Umgebung geschieht natürlich über die Atomhüllen, mit denen die Kerne durch das Coulomb-Feld und insbesondere auch durch die Hyperfeinstrukturwechselwirkung gekoppelt sind.

unterhalb der Fermi-Schwelle sind vollständig besetzt, und alle Zustände oberhalb der Fermi-Schwelle sind leer. Wenn ein Nukleon auf seiner Bahn im Inneren des Atomkerns eine Streuung an einem anderen Nukleon machen will, so besteht die Schwierigkeit, daß alle Bahnen, in die es hineingestreut werden könnte, schon besetzt sind. Die Fermi-Statistik verbietet damit Streuungen und hat auf diese Weise eine große mittlere freie Weglänge der Nukleonen im Kern zur Folge.

Wir wollen im folgenden die Eigenzustände und Energieeigenwerte unter den genannten Voraussetzungen berechnen. Wir beschränken uns zunächst auf die Neutronen, um die Komplikation durch das Coulomb-Feld zu vermeiden.

Der Hamilton-Operator eines einzelnen Neutrons lautet:

$$H = \frac{p^2}{2m} + V(r),$$

wobei im Falle (a) des Kastenpotentials der Ansatz gelten soll (s. Figur 154):

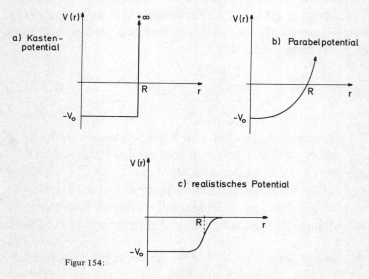

Figur 154:

Potentialansätze für das Schalenmodell der Atomkerne.

Experimente zur elektromagnetischen Wechselwirkung

(352) $\quad V(r) = -V_0 \quad$ für $r \leqslant R$, mit $V_0 \approx 40$ MeV*,
$\quad\quad\quad V(r) = +\infty \quad$ für $r \geqslant R$

und im Falle (b) des Parabelpotentials:

(353) $\quad V(r) = -V_0 \cdot \left(1 - \dfrac{r^2}{R^2}\right)$

oder wenn man eine Größe ω definiert durch $\dfrac{V_0}{R^2} = \dfrac{1}{2} m_N \omega^2$:

(354) $\quad V(r) = -V_0 + \dfrac{1}{2} m_N \omega^2 \cdot r^2$.

Es wäre natürlich realistischer, in beiden Fällen $V(r)$ für $r > R$ gleich Null zu setzen; die vorliegenden Ansätze haben jedoch den Vorteil, daß sie zu besonders einfachen analytischen Lösungen führen. Man macht andererseits keine großen Fehler, da die Wellenfunktion eines Nukleons im Gebiet $r > R$ ohnehin nur noch eine kleine Amplitude haben kann.

Die Teilchenbahnen sind Lösungen der Schrödinger-Gleichung:

$$H\psi = E\psi$$

oder

$$\Delta\psi + \dfrac{2m_N}{\hbar^2} \cdot (E - V(r)) \cdot \psi = 0.$$

Wir können das gleiche Verfahren zur Lösung anwenden, das ausführlich bei der Behandlung des Deuterons angewendet wurde** und erhalten für die Eigenfunktionen in sphärischen Polarkoordinaten:

(355) $\quad \psi = \psi_0 \cdot Y_l^m(\theta, \varphi) \cdot \dfrac{u_l(r)}{r}$,

wo $Y_l^m(\theta, \varphi)$ die bekannten Kugelflächenfunktionen (spherical harmonics) darstellen und die radialen Wellenfunktionen $u(r)$ die Lösungen der Radialgleichung:

---
*s. Seite 179ff.
**s. Seite 196ff.

Experimente zur elektromagnetischen Wechselwirkung

(356) $$\frac{d^2 u_l}{dr^2} + \frac{2m_N}{\hbar^2} \cdot \left\{ E - V(r) - \frac{\hbar^2 \cdot l(l+1)}{2m_N r^2} \right\} \cdot u_l(r) = 0$$

sind mit der Randbedingung, daß $u(0) = 0$ und $\lim_{r \to \infty} u(r) = 0$. Das letzte Glied in der Direktionskraft der Radialgleichung hat die Bedeutung des Potentials der Zentrifugalkraft*; l bedeutet die Bahndrehimpulsquantenzahl und m die magnetische Quantenzahl.

Im Falle (a) des Kastenpotentials lauten die Lösungen für $u_l(r)$:

(357) $$u_l(r) = r^{1/2} \cdot J_{l+\frac{1}{2}}(kr), \text{ mit } k = \sqrt{\frac{2m_N}{\hbar^2}(E + V_0)}.$$

Die Funktionen $J_{l+\frac{1}{2}}(kr)$ sind die gewöhnlichen Bessel-Funktionen. Man findet sie z.B. tabelliert in Jahnke-Emde, Tafeln höherer Funktionen, Teubner 1952, Seite 154ff. Nur für spezielle Werte von E, die Energieeigenwerte, erfüllt $u_l(r)$ die Randbedingung, daß $u_l(R) = 0$ und damit $u_l(r) = 0$ wird. Die Eigenwerte sind durch die Gleichung $r \to \infty$ bestimmt:

(358) $$J_{l+\frac{1}{2}}\left\{ R \cdot \sqrt{\frac{2m_N}{\hbar^2}(E_{Nl} + V_0)} \right\} = 0.$$

Bezeichnet man mit X_{Nl} die N-te Null-Stelle der Bessel-Funktion $J_{l+\frac{1}{2}}(x)$, so erhält man für die Energieeigenwerte

(359) $$E_{Nl} = -V_0 + \frac{\hbar^2}{2m_N R^2} \cdot X_{Nl}^2.$$

Auch die Null-Stellen der Bessel-Funktion findet man in der Jahnke-Emde-Tabelle.

Im Falle (b) des Parabelpotentials lauten die Lösungen für $u_l(r)$

(360) $$u_{Nl}(r) = r^{l+1} \cdot e^{-\frac{1}{2}\frac{M\omega}{\hbar} \cdot r^2} \cdot L^{l+\frac{1}{2}}_{\frac{1}{2}(N-l)}\left(\frac{M\omega}{\hbar} \cdot r^2 \right).$$

---

*s. auch Seite 200.

Experimente zur elektromagnetischen Wechselwirkung

Hierin bedeuten die Funktionen $L_n^a(x)$ die Laguerreschen Polynome (Laguerre polynomials):

(361) $$L_n^a(x) = \frac{\{\Gamma(n+a+1)\}^2}{n!\,\Gamma(a+1)} \cdot F(-n, a+1, x).$$

Hierin ist $\Gamma(x)$ die Gamma-Funktion, und F bedeutet die konfluente hypergeometrische Reihe. Beide Funktionen findet man ebenfalls in der Jahnke-Emde-Tabelle.

Für gerade N gibt es für l die Werte $0, 2 \ldots N$ und für ungerade N die Werte $1, 3 \ldots N$. Die Energieeigenwerte sind:

$$E_{Nl} = -V_0 + \left(N + \frac{3}{2}\right) \cdot \hbar\omega = -V_0 + \left(N + \frac{3}{2}\right)\hbar \cdot \sqrt{\frac{2V_0}{m_N R^2}}.$$
(362)

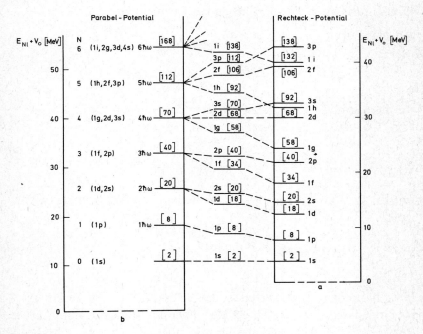

Figur 155:

Graphische Darstellung der Energieeigenwerte E_{Nl} für die speziellen Zahlenwerte $V_0 = 40$ MeV und $R = 7,5 \cdot 10^{-13}$ cm.

Die Energieeigenwerte E_{N1} sind für beide Potentialansätze in Figur 155 dargestellt. Die exakten Energien wurden für die speziellen Zahlenwerte berechnet:

$$V_0 = 40 \text{ MeV}$$

und

$$R = 7{,}5 \cdot 10^{-13} \text{ cm}.$$

Die zwischen a und b eingezeichneten Terme zeigen schematisch, wo die Terme etwa liegen würden, wenn man ein realistisches Potential verwendet, das zwischen diesen beiden Extremen liegt.

Beim Auffüllen der einzelnen Terme entsprechend der Fermi-Statistik hat man die m-Entartung und die Entartung aufgrund der beiden Spinzustände zu berücksichtigen. Die Zahl in eckigen Klammern über jedem Term gibt die Gesamtzahl der Neutronen an, die insgesamt in allen darunter liegenden Termen Platz haben.

Aus der Formel

$$R = R_0 \cdot A^{1/3} \qquad (R_0 = 1{,}48 \cdot 10^{-13} \text{ cm})$$

für die Kernradien folgt, daß unserem Zahlenbeispiel mit $R = 7{,}5 \cdot 10^{-13}$ cm eine Massenzahl von

$$A = 130$$

entspricht. Kerne dieser Massenzahl haben eine Neutronenzahl von etwa:

$$N = 75.$$

Es ist befriedigend festzustellen, daß 75 Neutronen die Terme unseres Modells (a) nur etwa bis 32 MeV über der Sohle des Potentialtopfes auffüllen. D.h., daß die Fermi-Schwelle noch etwa 8 MeV unterhalb der Ionisationsgrenze liegt und damit der Kern noch stabil gebunden wäre.

Experimente zur elektromagnetischen Wechselwirkung 493

Für die Protonenterme würde man natürlich ein ganz ähnliches Bild erhalten. Wegen der Coulomb-Abstoßung würden die Protonenterme lediglich alle etwas höher liegen. Da bei stabilen Kernen die Fermi-Schwellen für Protonen und Neutronen gleich hoch liegen müssen, folgt aus der Coulomb-Abstoßung der Protonen, daß $Z < N$.

Es ist interessant zu prüfen, ob die experimentell beobachteten „Schalenabschlüsse" bei den sogenannten magischen Nukleonenzahlen von unserem Termschema wiedergegeben werden. Wie auf Seite 171 erwähnt wurde, findet man empirische „Schalenabschlüsse" bei den Nukleonenzahlen

$$8, 20, 28, 50, 82 \text{ und } 126.$$

Ein Blick auf unser Termschema (Figur 155) zeigt, daß nur die „Schalenabschlüsse" 8 und 20 wiederzufinden sind. Die Abschlüsse höherer Schalen erscheinen bei anderen Nukleonenzahlen.

Mayer sowie Haxel, Jensen und Suess fanden 1949 empirisch, daß man die richtigen „Schalenabschlüsse" bei folgender Modifikation des Hamilton-Operators erhält:

Man nimmt zu dem skalaren Wechselwirkungspotential $V(r)$ ein Spin-Bahnkopplungsglied hinzu:

(363) $$H = \frac{\mathbf{p}^2}{2m} + V(r) + V'(r) \cdot \mathbf{l} \cdot \mathbf{s}.$$

In der Atomhülle existiert ein ähnliches Glied, das aufgrund der elektromagnetischen Wechselwirkung des magnetischen Eigenmoments des Elektrons mit dem Coulomb-Feld des Kerns zustandekommt. Es führt zur Feinstruktur der optischen Terme. Bei den Atomkernen kommt elektromagnetische Wechselwirkung allerdings als Ursache der Spin-Bahnkopplung nicht in Frage, da sie zu schwach wäre, um neben dem auf der Kernkraft beruhenden Potential $V(r)$ in Erscheinung zu treten. Wir wissen jedoch heute, daß die Nukleon-Nukleon-Kraft selbst einen Spin-Bahnterm enthält (s. auch Seite 268ff.), und man nimmt an, daß dieser Term wesentlich am Spin-Bahnterm des Kernpotentials beteiligt ist. Wir werden im letzten Kapitel über Experimente berichten (Experiment 80), die direkt

Experimente zur elektromagnetischen Wechselwirkung

nachweisen, daß der Spin-Bahnterm im Kernpotential tatsächlich existiert.

Behandelt man die Spinbahnwechselwirkung als kleine Störung, so erhält man unmittelbar die durch diese Wechselwirkung verursachte Änderung der Energieeigenwerte:

(364) $$\delta E(N, l, j) = \langle N, l, j | \, V'(r) \cdot \mathbf{l} \cdot \mathbf{s} \, | N, l, j \rangle$$

oder mit:

$$\mathbf{l} \cdot \mathbf{s} = \frac{1}{2} (\mathbf{j}^2 - \mathbf{l}^2 - \mathbf{s}^2)$$

und damit:

$$\mathbf{l} \cdot \mathbf{s} \, | Nlj \rangle = \frac{1}{2} \left\{ j(j+1) - l(l+1) - \frac{3}{4} \right\} | Nlj \rangle$$

erhält man:

$$\delta E(N, l, j) = \frac{1}{2} \left\{ j(j+1) - l(l+1) - \frac{3}{4} \right\} \cdot \langle Nlj | \, V'(r) \, | Nlj \rangle$$

(365) $$= \frac{1}{2} \left\{ j(j+1) - l(l+1) - \frac{3}{4} \right\} \cdot V'_{Nl}.$$

Die V'_{Nl} sind das Ergebnis der Integration über r unter Verwendung der radialen Wellenfunktionen $u_{Nl}(r)$. Setzt man für j die beiden Möglichkeiten $j = l + \frac{1}{2}$ und $j = l - \frac{1}{2}$ ein, so erhält man

$$\delta E\left(N, l, j = l + \frac{1}{2}\right) = + \frac{1}{2} \, l \cdot V'_{Nl}$$

und

$$\delta E\left(N, l, j = l - \frac{1}{2}\right) = - \frac{1}{2} (l+1) \cdot V'_{Nl}.$$

Jeder Schalenmodellzustand mit $l \neq 0$ spaltet also in zwei Zustände auf mit einem Energieabstand von insgesamt:

(366) $$\Delta E_{l \cdot s} = \delta E\left(j = l + \frac{1}{2}\right) - \delta E\left(j = l - \frac{1}{2}\right)$$

$$= \frac{1}{2} \cdot (2l+1) \cdot V'_{Nl}.$$

Experimente zur elektromagnetischen Wechselwirkung

Setzt man für $V'(r)$ genauso wie für $V(r)$ ein attraktives Potential an, so werden die V'_{N1} negativ und der Term $j = l + \frac{1}{2}$ liegt tiefer als der Term $j = l - \frac{1}{2}$. Der Faktor $(2l + 1)$ bewirkt, daß die Aufspaltung umso größer wird, je größer l ist.

Damit sich an den Zahlen der Schalenabschlüsse etwas ändert, muß man die Stärke der Spinbahnwechselwirkung so groß ansetzen, daß zumindest bei großem l die Aufspaltung in die Größenordnung der Schalenabstände kommt.

Figur 156 zeigt schematisch die Veränderung des Termschemas durch das Spinbahnglied. Auf der linken Seite der Figur ist zunächst das Termschema ohne Spinbahnglied für ein realistisches Potential zwischen Oszillator- und Kastenpotential dargestellt, und rechts daneben ist die Veränderung durch das Spinbahnglied berücksichtigt.

Wegen der niedrigen Bahndrehimpulse in den Oszillatorschalen $N = 0, N = 1$ und $N = 2$ ändert hier die Spinbahnaufspaltung noch nichts an der Schalenstruktur. Bei der Schale $N = 3$ ist die Spinbahnaufspaltung des $1f$-Terms ($l = 3$) jedoch schon so groß, daß der untere Term mit $j = l + \frac{1}{2} = \frac{7}{2}$ in die Mitte zwischen die $N = 2$ und $N = 3$ Terme fällt. Er bildet eine eigene Schale mit der magischen Nukleonenzahl 28.

In den folgenden Oszillator-Schalen $N = 4, 5$ und 6 ist die Spinbahnaufspaltung des jeweiligen Terms mit dem größten l bereits so groß, daß der $j = l + \frac{1}{2}$ Term in die nächst tiefere Schale hineinfällt. Ein einfaches Abzählen der Terme in den auf diese Weise veränderten Schalen führt exakt zu den richtigen magischen Zahlen:

$$8; 20; 28; 50; 82 \text{ und } 126.$$

Daß diese Zahlen auf diese Weise zwanglos herauskommen, ist allein schon ein starkes Argument für die Richtigkeit der dem Schalenmodell zugrunde liegenden Annahmen.

Das Schalenmodell macht nicht nur eine Voraussage für die Spins, sondern auch für die Paritäten der Grundzustände und tiefsten ange-

496 Experimente zur elektromagnetischen Wechselwirkung

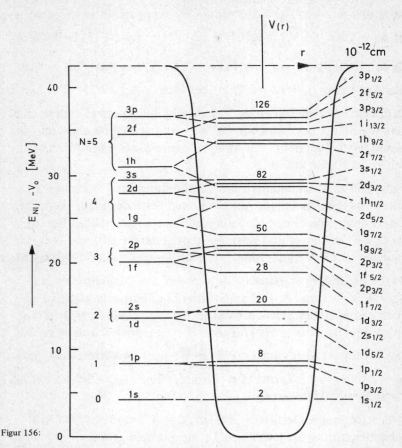

Figur 156:
Energieeigenwerte für ein Schalenmodell mit realistischem Potential. Die Gestalt des Potentialtopfs ist durch die ausgezogene Kurve dargestellt. Auf der linken Seite sind die Terme ohne Spinbahnaufspaltung und in der Mitte die Terme mit Spinbahnaufspaltung aufgezeichnet. Diese Figur ist dem Buch Burcham: „Nuclear Physics", Longmans 1963, entnommen.

regten Zustände der Atomkerne; denn aus den Symmetrieeigenschaften der Kugelflächenfunktionen $Y_{lm}(\theta, \varphi)$ folgt, daß alle Terme mit gerader Bahndrehimpulsquantenzahl l eine positive Parität haben, und mit ungerader Bahndrehimpulsquantenzahl eine negative Parität. Man entnimmt Figur 156, daß die 8er Schale negative Parität, die 20er Schale positive und die 28er Schale negative Parität haben. In der 50er Schale sind alle Terme von ungerader Parität bis auf den $g_{9/2}$ Term, der durch die Spinbahnaufspaltung von der

Experimente zur elektromagnetischen Wechselwirkung 497

nächst höheren Schale in diese Schale verschoben wurde. Entsprechend ist die Parität der 82er Schale positiv bis auf den $h_{11/2}$ Term und die Parität der 126er Schale negativ bis auf den $i_{13/2}$ Term.

Es gibt leider keine direkten Verfahren zur Messung der Paritäten der Kernniveaus. Man kennt jedoch viele mehr oder weniger indirekte Methoden, die dazu geführt haben, daß man die Paritäten der Kerne in den Grundzuständen heute fast ausnahmslos sicher kennt. Eine der unmittelbarsten Methoden zur Ableitung der Paritäten von Niveaus der gu-Kerne ist die Untersuchung der Winkelverteilung der (d,p)-„stripping"-Reaktionen, die diese Niveaus bevölkern. Aus der Winkelverteilung läßt sich der Bahndrehimpuls ableiten, mit dem das abgestreifte Neutron in den gg-Targetkern eingebaut wird. Dieses Verfahren wird im letzten Kapitel ausführlicher behandelt (Experiment (83)).

Nachdem wir das einfache Schalenmodell entwickelt haben, ist es interessant zu überprüfen, inwieweit die Voraussagen über Spins und Paritäten mit den beobachteten Werten übereinstimmen.

(57) Systematik der Spins, Paritäten und statischen Multipolmomente der Atomkerne mit ungerader Massenzahl und Vergleich mit dem Schalenmodell

Lit.: Nuclear Data Sheets
 Kopfermann: Kernmomente, Akademische Verlagsgesellschaft, Frankfurt 1956
 Preston, Physics of the Nucleus, Addison, Wesley Publ.Comp. 1962, S. 155ff.

Der Vergleich der experimentell bestimmten Spins und Paritäten der Atomkerne in den Grundzuständen mit den Voraussagen des Schalenmodells ist in Form von zwei Tabellen für ug- und gu-Kerne durchgeführt. Die ersten Spalten enthalten die empirischen Daten über Spins, Paritäten, magnetische Dipolmomente und elektrische Quadrupolmomente der Atomkerne. Dahinter folgt die Schalenmodellkonfiguration. Die Darstellung ist so gewählt, daß jeweils alle Zustände der noch nicht aufgefüllten Schale in der Reihenfolge ihrer Energien in den einzelnen Spalten aufgeführt werden, und für jeden einzelnen Atomkern wird angegeben, wie viele Nukleonen in jedem dieser

Tabelle 8

Vergleich gemessener Spins, Paritäten und Multipolmomente von ug-Kernen mit dem Schalenmodell*.

Isotop	Z	N	I	π	μ, [mn]	Q, [barns]	Neutronenkonfiguration			
							$1s_{1/2}$	$1p_{3/2}$	$1p_{1/2}$	
H^1	1	0	$\frac{1}{2}$	+	2.793		1			
H^3		2	$\frac{1}{2}$	+	2.979		1			
Li^7	3	4	$\frac{3}{2}$	−	3.256	∼−0.02	2	1		
B^{11}	5	6	$\frac{3}{2}$	−	2.689	0.05	2	3		
N^{15}	7	8	$\frac{1}{2}$	−	−0.283		2	4	1	
	8									
							$1d_{5/2}$	$2s_{1/2}$	$1d_{3/2}$	
F^{17}	9	8	$\frac{5}{2}$	+			1			
F^{19}		10	$\frac{1}{2}$	+	2.6273			1		
Na^{23}	11	12	$\frac{3}{2}$	+	2.2166	0.101	(3)			⎫
Al^{27}	13	14	$\frac{5}{2}$	+	3.641	0.149	(5)			⎬ deformierte Kerne
P^{31}	15	16	$\frac{1}{2}$	+	1.1307		(6)	(1)		⎭
Cl^{35}	17	18	$\frac{3}{2}$	+	0.8211	−0.079	6	2	1	
Cl^{37}		20	$\frac{3}{2}$	+	0.6840	−0.062	6	2	1	
K^{39}	19	20	$\frac{3}{2}$	+	0.391	0.11	6	2	3	
K^{41}		22	$\frac{3}{2}$	+	0.215	0.09	6	2	3	
	20									
							$1f_{7/2}$			
Sc^{45}	21	24	$\frac{7}{2}$	−	4.75	−0.22	1			
V^{51}	23	28	$\frac{7}{2}$	−	5.147	0.3	3			
Mn^{53}	25	28	$\frac{7}{2}$	−	5.050		5 ⎫			
Mn^{55}		30	$\frac{5}{2}$	−	3.46	0.55	5 ⎭	deformiert ?		
Co^{57}	27	30	$\frac{7}{2}$	−	4.65		7			
Co^{59}		32	$\frac{7}{2}$	−	4.64	0.5	7			
	28									
							$2p_{3/2}$	$1f_{5/2}$	$2p_{1/2}$	$1g_{9/2}$
Cu^{63}	29	34	$\frac{3}{2}$	−	2.22	−0.16	1			
Cu^{65}		36	$\frac{3}{2}$	−	2.38	−0.15	1			
Ga^{69}	31	38	$\frac{3}{2}$	−	2.01	0.19	3			
Ga^{71}		40	$\frac{3}{2}$	−	2.56	0.12	3			
As^{75}	33	42	$\frac{3}{2}$	−	1.44	0.3	3	2		
Br^{79}	35	44	$\frac{3}{2}$	−	2.10	0.33	3	4		
Br^{81}		46	$\frac{3}{2}$	−	2.26	0.28	3	4		
Rb^{81}	37	44	$\frac{3}{2}$	−	2.05		3	6		
Rb^{83}		46	$\frac{5}{2}$	−	1.42		4	5		
Rb^{85}		48	$\frac{5}{2}$	−	1.35	0.29	4	5		
Rb^{87}		50	$\frac{3}{2}$	−	2.74	0.14	3	6		
Y^{89}	39	50	$\frac{1}{2}$	−	−0.137		4	6	1	
Nb^{93}	41	52	$\frac{9}{2}$	+	6.145	−0.25	4	6	2	1

*Diese Tabelle ist dem Buch Preston: Physics of the Nucleus, Addison Wesley Publ.Comp. (1962), entnommen.

Experimente zur elektromagnetischen Wechselwirkung

Isotop	Z	N	I	π	μ,[mn]	Q,[barns]	Neutronenkonfiguration			
							$2p_{3/2}$	$1f_{5/2}$	$2p_{1/2}$	$1g_{9/2}$
Tc^{99}	43	56	9/2	+	5.5	0.3	4	6	2	3
Rh^{103}	45	58	1/2	−	−0.0879		4	6	1	6
Ag^{107}	47	60	1/2	−	−0.113		4	6	1	8
Ag^{109}		62	1/2	−	−0.13		4	6	1	8
Ag^{111}		64	1/2	−	−0.145		4	6	1	8
In^{109}	49	60	9/2	+	5.53	1.20	4	6	2	9
In^{113}		64	9/2	+	5.50	1.14	4	6	2	9
In^{115}		66	9/2	+	5.51	0.83	4	6	2	9
	50									

Isotop	Z	N	I	π	μ,[mn]	Q,[barns]	$1g_{7/2}$	$2d_{5/2}$	$1h_{11/2}$	$2d_{3/2}$	$3s_{1/2}$
Sb^{121}	51	70	5/2	+	3.343	−0.53		1			
Sb^{123}		72	7/2	+	2.53	−0.7	1				
I^{127}	53	74	5/2	+	2.79	−0.65	2	1			
I^{129}		76	7/2	+	2.60	−0.43	3				
I^{131}		78	7/2	+	2.6	−0.3	3				
Cs^{131}	55	76	5/2	+	3.48		4	1			
Cs^{133}		78	7/2	+	2.56	−0.003	5				
Cs^{135}		80	7/2	+	2.71		5				
Cs^{137}		82	7/2	+	2.82		5				
La^{139}	57	82	7/2	+	2.761	0.3	7				
Pr^{141}	59	82	5/2	+	3.92	−0.054	8	1			
Pm^{147}	61	86	5/2?	+			8	3			
Eu^{151}	63	88	5/2	+	~3.6	~1.2	8	5⎫ deformiert			
Eu^{153}		90	5/2	+	~1.5	~2.5	8	5⎭			
	64–78							deformierte Kerne			
Au^{197}	79	118	3/2	+	0.14	0.56	8	6	12	3	
Tl^{203}	81	122	1/2	+	1.596		8	6	12	4	1
Tl^{205}	81	124	1/2	+	1.612		8	6	12	4	1
	82										

Isotop	Z	N	I	π	μ,[mn]	Q,[barns]	$1h_{9/2}$	$2f_{7/2}$	$3p_{3/2}$	$2f_{5/2}$	$3p_{1/2}$	$1i_{13/2}$
Bi^{209}	83	126	9/2	−	4.040	−0.4	1					
At^{211}	85	126	9/2	−			3					
	>86						deformierte Kerne					

Tabelle 9

Vergleich gemessener Spins, Paritäten und Multipolmomente von gu-Kernen mit dem Schalenmodell*.

Isotop	N	Z	I	π	μ, [nm]	Q, [barns]	Neutronenkonfiguration		
n	1	0	$\frac{1}{2}$	+	−1.913		$1s_{1/2}$ $1p_{3/2}$ $1p_{1/2}$		
He^3		2	$\frac{1}{2}$	+	−2.127		1		
Be^9	5	4	$\frac{3}{2}$	−	−1.177	0.02	2	1	
C^{13}	7	6	$\frac{1}{2}$	−	0.702		2	4	1
	8								
							$1d_{5/2}$ $2s_{1/2}$ $1d_{3/2}$		
O^{17}	9	8	$\frac{5}{2}$	+	−1.894	−0.005	1		
Ne^{21}	11	10	$\frac{3}{2}$	+	−0.662		(3)		
Mg^{25}	13	12	$\frac{5}{2}$	+	−0.855	0.15	(5)		deformierte Kerne
Si^{29}	15	14	$\frac{1}{2}$	+	−0.555		(6)	(1)	
S^{33}	17	16	$\frac{3}{2}$	+	0.63	−0.06	6	2	1
S^{35}	19	16	$\frac{3}{2}$	+	1.00	0.06	6	2	3
	20								
							$1f_{7/2}$		
A^{39}	21	18	$\frac{7}{2}$	−			1		
Ca^{43}	23	20	$\frac{7}{2}$	−	−1.32		3		
Ti^{47}	25	22	$\frac{5}{2}$	−	−0.787		5	deformiert?	
Ti^{49}	27	22	$\frac{7}{2}$	−	−1.104		7		
	28								
							$2p_{3/2}$ $1f_{5/2}$ $2p_{1/2}$ $1g_{9/2}$		
Cr^{53}	29	24	$\frac{3}{2}$	−	−0.475		1		
Fe^{57}	31	26	$\frac{1}{2}$	−	|<0.05|		3?		
Ni^{61}	33	28	$\frac{3}{2}$	−	|<0.25|		3 2		
Zn^{65}	35	30	$\frac{5}{2}$	−			4 3		
Zn^{67}	37	30	$\frac{5}{2}$	−	0.874		4 5		
Zn^{69}	39	30	$\frac{1}{2}$	−			4 6 1		
Ge^{73}	41	32	$\frac{9}{2}$	+	−0.877	−0.2	4 6 2 1		
Se^{77}	43	34	$\frac{1}{2}$	−	+0.533	<0.002	4 6 1 4		
Se^{79}	45	34	$\frac{7}{2}$	+	−1.02	0.9	4 6 7(?)		
Kr^{83}	47	36	$\frac{9}{2}$	+	−0.967	0.22	4 6 2 7		
Sr^{87}	49	38	$\frac{9}{2}$	+	−1.09		4 6 2 9		
	50								
							$2d_{5/2}$ $1g_{7/2}$ $3s_{1/2}$ $2d_{3/2}$ $1h_{11/2}$		
Zr^{91}	51	40	$\frac{5}{2}$	+	−1.3		1		
Mo^{95}	53	42	$\frac{5}{2}$	+	−0.910		3		
Mo^{97}	55	42	$\frac{5}{2}$	+	−0.929		5		
Ru^{99}		44	$\frac{5}{2}$	+	−0.6		5		
Ru^{101}	57	44	$\frac{5}{2}$	+			5 2		

*Diese Tabelle ist dem Buch Preston: Physics of the Nucleus, Addison Wesley Publ.Comp. (1962), entnommen.

Isotop	N	Z	I π	μ, [nm]	Q, [barns]	Neutronenkonfiguration				
						$2d_{5/2}$	$1g_{7/2}$	$3s_{1/2}$	$2d_{3/2}$	$1h_{11/2}$
Pd^{105}	59	46	$\frac{5}{2}$ +	−0.57		5	4			
Cd^{109}	61	48	$\frac{5}{2}$ +			5	6			
Cd^{111}	63	48	$\frac{1}{2}$ +	−0.592		6	6	1		
Cd^{113}	65	48	$\frac{1}{2}$ +	−0.619		6	8	1		
Sn^{115}		50	$\frac{1}{2}$ +	−0.913		6	8	1		
Sn^{117}	67	50	$\frac{1}{2}$ +	−0.995		6	8	1	0	2
Sn^{119}	69	50	$\frac{1}{2}$ +	−1.041		6	8	1	0	4
Te^{123}	71	52	$\frac{1}{2}$ +	−0.732		6	8	1	0	6
Te^{125}	73	52	$\frac{1}{2}$ +	−0.887		6	8	1	0	8
Xe^{129}	75	54	$\frac{1}{2}$ +	−0.77		6	8	1	0	10
Xe^{131}	77	54	$\frac{3}{2}$ +	0.687	−0.12	6	8	2	1	10
Ba^{135}	79	56	$\frac{3}{2}$ +	0.832		6	8	2	1	12
Ba^{137}	81	56	$\frac{3}{2}$ +	0.931		6	8	2	3	12
	82									
						$2f_{7/2}$	$1h_{9/2}$	$3p_{3/2}$	$2f_{5/2}$	$3p_{1/2}$	$1i_{13/2}$
Nd^{143}	83	60	$\frac{7}{2}$ −	−1.03	|<1|	1				
Nd^{145}	85	60	$\frac{7}{2}$ −	−0.62	|∼1|	3				
Sm^{147}		62	$\frac{7}{2}$ −	−0.76	|<0.72|	3				
Sm^{149}	87	62	$\frac{7}{2}$ −	−0.7	|<0.72|	5				
91–116						deformierte Kerne				
Pt^{195}	117	78	$\frac{1}{2}$ −	0.600		8	10	4	6	1	6
Hg^{197}		80	$\frac{1}{2}$ −	0.52		8	10	4	6	1	6
Hg^{199}	119	80	$\frac{1}{2}$ −	0.532		8	10	4	6	1	8
Hg^{201}	121	80	$\frac{3}{2}$ −	−0.607	0.50	8	10	3	6	0	12
Pb^{205}	123	82	$\frac{5}{2}$? −			8	10	3	5	0	14
Pb^{207}	125	82	$\frac{1}{2}$ −	0.584		8	10	4	6	1	14
	126									
						$2g_{9/2}$		etc.			
Pb^{209}	127	82	$\frac{9}{2}$? +			1				
Po^{211}		84	$\frac{9}{2}$? +			1				
Pb^{211}	129	82	$\frac{9}{2}$? +			3				
>130						deformierte Kerne				

Zustände vorliegen. Wegen der zugrunde liegenden Fermi-Statistik sollte diese Zuordnung eindeutig sein. Man erkennt allerdings, daß man gelegentlich in Schwierigkeiten kommt, wo der beobachtete Spin dieser Konfiguration nicht entspricht. Es zeigt sich jedoch, daß man in diesen Fällen bei geringfügiger Umgruppierung in den obersten Termen den beobachteten Spin erklären kann. Man findet empirisch hierbei folgende Regelmäßigkeit:

Abweichungen vom Schalenmodell treten bevorzugt bei großen Spins auf. Insbesondere werden die Schalenmodellzustände $h_{11/2}$ und $i_{13/2}$ niemals als Grundzustände beobachtet. Man muß daraus den Schluß ziehen, daß es energetisch günstiger ist, die Zustände mit großem Spin paarweise zu besetzen und dafür ein etwas tiefer liegendes Niveau mit niedrigerem Spin mit einer ungeraden Neutronenzahl. In der Tabelle ist immer eine solche Schalenmodellkonfiguration eingetragen, die sowohl den beobachteten Spin als auch die beobachtete Parität richtig wiedergibt.

Die Systematik der Quadrupolmomente zeigt gelegentlich sehr große Werte. Dies bedeutet, daß der Kern und damit auch das Kernpotential nicht sphärisch sein können. In diesen Fällen erklärt das Schalenmodell tatsächlich die beobachteten Spins und Paritäten nicht. Aus diesem Grunde sind alle Kerne mit extrem großem Quadrupolmoment, die sogenannten deformierten Kerne, in diesen beiden Tabellen weggelassen. Die größten elektrischen Quadrupolmomente treten in den Gebieten auf:

$$A \approx 25;\ 150 \leqslant A \leqslant 190\ \text{und}\ A > 220.$$

Wenn man diese Gebiete unberücksichtigt läßt, ordnet sich ausnahmslos jeder Atomkern in das Schema des Schalenmodells sehr gut ein.

Die zugeordnete Schalenmodellkonfiguration und auch die experimentell bestimmte Parität der Atomkerne sagt zu jedem Einzelteilchen-Zustand aus, ob es sich um einen $j = l + \frac{1}{2}$ oder $j = l - \frac{1}{2}$ Zustand handelt. Dies ermöglicht es, von vornherein zu unterscheiden, mit welchem der beiden Schmidt-Werte das magnetische Moment verglichen werden muß.

In der Darstellung der magnetischen Momente im Schmidt-Diagramm (s. Figur 152/153) wurde deshalb die Parität der Kerne zu jedem Meßpunkt in Klammern hinzugesetzt. Vergleicht man nun die Meßpunkte mit dem zugehörigen Schmidt-Wert, so erkennt man, daß sie fast ausnahmslos auf der richtigen Seite des Diagramms liegen. Die Systematik der elektrischen Quadrupolmomente ist in Figur 157 dargestellt. Als Abszissenmaßstab wurde die Ordnungszahl gewählt. Mit steigender Protonenzahl zeichnet sich offensichtlich ein systematischer Gang der elektrischen Quadrupolmomente ab. Die eingetragene Kurve deutet diesen Gang an. Offensichtlich tritt ein Null-Durchgang bei den magischen Zahlen 8, 28, 50 und 82 auf. Dieses Verhalten erwartet man

Experimente zur elektromagnetischen Wechselwirkung

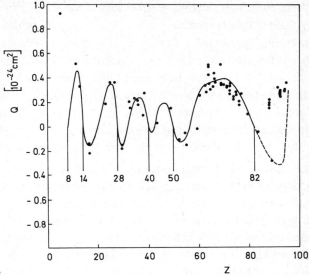

Figur 157:

Systematik der elektrischen Quadrupolmomente, dargestellt als Funktion der Ordnungszahl. Diese Figur ist dem Buch Preston: „Physics of the Nucleus", Addison-Wesley Publ.Comp. 1962, entnommen.

aufgrund des Schalenmodells: ein einzelnes Proton, das zusätzlich zu einer mit einer magischen Protonenzahl abgeschlossenen Schale mit einem von 0 verschiedenen Bahndrehimpuls umläuft, vergrößert die Ladungsdichte in der Äquatorialzone des Kerns und liefert somit ein negatives Quadrupolmoment, während ein einzelnes, an der magischen Protonenzahl fehlendes Proton eine Erniedrigung der Ladungsdichte in der Äquatorialzone und damit ein positives elektrisches Quadrupolmoment zur Folge hat. Soweit folgt die Systematik der elektrischen Quadrupolmomente dem Schalenmodell.

Die absoluten Werte, die sich unter Verwendung der Schalenmodellwellenfunktionen leicht berechnen lassen, kommen jedoch meist niedriger heraus als die experimentellen Werte. Vor allem macht sich dies in den oben erwähnten Gebieten der stark deformierten Kerne bemerkbar. Wir werden uns im letzten Kapitel noch eingehender mit den stark deformierten Kernen beschäftigen.

Wir haben uns in der Beschreibung der experimentellen Bestimmung der statischen elektromagnetischen Multipolmomente bisher ausschließlich auf die magnetischen Dipolmomente und elektrischen Quadrupolmomente beschränkt. Das nächst höhere Glied in der Multipolentwicklung wäre das magnetische Oktupolmoment.

Tatsächlich konnte man in einer ganzen Reihe von Präzisionsmessungen der Hyperfeinstrukturterme einen guten Angleich an die Meßpunkte nur unter Hinzunahme der Oktupolwechselwirkung erzielen und daraus ein magnetisches Oktupolmoment der Atomkerne ableiten. In den bereits zitierten Tabellen in dem Buch von Karlsson, Matthias und Siegbahn: Perturbed Angular Correlations, North Holland Publ. Comp. Amsterdam, 1964, S. 379ff. sind alle bis 1964 gemessenen Oktupolmomente mit Hinweisen auf die Originalarbeiten aufgeführt. Auf eine detaillierte Beschreibung sei hier verzichtet.

In den bisher beschriebenen Überlegungen und Experimenten zur Hyperfeinstrukturwechselwirkung hatten wir vorausgesetzt, daß das elektrische Dipolmoment der Atomkerne verschwindet. Wie wir auf Seite 439f. gezeigt haben, muß das elektrische Dipolmoment exakt verschwinden, wenn die Zeitumkehrinvarianz gilt*. Zur Bestimmung der elektrischen Dipolmomente der Atomkerne muß man die Wechselwirkung mit einem äußeren elektrischen Feld untersuchen. Man erkennt sofort, daß dies auf große Schwierigkeiten stößt. Die Ladung der Atomkerne hat auch schon eine starke Wechselwirkung mit einem äußeren elektrischen Feld und macht die Beobachtung des elektrischen Dipolmoments im allgemeinen Fall unmöglich. Der einzige, für Messungen dieser Art geeignete Atomkern ist das freie Neutron.

58 Versuch einer Beobachtung des elektrischen Dipolmoments des Neutrons durch Smith, Purcell und Ramsey

Lit.: Smith, Purcell, and Ramsey, Phys.Rev. 108, 120 (1957)
Baird, Miller, Dress, and Ramsey, Phys.Rev. 179, 1285 (1969)

Die Meßanordnung ist ganz ähnlich der Anordnung, die oben (S.115ff.) zur Messung des magnetischen Moments des Neutrons beschrieben wurde. Der Aufbau der Apparatur ist schematisch in Figur 158 skizziert. Der subthermische Neutronenstrahl eines Reaktors wird dadurch praktisch vollständig (85%) polarisiert, daß man ihn an einem magnetisierten Eisenspiegel (A)

---

*Eine hinreichende, aber nicht notwendige Bedingung für $m_e = 0$ ist die Paritätsinvarianz.

Experimente zur elektromagnetischen Wechselwirkung

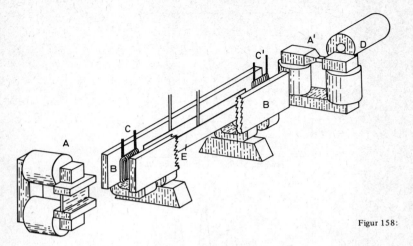

Figur 158:

Apparatur von Smith et al., Phys.Rev. 108, 120 (1957), zur Beobachtung des elektrischen Dipolmoments des Neutrons.

unter fast streifendem Einfall reflektiert. Im homogenen Magnetfeld zwischen den Polschuhen (B) werden Hochfrequenzübergänge induziert. Um eine scharfe Resonanz zu bekommen, wird das Ramsey-Verfahren (s. Seite 473f.) angewendet und die Hochfrequenz am Anfang und am Ende des langen Magneten durch zwei Spulen (C und C') zugeführt.

(A') ist der Analysator aus magnetisierten Eisen. Die hindurchgehende Neutronenintensität wird im BF$_3$ Neutronendetektor (D) nachgewiesen.

Figur 159 zeigt eine mit dieser Apparatur aufgenommene Ramsey-Resonanzkurve.

Um nun ein eventuelles, mit dem Neutronenspin verbundenes elektrisches Dipolmoment des Neutrons nachzuweisen, wurde der Neutronenstrahl beim Passieren des Magneten (B) zusätzlich einem starken äußeren homogenen elektrischen Feld ausgesetzt. An die in Figur 158 bei (E) eingezeichneten Kondensatorplatten wurde eine Gleich-Spannung von 25000 V bei einem Plattenabstand von 0,35 cm angelegt. Dieses elektrische Feld hat die gleiche Richtung wie das Magnetfeld. Wenn nun das Neutron ein elektrisches Dipolmoment hätte, so würde die Wechselwirkung mit diesem elektrischen Feld ein zusätzliches Drehmoment hervorrufen, das die Präzessionsfrequenz der Neutronen im Magnetfeld verändern würde. Man versuchte deshalb, an der steilsten Stelle des zentralen „peaks" der Ramsey-Kurve eine Änderung der Zählrate beim Einschalten und beim Umpolen des elektrischen Feldes nachzuweisen. Innerhalb der Meßgenauigkeit ergab sich keine Änderung der Zähl-

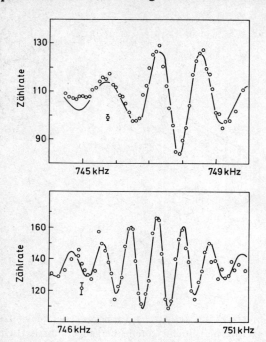

Figur 159:

Meßresultate für Ramsey-Resonanzkurven, die mit der in Figur 143 gezeigten Anordnung aufgenommen wurden. Diese Meßkurven sind der zitierten Arbeit von Smith et al. entnommen.

rate, und die Autoren leiteten aus ihren Meßdaten (1957) für das elektrische Dipolmoment des Neutrons den Wert ab:

$$m_e(n) = (-0,1 \pm 2,4) \cdot 10^{-20} \, [e \cdot cm].$$

Als Einheit wurde das Produkt Elementarladung mal cm verwendet.

Durch technische Verbesserung der Meßanordnung gelang es, die obere Grenze für ein mögliches elektrisches Dipolmoment des Neutrons noch um mehrere Zehnerpotenzen herunterzudrücken. 1969 publizierten Ramsey und Mitarbeiter als obere Grenze:

$$m_e(n) < 5 \cdot 10^{-23} \, [e \cdot cm].$$

Vergleicht man diesen Zahlenwert mit der Ausdehnung der Ladungsverteilung des Neutrons von ca. $1,5 \times 10^{-13}$ cm, so erkennt man, daß dieses Experiment bereits mit phantastischer Genauigkeit aussagt, daß die Schwerpunkte der positiven Ladung und der negativen Ladung im Neutron zusammenfallen und damit das elektrische Dipolmoment verschwindet.

Experimente zur elektromagnetischen Wechselwirkung

Die Aussage dieses Experiments ist natürlich eine andere als die des Zeitumkehrexperiments von Burgy et al. (s. Seite 388ff.) am Beta-Zerfall des freien Neutrons.

Das Experiment von Burgy untersucht, ob die Schwache Wechselwirkung zeitumkehrinvariant ist. Das Verschwinden des elektrischen Dipolmoments des Neutrons sagt dagegen aus, daß die Wechselwirkung zwischen dem Neutron und seinem virtuellen Mesonenfeld, d.h. also die Starke Wechselwirkung, zeitumkehrinvariant ist innerhalb der Genauigkeit dieses Experiments.

Wir wollen uns nun weiteren Methoden der Hyperfeinstrukturuntersuchung zuwenden. Ein neuartiges Hilfsmittel von unvorhersehbarer Leistungsfähigkeit wurde mit dem Mößbauer-Effekt entdeckt:

59 Die Entdeckung des Mößbauer-Effekts

Lit.: Mößbauer, Zeitschrift für Physik 151, 124 (1958)

Mößbauer entdeckte den nach ihm benannten Effekt zufällig, als er die Temperaturabhängigkeit der Kernresonanz-Fluoreszenz von Gamma-Strahlung an dem Isotop ^{191}Ir untersuchte.

Bei der Beschreibung des Goldhaber-Experiments (s. Seite 408ff.) hatten wir bereits gesehen, daß im Gegensatz zur Resonanz-Fluoreszenz optischer Strahlung die Kernresonanz-Fluoreszenz nur recht schwierig zu beobachten ist. Dies liegt daran, daß sowohl bei der Emission als auch bei der Resonanzabsorption von Gamma-Strahlung der Atomkern einen nicht zu vernachlässigenden Rückstoß erhält, der die Resonanzfähigkeit im allgemeinen zerstört. Die von einem Gamma-Quant der Energie

$$E_\gamma = h\nu$$

auf den emittierenden oder absorbierenden Kern übertragene Rückstoßenergie beträgt nämlich:

(367) $$E_R = \frac{p_R^2}{2M} = \frac{(h\nu)^2}{2M \cdot c^2}.$$

Beim Einsetzen der Zahlenwerte für Kern-Gamma-Strahlung ergeben sich für E_R im allgemeinen Werte, die wesentlich größer sind als die natürliche Linienbreite der Gamma-Strahlung.

508 *Experimente zur elektromagnetischen Wechselwirkung*

Beim Goldhaber-Experiment wurde der Rückstoß eines unmittelbar vor dem Gamma-Zerfall erfolgenden Teilchenzerfalls ausgenutzt, um die Energiebilanz in Ordnung zu bringen. Wenn dies nicht geht, scheint nur noch die Möglichkeit übrig zu bleiben, die Linienbreite der Emissionslinien künstlich zu vergrößern. Durch Ausnutzung der Doppler-Verbreiterung aufgrund der thermischen Bewegung der Atomkerne läßt sich bei Verwendung einer hinreichend hohen Temperatur eine teilweise Überlappung mit der Absorptionslinie erreichen, so daß der Resonanzprozeß stattfinden kann.

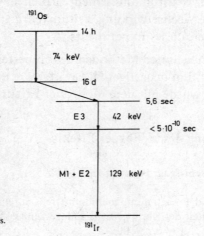

Figur 160:

Zerfallsschema des ^{191}Os.

Figur 160 zeigt das Zerfallsschema des von Mößbauer als Quelle verwendeten Isotops ^{191}Os. Nach dem Beta-Zerfall folgt zunächst ein isomerer* niederenergetischer Gamma-Übergang, und danach folgt ein 129 keV Gamma-Übergang auf den Grundzustand des ^{191}Ir. Dieses Zerfallsschema schließt aus, daß Rückstöße vorhergehender Teilchenstrahlung am Resonanzprozeß der 129 keV Strahlung beteiligt sind. Die Gamma-Rückstoßenergie beträgt in diesem speziellen Fall:

$$E_R = \frac{0{,}129^2}{2 \cdot 191 \cdot 950} \frac{(\text{MeV})^2}{\text{MeV}}$$

$$= 4{,}6 \cdot 10^{-2} \text{ eV},$$

d.h. das Maximum der Emissionslinie liegt bei:

$$E_\gamma = E_{\text{exc}} - 4{,}6 \cdot 10^{-2} \text{ eV}$$

---

*Isomer soll bedeuten, daß die Lebensdauer des Übergangs lang ist.

Experimente zur elektromagnetischen Wechselwirkung

und das Maximum der Absorptionslinie bei:

$$E_{abs} = E_{exc} + 4{,}6 \cdot 10^{-2} \text{ eV}.$$

In diesem Ausdruck bedeutet E_{exc} die Anregungsenergie des Kerns.
Figur 161 zeigt schematisch die von Mößbauer verwendete Anordnung. Die Quelle besteht aus metallischem Os, das durch Neutronenbestrahlung aktiviert wurde. Das aktivierte Material wird in ein dünnwandiges Quarzröhrchen eingeschmolzen und wird dann in einem Thermostaten bzw. Kryostaten auf bekannter Temperatur gehalten. Die Quelle ist von einer Bleiabschirmung umgeben, die einen gut kollimierten Gamma-Strahl aus der Öffnung nach links austreten läßt. Der Absorber befindet sich in einem Dewar-Gefäß und wird mit flüssigem Stickstoff auf 88 K gekühlt. Der Dewar enthält zwei gleich starke (gleiche Masse pro cm^2) Absorber aus etwa 0,4 mm dickem Iridium bzw. Platin. Durch einen Bewegungsmechanismus können sie von außen wahlweise in den Strahlengang gebracht werden. Am Iridium soll die Resonanzabsorption untersucht werden, während der Vergleichsabsorber aus Platin dazu dient, die Intensität der nichtresonanten Streuprozesse zu beobachten. Der im direkten Strahlengang angebrachte NaJ(Tl) Detektor mißt die Schwächung der Primärintensität durch den Absorber.

Die Messung bei einer Quellentemperatur von 360 K ergab, daß tatsächlich die Absorption im Iridium-Absorber etwas größer war als im Platin-Absorber. Der Unterschied wurde auf Resonanzabsorption im Iridium zurückgeführt. Aus der Größe des Effekts wurde der Wirkungsquerschnitt für die Resonanzabsorption berechnet. Figur 162 zeigt das Ergebnis der Messung dieses Wirkungsquerschnitts als Funktion der Quellentemperatur. Wie erwartet, wird der Effekt zunächst mit abnehmender Temperatur rasch kleiner. Man erwartet dies, da sich mit abnehmender Temperatur die Breite der Emissionslinie

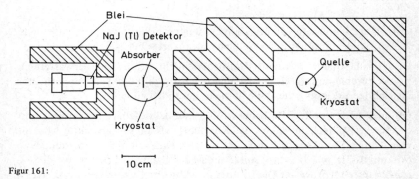

Figur 161:

Skizze der Apparatur, mit der der Mößbauer-Effekt entdeckt wurde. Die Figur ist der Arbeit von Mößbauer, Z.f.Physik 151, 124 (1958), entnommen.

510 Experimente zur elektromagnetischen Wechselwirkung

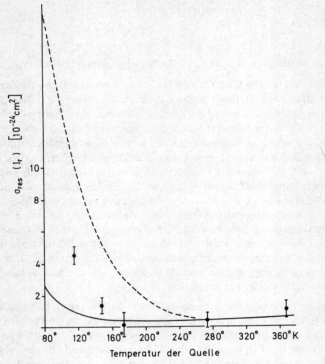

Figur 162:

Messung des Wirkungsquerschnitts für Resonanzabsorption der 129 keV Strahlung von ^{191}Ir als Funktion der Temperatur der Quelle. Diese Figur ist der Arbeit von Mößbauer, Z.f.Physik 151, 124 (1958) entnommen. Die eingetragenen Kurven zeigen den von Mößbauer berechneten theoretischen Verlauf für ein quadratisch mit der Frequenz (—) bzw. mit der dritten Potenz der Frequenz (– – –) der Gitterschwingungen ansteigendes Frequenzspektrum.

verkleinert. Unterhalb von etwa 160 K steigt der Wirkungsquerschnitt jedoch wieder rapide an bis auf ein Vielfaches des Wertes bei 360 K.

Es ist das besondere Verdienst Mößbauers, nicht nur diesen unerwarteten Effekt durch eine sorgfältige Messung sichergestellt zu haben, sondern auch die richtige Erklärung dieses Phänomens gefunden zu haben.

Offenbar bedeutet der Mößbauer-Effekt, daß bei tiefen Temperaturen eine erhebliche Wahrscheinlichkeit dafür besteht, daß die Emission und Absorption von Gamma-Strahlung rückstoßfrei erfolgen. Dies soll nicht bedeuten, daß der Impulssatz verletzt wird, sondern daß der Gamma-Rückstoß auf den ganzen festen Körper der Quelle oder des Absorbers übertragen wird. Wegen der großen Masse wird die dabei übertragene Rückstoßenergie verschwindend klein.

Im Bild der klassischen Physik* läßt sich der Mößbauer-Effekt in folgender Weise beschreiben:

Der emittierende Kern stellt einen elektromagnetischen Sender dar, der mit der Frequenz $\omega_0 = 2\pi \nu_0$ eine elektromagnetische Welle ausstrahlt:

$$\mathbf{A}(t) = \mathbf{A}_0 \cdot e^{i\omega_0 t}.$$

Er sei jedoch nicht in Ruhe, sondern führe eine Gitterschwingung mit der Frequenz Ω aus:

$$x(t) = x(0) \cdot \sin \Omega\, t.$$

Dies hat zur Folge, daß der emittierte Wellenzug durch den Doppler-Effekt periodisch moduliert wird:

$$\omega(t) = \omega_0 \cdot \left(1 + \frac{v(t)}{c}\right), \quad \text{mit} \quad v(t) = \frac{dx}{dt},$$

und man erhält für die Amplitude der elektromagnetischen Welle:

$$\mathbf{A}(t) = \mathbf{A}_0 \cdot e^{i\int_0^t \omega(t)dt} = \mathbf{A}_0 \cdot e^{i\omega_0 t} \cdot e^{i\omega_0 \frac{x(t)}{c}}$$

$$= \mathbf{A}_0\, e^{i\omega_0 t} \cdot e^{i\frac{2\pi}{\lambda} \cdot x_0 \sin \Omega\, t}.$$

Unter Verwendung der Entwicklung:

$$e^{ia \cdot \sin b} = \sum_{n=-\infty}^{+\infty} J_n(a) \cdot e^{inb} \;**$$

erhält man:

$$\mathbf{A}(t) = \mathbf{A}_0 \cdot \sum_{n=-\infty}^{+\infty} J_n\left(\frac{2\pi x_0}{\lambda}\right) \cdot e^{i(\omega_0 + n\Omega) \cdot t}.$$

---

* s. auch van Kranendonk: Theoretical Aspects of the Mößbauer-Effekt, Proceedings of the Seventh International Conference on Low Temperature Physics, University of Toronto Press, Toronto 1961, S. 9ff.
**$J_n(x)$ = Bessel-Funktionen.

Experimente zur elektromagnetischen Wechselwirkung

Die emittierte Strahlung enthält damit neben der ungestörten Frequenz ω_0 die Frequenzen $\omega_0 \pm \Omega, \omega_0 \pm 2\Omega, \ldots$ usw. Die prozentuale Intensität, mit der die ungestörte Frequenz emittiert wird (prozentualer Anteil der rückstoßfreien Emission), beträgt:

$$(368) \qquad f = J_0^2 \left(\frac{2\pi x_0}{\lambda} \right) = J_0^2 \left(\frac{x_0}{\lambdabar} \right).$$

Für kleine Argumente kann man die Bessel-Funktion durch die Exponentialfunktion ersetzen:

$$J_0(x) \approx e^{-\frac{x^2}{4}},$$

und man erhält:

$$(369) \qquad f \approx e^{-\frac{x_0^2}{2\lambdabar^2}}$$

oder mit $\langle x^2 \rangle = \frac{1}{2} x_0^2$:

$$(370) \qquad f \approx e^{-\frac{\langle x^2 \rangle}{\lambdabar^2}}.$$

Man entnimmt daraus das Resultat, daß der Anteil rückstoßfreier Emission gegen 1 geht, wenn die Amplitude der Gitterschwingungen klein gegen $\lambdabar$ der Gamma-Strahlung wird. Die Amplituden sind aber umso kleiner, je niedriger die Temperatur und je stärker die Gitterbindungskräfte sind.

Die quantenmechanische Berechnung behandelt das Gitter und den Kern gemeinsam als ein quantenmechanisches System. Man berechnet die Übergangswahrscheinlichkeit für den Kern-Gamma-Zerfall $i \to f$ unter gleichzeitigem Übergang des Gitters vom Zustand G_i in den Zustand G_f unter Verwendung der Störungstheorie zu:

$$W(i \to f; G_i \to G_f) = \frac{2\pi}{\hbar} \cdot |\langle f, G_f | H | i, G_i \rangle|^2 \cdot \rho_f.$$

Ein genaueres Studium zeigt*, daß man die Integration über die Kernwellenfunktion abspalten kann, und man erhält schließlich:

---

*s. z.B. Frauenfelder, The Mößbauer-Effect; W.A Benjamin, Inc. Publishers, New York 1962, S. 26ff.

Experimente zur elektromagnetischen Wechselwirkung 513

(371) $$W(i \to f, G_i \to G_f) = \frac{1}{\tau_\gamma} \cdot |\langle G_f | e^{ikR} | G_i \rangle|^2.$$

mit τ_γ = mittlere Lebensdauer des Gamma-Übergangs,
 k = Wellenvektor mit $k = 2\pi/\lambda$,
 R = Ortsvektor des zerfallenen Kerns.

Für Kristalle mit harmonischen Gitterbindungskräften liefert die weitere Auswertung erstaunlicherweise exakt den oben mit Vorstellungen der klassischen Physik hergeleiteten Ausdruck für den Anteil der rückstoßfreien Emission. Zur numerischen Berechnung von f und damit zur Vorhersage der Größe des Mößbauer-Effekts muß berücksichtigt werden, daß die Kristallgitterschwingungen nicht in einer einzigen Frequenz Ω erfolgen, sondern ein kontinuierliches Frequenzspektrum mit einer scharfen kurzwelligen Grenze bei $\lambda_D = 2d$ (d = Gitterkonstante) zeigen. Die zu dieser Wellenlänge gehörende Grenzfrequenz der Gitterschwingungen ist natürlich umso größer, je stärker die Gitterbindungskräfte sind. Die Energie eines Schwingungsquants oder Phonons bei der Grenzfrequenz ω_D beträgt:

(372) $$E_{Ph} = \hbar \cdot \omega_D.$$

Man nennt diejenige Temperatur T, bei der kT genau gleich dieser Maximalenergie ist, auch die Debye-Temperatur θ_D:

(373) $$\theta_D = \frac{\hbar \omega_D}{k}.$$

Sie läßt sich experimentell recht leicht dadurch bestimmen, daß man die Temperaturabhängigkeit der spezifischen Wärme mißt. Oberhalb der Debye-Temperatur ist die spezifische Wärme temperaturunabhängig, und es gilt das bekannte Dulong-Petitsche Gesetz. Unterhalb der Debye-Temperatur können die höchsten Gitterschwingungszustände nicht mehr besetzt werden, und durch das Entfallen dieser Freiheitsgrade sinkt die spezifische Wärme rapide bis zum Wert 0 beim absoluten Nullpunkt.
Die quantitative Berechnung von f unter Verwendung des Debyeschen Modells für das Frequenzspektrum der Gitterschwingungen

liefert den für praktische Abschätzungen äußerst wichtigen Ausdruck:

(374) $$f = e^{-2w}$$

mit:

$$w = \frac{3R}{k\theta_D} \cdot \left\{ \frac{1}{4} + \left(\frac{T}{\theta_D}\right)^2 \cdot \int_0^{\frac{\theta_D}{T}} \frac{x\,dx}{e^x - 1} \right\}.$$

In diesem Ausdruck bedeutet R die auf den Kern übertragene Rückstoßenergie des Gamma-Quants. Auf eine ausführlichere Darstellung der Theorie des Mößbauer-Effekts sei hier verzichtet. Es sei nur noch darauf hingewiesen, daß die Braggsche Reflexion von Röntgenstrahlung an einem Einkristall aufgrund der Gitterschwingungen dieses Kristalls zu eng verwandten Phänomenen führt. Insbesondere hängt die Intensität der Braggschen Reflexion, die durch den sogenannten „Debye-Waller"-Faktor beschrieben wird, in ganz ähnlicher Weise von der Temperatur des Einkristalls ab, wie die Intensität der Mößbauer-Linie.

Die Breite der Gamma-Linien bei rückstoßfreier Emission ist genauso wie die Breite der Absorptions-Linie bei rückstoßfreier Absorption gleich der natürlichen Linienbreite:

$$\Delta E = \frac{\hbar}{\tau}$$

mit τ = mittlere Lebensdauer des angeregten Zustands. Dies setzt allerdings voraus, daß weder in der radioaktiven Quelle noch im Absorber am Kernort statische elektromagnetische Felder herrschen, die zu einer Hyperfeinstrukturaufspaltung der Kernniveaus führen. Liegt eine Hyperfeinstrukturaufspaltung vor, die kleiner als die natürliche Linienbreite des Gamma-Übergangs ist, so ist die Wirkung eine Linienverbreiterung. Ist die Hyperfeinstrukturaufspaltung dagegen groß gegenüber der natürlichen Linienbreite, so enthält sowohl das Emissionsspektrum als auch das Absorptionsspektrum sauber getrennte Hyperfeinstrukturkomponenten.

Die besondere Bedeutung, die der Mößbauer-Effekt in der Experimentalphysik heute gewonnen hat, liegt zum Teil darin begründet, daß er es in ganz einfacher Weise erlaubt, die winzige Energieaufspaltung der Hyperfeinstrukturkomponenten einer Kern-Gamma-Strahlung direkt auszumessen.

Das erste erfolgreiche Experiment zur Beobachtung der Hyperfeinstrukturaufspaltung einer Gamma-Strahlung mit Hilfe des Mößbauer-Effekts gelang De Pasquali, Frauenfelder, Margulies und Peacock am Isotop ^{57}Fe:

(60) Beobachtung der Hyperfeinstrukturaufspaltung der 14,4 keV Gamma-Linie des ^{57}Fe mit Hilfe des Mößbauer Effekts

Lit.: De Pasquali, Frauenfelder, Margulies, and Peacock, Phys.Rev.Letters 4, 71 (1960)
Hanna, Heberle, Littlejohn, Perlow, Preston, and Vincent, Phys.Rev. Letters 4, 177 (1960)
Preston, Hanna, and Heberle, Phys.Rev. 128, 2207 (1962)

Unter den für Mößbauer-Experimente geeigneten Gamma-Übergängen nimmt die 14,4 keV Gamma-Strahlung des ^{57}Fe eine Sonderstellung ein. Folgende Eigenschaften machen diesen Fall besonders geeignet:
1. Die Energie von 14,4 keV ist sehr niedrig, so daß die Rückstoßenergie R sehr klein wird:

$$R = \frac{p_\gamma^2}{2M} = \frac{(h\nu)^2}{2Mc^2} = \frac{14{,}4^2 \cdot 10^6}{2 \cdot 57 \cdot 950 \cdot 10^6} \frac{[\text{eV}]^2}{\text{eV}} = 0{,}0019 \text{ eV}.$$

Andererseits ist die Energie noch groß genug, um die Quanten mit einem dünnen NaJ(Tl)-Detektor oder auch mit einem Proportionalzählrohr nachweisen zu können.

2. Metallisches Eisen hat eine hohe Debye-Temperatur:

$$\theta_D(\text{Eisen}) = 335°\text{K}.$$

3. Die große Lebensdauer des 14,4 keV Niveaus von:

$$T_{1/2} = 1{,}0 \cdot 10^{-7} \text{ sec}$$

hat eine besonders kleine natürliche Linienbreite zur Folge:

$$\Gamma = \frac{\hbar}{\tau} = \frac{\hbar \ln 2}{T_{1/2}} = 4{,}6 \cdot 10^{-9} \text{ eV}.$$

Setzt man die Werte für R und θ_D in die Formel für f (s. Seite 514) ein, so erhält man speziell für Zimmertemperatur, d.h. $T = 300°K$:

$$f = e^{-2 \cdot \frac{3R}{k \cdot \theta_D(\text{Eisen})}} \cdot \left\{ \frac{1}{4} + \left(\frac{T}{\theta_D(\text{Eisen})} \right)^2 \cdot \int_0^{\theta_D/T} \frac{x\,dx}{e^x - 1} \right\} *$$

$$= 0{,}70.$$

Dies bedeutet, daß bei Zimmertemperatur die 14,4 keV Quanten mit einer Wahrscheinlichkeit von 70% rückstoßfrei emittiert bzw. absorbiert werden. Die Beobachtung des Mößbauer-Effekts erfordert deshalb in diesem speziellen Fall keine Kühlung von Quelle und Absorber.

Weiterhin ist zu berücksichtigen, daß Eisen ferromagnetisch ist. Am Kernort herrschen starke statische Magnetfelder, die eine Hyperfeinstrukturwechselwirkung mit den magnetischen Momenten des Atomkerns im Grundzustand und auch im 14,4 keV Zustand hervorrufen. Die besonders kleine natürliche Linienbreite hat zur Folge, daß die Hyperfeinstrukturkomponenten des 14,4 keV Übergangs gut getrennt sind.

De Pasquali et al. gelang es, den Mößbauer-Effekt am 14,4 keV Übergang des ^{57}Fe und gleichzeitig auch die Hyperfeinstrukturaufspaltung dieser Linie durch Verwendung der in Figur 163 dargestellten Apparatur zu beobachten. Es liegt diesem Experiment der Gedanke zugrunde, daß bei einer Linienschärfe der einzelnen Hyperfeinstrukturkomponenten von

$$\Gamma = 4{,}6 \cdot 10^{-9} \text{ eV}$$

schon eine winzige Relativgeschwindigkeit zwischen Quelle und Absorber ausreichen sollte, um durch eine Dopplerverschiebung die Resonanzabsorption zu zerstören.

Eine Relativgeschwindigkeit von nur:

$$v = 1 \text{ mm/sec}$$

---

*Zur numerischen Ausmessung sei auf eine grafische Darstellung des Integrals

$$Q(z) = \int_0^z \frac{x\,dx}{e^x - 1}$$ in der Arbeit von Mößbauer und Wiedemann, Zeitschrift

für Physik 159, 33 (1960) hingewiesen.

Experimente zur elektromagnetischen Wechselwirkung 517

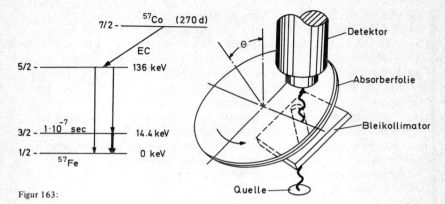

Figur 163:

Beobachtung der Hyperfeinstruktur von Gamma-Strahlung mit Hilfe des Mößbauer-Effekts. Die Messung wurde an der 14,4 keV Strahlung im ^{157}Fe durchgeführt. Das Zerfallsschema des ^{57}Co ist auf der linken Seite der Figur dargestellt. Auf der rechten Seite ist die Anordnung dargestellt, die von de Pasquali, Frauenfelder, Margulies und Peacock, Phys.Rev.Letters 4, 71 (1960), verwendet wurde.

liefert nunmehr bereits eine Dopplerverschiebung von:

$$\Delta\nu = \nu \cdot \frac{v}{c}$$

oder:

$$\Delta E = \Delta(h\nu) = h \cdot \Delta\nu = h\nu \cdot \frac{v}{c}$$

$$= 14{,}4 \cdot 10^3 \cdot \frac{0{,}1}{3 \cdot 10^{10}} \cdot eV = 4{,}8 \cdot 10^{-8} \text{ eV} \approx 10\Gamma.$$

Die 14,4 keV Strahlung entsteht nach einem EC-Zerfall des ^{57}Co. De Pasquali et al. verwendeten als Quelle eine dünne Eisenfolie, die die ^{57}Co Aktivität trägerfrei enthielt. Man kann eine solche Quelle durch Protonenbeschuß einer Eisenfolie herstellen. Die Aktivität entsteht durch die Kernreaktion:

$$^{57}\text{Fe (p,n)} \; ^{57}\text{Co}.$$

Die Quelle wurde fest montiert. Ein Bleikollimator blendet einen schmalen Gamma-Strahl in Richtung auf den Detektor aus. Als Absorber wurde eine dünne Eisenfolie verwendet, die zwischen zwei kreisförmigen dünnen Plexiglasscheiben montiert war. Die Achse der Scheibe ist gegen die Strahlrichtung geneigt, so daß bei einer Drehung der Scheibe die Kerne der Absorberfolie eine von null verschiedene Geschwindigkeitskomponente in Strahlrichtung bekommen. Man mißt mit dem NaJ-Detektor die Transmission als Funktion der Winkelgeschwindigkeit der Scheibe.

Aufgrund der obigen Überlegungen erwartet man, daß beim Stillstand der Scheibe eine maximale Schwächung der Primärstrahlintensität durch Mößbauer-Streuung stattfindet. Schon bei ganz kleinen Geschwindigkeiten dürfte der Mößbauer-Effekt durch die Dopplerverschiebung zerstört werden und damit die durchgelassene Intensität wesentlich größer werden. Das Resultat der Messung von De Pasquali et al. ist in Figur 164 dargestellt. Tatsächlich wurde eine starke Resonanzabsorption bei $v = 0$ beobachtet, die auch schon bei einer Relativgeschwindigkeit von nur $v = \pm 1$ mm/sec vollständig abgebaut wird. Bei größeren Geschwindigkeiten beobachtet man jedoch mehrere weitere Resonanzabsorptionsmaxima, die man so deuten muß, daß jetzt verschiedene Hyperfeinstrukturkomponenten des Emissionsspektrums und des Absorptionsspektrums durch die Dopplerverschiebung künstlich zur Deckung gebracht werden.

Der zentrale Absorptionspeak in Figur 164 ist breiter als man aufgrund der natürlichen Linienbreite erwartet hat. Die Nebenmaxima sind auch nicht vollständig aufgelöst, und es gelang noch nicht, das vorliegende erste Mößbauer-Hyperfeinstrukturspektrum richtig zu analysieren. Die richtige Analyse des ^{57}Fe-Spektrums gelang wenig später Hanna et al. Heute wird das ^{57}Fe-Spektrum als eines der wichtigsten Standardeichspektren bei vielen Mößbauer-Untersuchungen verwendet. Man benutzt dann jedoch im allgemeinen Quellen, in denen keine Hyperfeinstrukturaufspaltung auftritt. Z.B. wird die trägerfreie ^{57}Co Aktivität in eine Kupferfolie oder eine V2A-Folie eingebaut. In der Fachsprache der „Mößbauer-Experten" spricht man von einer „Einlinienquelle". Als Absorber werden dagegen weiterhin Eisenfolien mit Hyperfeinstrukturaufspaltung verwendet.

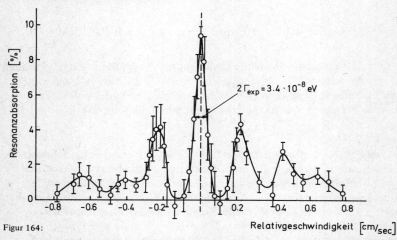

Figur 164:

Meßresultat für das Mößbauer-Spektrum am ^{57}Fe, aufgenommen mit der in Figur 148 gezeigten Anordnung. Diese Figur ist der zitierten Arbeit von de Pasquali et al. entnommen.

Experimente zur elektromagnetischen Wechselwirkung

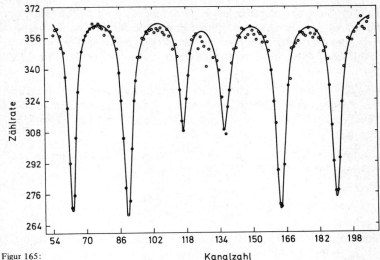

Figur 165:   Kanalzahl

Mößbauer-Spektrum am ^{57}Fe, aufgenommen mit einer modernen Mößbauer Apparatur. Es ist eine Einlinienquelle verwendet worden. Als Absorber dient eine Eisenfolie.

Ein auf diese Weise aufgenommenes Mößbauer-Spektrum ist in Figur 165 dargestellt. Die Analyse führt zu dem in Figur 166 gezeigten Hyperfeinstrukturtermschema. Man erkennt, wie die sechs Linien des Mößbauer-Spektrums zustande kommen.

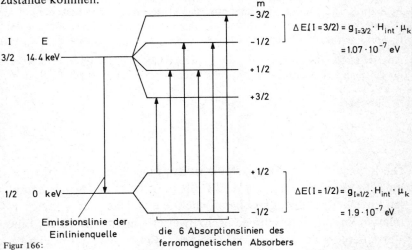

Figur 166:

Hyperfeinstrukturtermschema für den Grundzustand und den ersten angeregten Zustand des ^{57}Fe. Die sechs beobachteten Absorptionslinien sind eingetragen. Die Quantisierungsachse ist die Magnetisierungsrichtung.

Experimente zur elektromagnetischen Wechselwirkung

Die Termabstände der magnetischen Hyperfeinstruktur-Multipletts sind hier äquidistant, im Gegensatz zu den Hyperfeinstruktur-Multipletts bei freien Atomen. Dies liegt daran, daß hier das Magnetfeld am Kernort raumfest ist. Die Richtung ist durch die Orientierung des jeweiligen Weissschen Bezirks festgelegt.

Es fällt auf, daß die Termaufspaltung im Grundzustand größer ist als im angeregten Zustand. Dies muß man so deuten, daß der Grundzustand einen entsprechend größeren g-Faktor hat, denn das Feld am Kernort im Eisen hängt natürlich nicht vom Anregungszustand des Kerns ab.

Das absolute magnetische Moment des ^{57}Fe-Kerns im Grundzustand wurde durch Anwendung des ENDOR-Verfahrens zu

$$\mu_{I=\frac{1}{2}} = +(0{,}0905 \pm 0{,}0007)\,\mu_k$$

bestimmt. Aus der Größe der Hyperfeinstrukturaufspaltung im Grundzustand $\Delta E_{I=1/2}$ ergibt sich für das absolute Magnetfeld am Kernort in einer Eisenfolie bei Zimmertemperatur:

$$H_{\text{int}} = \frac{\Delta E_{I=1/2}}{2 \cdot \mu_{I=1/2}} = 330\,000\,\text{Gauß}.$$

Man hat übrigens durch Überlagerung äußerer Magnetfelder verschiedener Stärke zur großen Überraschung der Festkörper-Physiker festgestellt, daß das Feld am Kernort entgegengesetzt zur Magnetisierung gerichtet ist; denn bei sehr starken äußeren Magnetfeldern beobachtet man eine Verkleinerung der Hyperfeinstrukturaufspaltung.

Aus der Größe der Aufspaltung des 14,4 keV Übergangs leiteten Preston et al. für das magnetische Moment des ersten angeregten Zustands von ^{57}Fe den Wert ab:

$$\mu_{I=\frac{3}{2}} = -(0{,}1549 \pm 0{,}0013)\,\mu_k.$$

Die Beobachtung der Hyperfeinstruktur eines Gamma-Übergangs im ^{57}Fe demonstriert, daß der Mößbauer-Effekt der experimentellen Physik eine phantastische Möglichkeit eröffnet hat, winzige relative Energieunterschiede nachzuweisen und auszumessen. Eine Verschiebung der Mößbauer-Linie des ^{57}Fe um eine natürliche Linienbreite, die sich mit sehr großer Genauigkeit ausmessen läßt, entspricht einer relativen Energieänderung von

$$\frac{\Delta E}{E} = \frac{4{,}6 \cdot 10^{-9}}{14\,400} \approx 3 \cdot 10^{-13}.$$

Ein bedeutsames Experiment, das diese Eigenschaft des Mößbauer-Effekts ausnutzte, war der Nachweis, daß auch die Gamma-Quanten der Schwerkraft unterliegen, obwohl ihre Ruhmasse verschwindet.

61 Das Experiment von Pound und Rebka zum Gewicht der Lichtquanten

Lit.: Pound and Rebka, Phys.Rev.Letters 4, 337 (1960)
Hay, Schiffer, Craushaar, and Egelstatt, Phys.Rev. Letters 4,165 (1960)

Es ist lange bekannt, daß Photonen eine träge Masse der Größe:

$$m_{tr} = \frac{h\nu}{c^2}$$

entsprechend der Einsteinschen Beziehung:

$$m_\gamma c^2 = E_\gamma = h\nu$$

haben. Ein unmittelbarer Beweis der Richtigkeit dieser Beziehung ist darin zu sehen, daß man unter Verwendung der Annahme:

$$p_\gamma = m_\gamma \cdot c = \frac{h\nu}{c}$$

für den Impuls des Photons die Energieänderung des Photons bei einer Compton-Streuung als Funktion des Streuwinkels in Übereinstimmung mit der Erfahrung zu:

$$h\nu' = h\nu \cdot \frac{1}{1 + \alpha(1 - \cos\theta)}, \quad \text{mit} \quad \alpha = \frac{h\nu}{m_e \cdot c^2}$$

berechnet. Daß Photonen dann auch eine schwere Masse der Größe

$$m_S = \frac{h\nu}{c^2}$$

haben müssen, ist eine Voraussage des Äquivalenzsatzes, auf dem die allgemeine Relativitätstheorie beruht.

Pound und Rebka gelang es nachzuweisen, daß die 14,4 keV Quanten des
^{57}Fe eine schwere Masse in der dieser Formel entsprechenden Größenordnung haben. Sie nutzten dazu den Energiegewinn aus, den die Photonen beim freien Fall im Gravitationsfeld der Erde erfahren. Bei einer Fallstrecke von 20 m erhält man für diesen Energiegewinn:

$$\Delta E = m_S \cdot g \cdot H$$

$$= \frac{h\nu}{c^2} \cdot g \cdot H$$

$$= \frac{14{,}4 \cdot 10^3 \cdot 981 \cdot 2 \cdot 10^3}{3^2 \cdot 10^{20}} \text{ eV}$$

$$= 3{,}14 \cdot 10^{-11} \text{ eV}.$$

Dies bedeutet, daß die relative Energiezunahme:

$$\frac{\Delta E}{E} = \frac{3{,}14 \cdot 10^{-11} \text{ eV}}{14{,}4 \cdot 10^3 \text{ eV}} = 2{,}2 \cdot 10^{-15}$$

beträgt.

Wenn die Gamma-Quanten sich dagegen senkrecht nach oben bewegen, erhalten sie bei 20 m Höhe einen relativen Energieverlust von

$$\frac{\Delta E}{E} = -2{,}2 \cdot 10^{-15}.$$

Obwohl die Energieänderung in der Größenordnung von nur etwa 1% der natürlichen Linienbreite liegt, gelang es Pound und Rebka, sie durch ein Mößbauer-Experiment nachzuweisen. Die Anordnung ist schematisch in Figur 167 dargestellt. Sie wurde im Inneren des Turms des Jefferson Physical Laboratory an der Harvard-Universität aufgebaut.

Tatsächlich gelang es, eine kleine Verschiebung des zentralen „peaks" im Mößbauer-Spektrum nachzuweisen, wenn die Quelle einmal oben und einmal unten montiert wurde. Die Verschiebung hatte das erwartete Vorzeichen, und der Vergleich der relativen Energieänderung der Photonen mit dem erwarteten Wert ergab:

$$\Delta (h\nu)_{\text{exp}} = + (1{,}05 \pm 0{,}10) \cdot \Delta (h\nu)_{\text{theor}}.$$

Die gute Übereinstimmung mit der Theorie darf jedoch nicht darüber hinwegtäuschen, daß es äußerst schwierig ist, systematische Fehlerquellen bei diesem Experiment auszuschließen. Insbesondere stellte sich heraus, daß schon winzige Temperaturunterschiede zwischen Quelle und Absorber Effekte ähnlicher Größe hervorrufen können.

Experimente zur elektromagnetischen Wechselwirkung 523

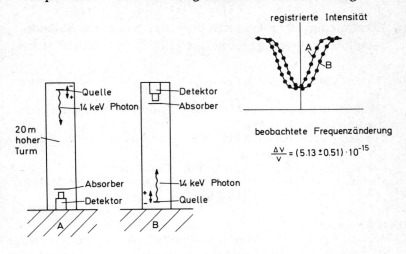

Figur 167:

Schematische Darstellung der Anordnung des Experiments von Pound und Rebka, Phys.Rev.Letters 4, 337 (1960). Auf der rechten Seite der Figur ist das Meßresultat idealisiert dargestellt. Die tatsächlich beobachtete Verschiebung zwischen den beiden Mößbauerkurven A und B ist sehr viel kleiner.

Dieses erfolgreiche Experiment hat die Physiker in ihrem Optimismus gestärkt, daß es eines Tages auch gelingen wird, andere Aussagen der allgemeinen Relativitätstheorie der Messung zugänglich zu machen.

Für die Erforschung der Atomkerne liegt die Bedeutung des Mößbauer-Effekts einmal darin, daß man aus der Beobachtung der Linienbreite einer Mößbauer-Linie die Lebensdauer des angeregten Zustands ableiten kann. Dieses Verfahren hat seine große Schwierigkeit darin, daß man sicherstellen muß, daß die beobachtete Linienbreite tatsächlich die natürliche Linienbreite ist und daß nicht etwa eine Verbreiterung durch Hyperfeinstrukturwechselwirkung vorliegt. Die größte Bedeutung für die Kernphysik ist jedoch darin zu sehen, daß der Mößbauer-Effekt zur exakten Bestimmung vieler magnetischer Dipolmomente und einiger elektrischer Quadrupolmomente angeregter Atomkerne geführt hat. Zur Erweiterung unseres Verständnisses der Kernstruktur haben besonders die Messungen der g-Faktoren der ersten angeregten Zustände von stark deformierten gg-Kernen beigetragen:

(62) Bestimmung der g-Faktoren der ersten Anregungszustände stark deformierter gg-Kerne mit Hilfe des Mößbauer-Effekts

Lit.: Münck, Quitmann, Prange und Hüfner, Zeitschrift für Naturforschung 21a, 1318 (1966)
Münck, Hüfner, Prange und Quitmann, Zeitschrift für Naturforschung 21a, 1507 (1966)
Dobler, Petrich, Hüfner, Kienle, Wiedemann und Eicher, Phys.Letters 10, 319 (1964)
Hüller, Wiedemann, Kienle und Hüfner, Phys.Letters 15, 269 (1965)
Henning, Steichele, Kienle und Wagner, Verhandlungen der Deutschen Physikal. Ges. 1/1966, S. 51.

Die ersten Anregungszustände der stark deformierten gg-Kerne im Gebiet $150 \leqslant A \leqslant 190$* haben den Spin 2+ und mittlere Lebensdauern von etwa $2 \cdot 10^{-9}$ sec. Die natürliche Linienbreite der Gamma-Übergänge zum Grundzustand beträgt deshalb etwa:

$$\Gamma = \frac{\hbar}{\tau} = \frac{0{,}658 \cdot 10^{-15}}{2 \cdot 10^{-9}} \frac{\text{eV sec}}{\text{sec}} \approx 3 \cdot 10^{-7} \text{ eV}.$$

Dieser Wert ist größer als die Zeeman-Aufspaltung des 2+ Niveaus, die man durch stärkste äußere Magnetfelder hervorrufen kann. In einem Feld von 100 000 Gauß, das man heute durch supraleitende Solenoide erzeugen kann, beträgt der Abstand der Zeeman-Komponenten bei einem Kern-g-Faktor von 0,4 nämlich nur:

$$\Delta E = g \cdot \mu_k \cdot H = 0{,}4 \cdot 3{,}152 \cdot 10^{-12} \cdot 10^5 \frac{\text{eV}}{\text{Gauß}} \cdot \text{Gauß}$$

$$= 1{,}26 \cdot 10^{-7} \text{ eV}.$$

Man kann jedoch ausnutzen, daß bei den im Gebiet der stark deformierten Kerne liegenden Elementen der Seltenen Erden durch die geometrisch weit innen liegende, nicht voll aufgefüllte 4f-Elektronenschale am Kernort ein Magnetfeld produziert wird, das in der Größenordnung von einigen Mega-Gauß liegt. Dieses Magnetfeld würde offensichtlich ausreichen. Voraussetzung für die Beobachtung der Hyperfeinstrukturaufspaltung mit Hilfe des Mößbauer-Effektes ist es allerdings, daß dieses Magnetfeld während der Dauer des Gamma-Übergangs seine Richtung nicht ändert.

---

*Wir hatten beim systematischen Vergleich der statischen Kernmomente mit dem Schalenmodell (Experiment (57)) das Auftreten starker Deformationen in diesem Gebiet bemerkt.

Experimente zur elektromagnetischen Wechselwirkung

Bei Zimmertemperatur liegt die Relaxationszeit* der 4f-Schale der Seltenen Erden (ausgenommen bei Gadolinium) in der Größenordnung von 10^{-13} sec. In den Chloriden der Seltenen Erden ist bei tiefen Temperaturen (4,2°K) die Relaxationszeit jedoch so groß, daß die Hyperfeinstrukturaufspaltung beobachtbar wird.

Wir wollen im folgenden die Messung der g-Faktoren der ersten Anregungszustände der geraden Ytterbium-Isotope verfolgen:

Man verwendete als Absorber polykristallines $YbCl_3 \cdot 6\ H_2O$ bei Temperaturen zwischen 20°K und 4,2°K (Kryostat mit flüssigem Helium). Im elektrostatischen Feld dieses Ionengitterkristalls spielt sich folgender Mechanismus ab:

Die 4f-Schale des 3-wertigen Yb enthält 13 Elektronen. Es fehlt also ein Elektron an der abgeschlossenen 4f-Schale. Der Grundzustand der Hülle des Yb^{3+}-Ions ist deshalb ein $F_{7/2}$-Zustand. Die 4f-Schale hat ein elektrisches Quadrupolmoment, und es tritt eine Wechselwirkung mit dem elektromagnetischen Feld des Kristallgitters auf. Diese Wechselwirkung ist so stark, daß sie zunächst einmal den Hüllenspin $J = 7/2$ vom Kernspin I entkoppelt.

Die Aufspaltung des $F_{7/2}$-Hüllenzustands im Kristallfeld führt zu vier Dubletts. Wäre der elektrische Feldgradient axialsymmetrisch, so wären dies die vier zweifach entarteten Zustände mit den magnetischen Quantenzahlen:

$$m_I = \pm \frac{1}{2}\ ;\ \pm \frac{3}{2}\ ;\ \pm \frac{5}{2}\ \text{und}\ \pm \frac{7}{2}.$$

Dubletts entstehen jedoch immer, wenn die Zahl der Elektronen ungerade ist und die die Aufhebung der Richtungsentartung verursachende Wechselwirkung zeitumkehrinvariant ist**. Diese Entartung ist unter dem Namen „Kramers"-Entartung bekannt. Sie wird in jedem Lehrbuch der Quantenmechanik bewiesen. (S. z.B. Messiah, Quantum Mechanics, North Holland Publ. Comp., 1965, S. 675.)

Die energetische Lage der vier Kramers-Dubletts des $Yb^{3+}F_{7/2}$-Terms im $Yb\ Cl_3 \cdot 6\ H_2O$ Kristall ist aufgrund optischer Absorptionsmessungen bekannt. (Diehl and Crosswhite, Journal Opt.Soc.Am. 46, 885 (1956).) Der Abstand der beiden tiefsten Terme beträgt:

$$\Delta E = 0{,}92 \cdot 10^{-2}\ \text{eV}.$$

---

*Die Relaxationszeit ist diejenige Zeit, in der durch Wechselwirkungen mit der Umgebung eine Orientierung im Mittel auf ein e-tel ihres Anfangswertes abgebaut wird.

**Jede statische elektrische Wechselwirkung ist zeitumkehrinvariant; jede magnetische Wechselwirkung ist dagegen nicht zeitumkehrinvariant, und deshalb tritt beim Zeeman-Effekt auch keine Entartung auf.

Dieser Wert ist groß gegenüber kT für die genannten tiefen Temperaturen, so daß im thermischen Gleichgewicht nur die beiden Zustände des tiefsten Kramers-Dubletts besetzt sind. Beide Zustände des Kramers-Dubletts erzeugen ein statisches Magnetfeld am Kernort von entgegengesetzter Richtung. Da sie im thermischen Gleichgewicht gleich häufig besetzt sind, ist der Kristall insgesamt unmagnetisch. In einem äußeren Magnetfeld spaltet das Kramers-Dublett auf, und der Kristall verhält sich paramagnetisch. Relaxationsübergänge zwischen einem Zustand des Kramers-Dubletts in den anderen erfolgen offensichtlich langsam gegenüber der Lebensdauer des Kernzustands; denn es gelang tatsächlich, die Hyperfeinstrukturaufspaltung des 2^+-Kernzustands in diesem Magnetfeld zu beobachten.

Das erste erfolgreiche Experiment wurde von Hüller et al. am Yb^{170} durchgeführt. Als Quelle wurde ^{170}Tm verwendet, das durch einen Beta-Zerfall den tiefsten Anregungszustand des ^{170}Yb bevölkert. Es gelang, eine nicht aufgespaltene Quelle dadurch herzustellen, daß die kubisch kristallisierte*, intermetallische Verbindung $TmAl_2$ verwendet wurde.

Die Meßanordnung zur Aufnahme des Mößbauer-Spektrums entspricht etwa der in Figur 168 dargestellten Anlage. Diese stellt eine Standard-Mößbauer-Apparatur dar in einer Form, in der sie heute in vielen Laboratorien verwendet wird.

Quelle und Absorber befinden sich im Inneren eines mit flüssigem Helium gefüllten Kryostaten. Der im Vakuummantel angebrachte Behälter mit flüssigem Stickstoff reduziert die Wärmeeinstrahlung von außen erheblich und verringert auf diese Weise den Verbrauch an flüssigem Helium. Der Boden des Kryostaten enthält dünnwandige Fenster aus Aluminium oder Beryllium, damit die Strahlung der Quelle durch den Absorber hindurch in den unter dem Kryostaten montierten Gamma-Detektor gelangen kann. Der Absorber ist fest montiert, während die Quelle bewegt wird. Sie befindet sich am unteren Ende einer massiven Stange, die in vertikaler Richtung üblicherweise harmonische Schwingungen ausführt. Sie wird durch Blattfedern in ihrer Gleichgewichtslage gehalten. Das Antriebssystem befindet sich oberhalb des Kryostaten. Es verwendet das Prinzip des Lautsprechers. Eine von einem Wechselstrom der gewünschten Frequenz durchflossene Spule befindet sich im Luftspalt eines Permanentmagneten und liefert auf diese Weise die Antriebskraft. Das Induktionssignal in der zweiten Spule wird zur Analyse der jeweiligen Momentangeschwindigkeit und zur Stabilisierung der Bewegung verwendet. Die Meßergebnisse werden mit Hilfe eines Vielkanalanalysators registriert. Dieser speichert die vom Detektor registrierten Ereignisse in einer großen Zahl (z.B. 1024) verschiedener Zählkanäle. Jeder einzelne Zählkanal soll einem bestimmten kleinen Intervall der Geschwindigkeit der Quelle ent-

---

*In einem kubischen Kristall erwartet man besonders kleine elektrische Feldgradienten.

Experimente zur elektromagnetischen Wechselwirkung

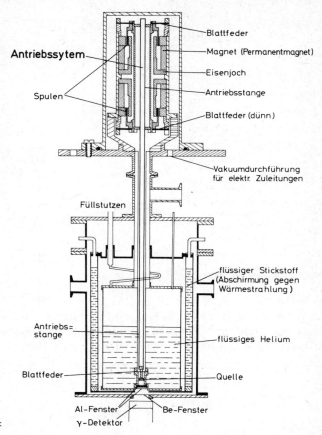

Figur 168:

Technischer Aufbau einer modernen Mößbauer-Apparatur für Untersuchungen, bei denen sowohl die Quelle als auch der Absorber mit flüssigem Helium gefüllt werden.

sprechen. Da die Geschwindigkeit der Quelle während einer Schwingung der Stange kontinuierlich den ganzen Geschwindigkeitsbereich durchfährt, muß der Vielkanalanalysator so gesteuert werden, daß er synchron mit der Schwingung der Stange schrittweise nacheinander alle Zählkanäle einzeln ansteuert. Das Blockschaltbild der Elektronik ist in Figur 169 dargestellt.

Hüller et al. untersuchten mit einer ähnlichen Anordnung das ^{170}Yb Mößbauer-Spektrum und fanden, daß tatsächlich eine äquidistante Aufspaltung der 84 keV Gamma-Linie im $YbCl_3 \cdot 6\,H_2O$ Absorber in fünf gleich intensive Linien auftrat, wie man aufgrund reiner magnetischer Wechselwirkung erwartet.

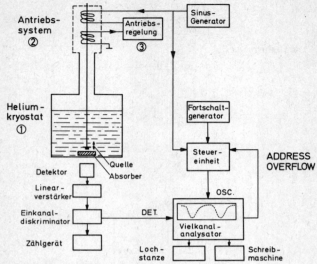

Figur 169:
Blockdiagramm einer Mößbauer-Apparatur.

Münck, Quitmann et al. führten eine entsprechende Messung am ^{172}Yb und Münck, Hüfner et al. am ^{174}Yb durch. Figur 170 zeigt das Meßergebnis für das Mößbauer-Spektrum am ^{170}Yb, und in Figur 171 ist das Hyperfeinstrukturtermschema mit den fünf beobachteten Übergängen dargestellt.

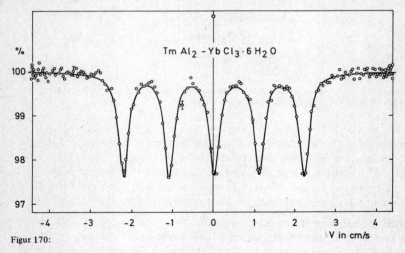

Figur 170:

Mößbauer-Spektrum des 84 keV Gamma-Übergangs des ^{170}Yb. In der Quelle, TmAl$_2$, ist die Linie nicht aufgespalten. Der Absorber, YbCl$_3 \cdot$ 6H$_2$O, zeigt eine magnetische Aufspaltung. Die Figur ist der Arbeit von Münck et al., Z.f.Naturforschung 21a, 1318 (1966), entnommen.

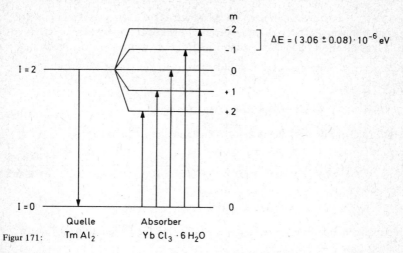

Figur 171: Interpretation der fünf in Figur 170 beobachteten Absorptionslinien im Hyperfeinstrukturtermschema.

Man entnimmt dem Mößbauer-Spektrum, daß eine Geschwindigkeit von etwa 1,095 cm/sec erforderlich ist, um durch den Doppler-Effekt die unaufgespaltene Emissionslinie vom zentralen Absorptionspeak auf die nächste Hyperfeinkomponente zu verschieben. Daraus folgt für den Abstand benachbarter Hyperfeinstrukturterme:

$$\Delta E_{mag} = \Delta(h\nu) = h\nu \cdot \frac{v}{c} = \frac{84 \cdot 10^3 \cdot 1{,}095}{3 \cdot 10^{10}} \text{ eV} = 3{,}06 \cdot 10^{-6} \text{ eV}.$$

Da ΔE_{mag} durch die Beziehung gegeben ist:

$$\Delta E_{mag} = g \cdot \mu_k \cdot \langle H_z \rangle,$$

würde man den g-Faktor der 2^+-Niveaus aus den Mößbauer-Experimenten ableiten können, wenn man das absolute Magnetfeld $\langle H_z \rangle$ am Kernort kennen würde.

Dieses Feld wurde von Henning et al. dadurch bestimmt, daß ein entsprechendes Mößbauer-Spektrum von der 66,7 keV Strahlung des ^{171}Yb aufgenommen wurde. Das magnetische Moment des ^{171}Yb im Grundzustand ist nämlich sehr genau bekannt. Es wurde von Gossard et al. (Gossard, Jaccarino, and Wernick, Phys.Rev. 133A, 881 (1964)) mit Hilfe der Kernresonanzmethode zu:

$$\mu(^{171}\text{Yb}) = 0{,}4925_4 \mu_k$$

bestimmt. Um Störungen durch die 4f-Elektronenhülle zu vermeiden, wurde für diese Messung das Yb in zweiwertiger Form benutzt. In dieser Wertigkeitsstufe enthält die 4f-Schale vierzehn Elektronen und ist damit vollbesetzt.

Henning et al. leiteten aus dem Mößbauer-Spektrum unter Verwendung dieses Wertes für μ das Magnetfeld am Kernort im $YbCl_3 \cdot 6\,H_2O$ ab:

$$\langle H_z \rangle = (2{,}88 \pm 0{,}03) \cdot 10^6 \text{ Gauß}.$$

Damit folgt für den g-Faktor des 2^+-Zustands im ^{170}Yb:

$$g_{2^+}(^{170}\text{Yb}) = \frac{\Delta E}{\mu_k \cdot \langle H_z \rangle} = \frac{3{,}06 \cdot 10^{-6}}{3{,}152 \cdot 10^{-12} \cdot 2{,}88 \cdot 10^6} \frac{\text{eV Gauß}}{\text{eV Gauß}}$$

$$= 0{,}338 \pm 0{,}010.$$

In entsprechender Weise wurden die g-Faktoren für ^{172}Yb und ^{174}Yb zu

$$g_{2^+}(^{172}\text{Yb}) = 0{,}335 \pm 0{,}010$$

und

$$g_{2^+}(^{174}\text{Yb}) = 0{,}340 \pm 0{,}010$$

bestimmt.

Es sei noch erwähnt, daß dieses Verfahren zur Bestimmung von g-Faktoren der 2^+-Anregungszustände von Kernen der Seltenen Erden durch eine erfolgreiche Messung am ^{166}Er durch Dobler et al. eingeführt wurde. In diesem Fall wurde zur Eichung des inneren Feldes das magnetische Moment des Grundzustands von ^{167}Er verwendet, das durch eine direkte Messung mit Hilfe der Atomstrahlresonanzmethode bestimmt worden war.

Die ersten Anregungszustände stark deformierter gg-Kerne erklärt man heute als kollektive Rotationszustände. Wenn man annimmt, daß der Atomkern als Ganzes im ersten angeregten Zustand mit dem Drehimpuls $I = 2$ rotiert, so erwartet man für das magnetische Moment dieses Zustandes:

(375) $$\mu = g_R \cdot \mu_k \cdot \frac{\mathbf{I}}{\hbar} = \frac{\mu_k}{\hbar} \cdot \sum_{i=1}^{Z} g_l(\text{proton}) \cdot \mathbf{l}_i(\text{proton});$$

denn es würden alle Protonen im Kern aufgrund der kollektiven Bahnbewegung ihrer Ladung zum magnetischen Moment beitragen.

Experimente zur elektromagnetischen Wechselwirkung

Das gyromagnetische Verhältnis g_l(Proton) ist natürlich eins. Drücken wir jetzt den Gesamtdrehimpuls **I** mit Hilfe des Gesamtträgheitsmoments des Atomkerns θ und der Rotationswinkelgeschwindigkeit ω_R aus:

(376) $\qquad \mathbf{I} = \theta \cdot \omega_R$

und entsprechend den Bahndrehimpuls der Z Protonen durch den Anteil der Protonen am Gesamtträgheitsmoment θ_P

(377) $\qquad \sum_{i=1}^{Z} \mathbf{l}_i(\text{proton}) = \theta_P \cdot \omega_R,$

so läßt sich das magnetische Moment in der Form schreiben:

$$\mu = \frac{\mu_k}{\hbar} \cdot g_R \cdot \theta \cdot \omega_R = \frac{\mu_k}{\hbar} \cdot \theta_P \cdot \omega_R.$$

Man erhält damit für den Rotations-g-Faktor g_R:

(378) $\qquad g_R = \dfrac{\theta_P}{\theta}.$

Bei gleichmäßiger radialer Verteilung der Protonen und Neutronen im Kern würde θ_P/θ genau gleich dem Verhältnis der Zahl der Protonen zur Zahl der Neutronen im Kern sein:

(379) $\qquad g_R = \dfrac{Z}{A}.$

Dieses Verhältnis liegt bei den stark deformierten Kernen im Gebiet $150 \leqslant A \leqslant 190$ bei etwa 0,4. Das oben beschriebene Experiment hat etwas kleinere Werte ergeben.

Für die genauere Erforschung der Struktur der Rotationsbewegung der Atomkerne ist die Systematik der g_R-Faktoren von besonderer Bedeutung. Wir werden sie im letzten Kapitel bei der Behandlung des kollektiven Modells studieren.

Bei der Behandlung des Mößbauer-Effekts haben wir uns bisher auf die Hyperfeinstrukturaufspaltung durch Magnetfelder beschränkt.

Es ist jedoch in vielen Fällen möglich, auch die elektrische Hyperfeinstrukturaufspaltung aufgrund der Wechselwirkung zwischen dem elektrischen Quadrupolmoment des Atomkerns und dem vom Kristallgitter am Ort des Kerns erzeugten elektrischen Feldgradienten zu beobachten. Leider läßt sich bis heute der Absolutwert dieses elektrischen Feldgradienten im allgemeinen nur sehr schlecht berechnen, auch wenn die Kristallstruktur genau bekannt ist. Die besondere Schwierigkeit liegt darin, daß die Atomhüllen auch bei abgeschlossenen Schalen durch das Kristallfeld polarisiert werden und auf diese Weise den Feldgradienten am Kernort ganz erheblich verändern. Man nennt diesen Effekt nach seinem Entdecker den „Sternheimer-Effekt".

Aus diesem Grunde ist im allgemeinen eine direkte Ableitung von elektrischen Quadrupolmomenten von Atomkernen im Grundzustand oder auch im angeregten Zustand aus den beobachteten Mößbauer-Spektren nicht möglich. Andererseits lassen sich die Verhältnisse der elektrischen Quadrupolmomente von isotopen oder isomeren Kernen mit großer Genauigkeit bestimmen. Als Beispiel sei im folgenden die Messung der Verhältnisse der Quadrupolmomente der 2^+-Rotationszustände der Isotope ^{176}Hf, ^{178}Hf und ^{180}Hf beschrieben.

63) Die Bestimmung der Verhältnisse elektrischer Quadrupolmomente mit Hilfe des Mößbauer-Effekts am Beispiel der 2^+-Rotationszustände der Isotope ^{176}Hf, ^{178}Hf und ^{180}Hf

Lit.: Gerdau, Steiner, and Steenken in Matthias and Shirley: Hyperfine Structure and Nuclear Radiation; North Holland Publ.Comp., Amsterdam 1968, S. 261ff.
Persson, Blumberg, and Agresti, Phys.Rev. 170, 1066 (1968)

Der Ausdruck für die Wechselwirkungsenergie zwischen dem elektrischen Quadrupolmoment Q eines Atomkerns mit dem Spin I und einem statischen axialsymmetrischen elektrischen Feldgradienten, der durch seine Komponente V_{zz} (z-Achse in Richtung der Symmetrie-Achse) beschrieben wird, ist etwas anders als der Ausdruck für die elektrische Wechselwirkungsenergie in freien Atomen, den wir auf Seite 464f. diskutiert hatten (s. Gl. 330). Dies liegt daran, daß bei freien Atomen die Atomhülle mit den Kernspins gemein-

Experimente zur elektromagnetischen Wechselwirkung

sam um den Gesamtdrehimpuls F präzedieren, während im Kristall der elektrische Feldgradient raumfest ist.

Zur Berechnung der Hyperfeinstrukturaufspaltung gehen wir wieder von der allgemeinen Beziehung (Gleichung 323) aus:

$$W_e = \frac{4\pi}{5} \cdot \sum_{m=-2}^{+2} q_m^{(2)} \cdot V_m^{(2)}.$$

Wir legen die z-Achse in die Symmetrie-Achse des Kristallfeldes und erhalten für den Fall der Achsialsymmetrie des Feldes (s. Gleichung 321):

$$V_0^{(2)} = \frac{1}{4} \cdot \left(\frac{5}{\pi}\right)^{1/2} \cdot V_{zz}; \quad V_{\pm 1}^{(2)} = 0 \text{ und } V_{\pm 2}^{(2)} = 0;$$

d.h.:

(380)
$$W_e = \frac{4\pi}{5} \cdot q_0^{(2)} \cdot V_0^{(2)}$$

$$= \frac{4\pi}{5} \cdot \frac{1}{4} \cdot \left(\frac{5}{\pi}\right)^{1/2} \cdot q_0^{(2)} \cdot V_{zz} = \left(\frac{\pi}{5}\right)^{1/2} \cdot q_0^{(2)} \cdot V_{zz}.$$

Wir berechnen nun die Matrixelemente dieses Wechselwirkungsoperators unter Verwendung der m-Darstellung der Kernzustände:

(381) $$\langle I\, m | W_e | I\, m' \rangle = \left(\frac{\pi}{5}\right)^{1/2} \cdot V_{zz} \cdot \langle I\, m | q_0^{(2)} | I\, m' \rangle.$$

Durch Anwendung des Wigner-Eckart-Theorems (Gleichung 325) erhält man:

$$\langle I\, m | W_e | I\, m' \rangle = \left(\frac{\pi}{5}\right)^{1/2} \cdot V_{zz} \cdot \frac{1}{(2I+1)^{1/2}} \cdot \langle I\, 2\, m'\, 0 | I\, m \rangle \langle I \| q^{(2)} \| I \rangle.$$
(382)

Der Clebsch-Gordan-Koeffizient $\langle I\, 2\, m'\, 0 | I\, m \rangle$ verschwindet für $m' \neq m$. Dies folgt aus der Definition der Clebsch-Gordan-Koeffizienten. In der Definitionsgleichung (326) erfordert die Drehimpulserhaltung, daß $m_f + M = m_i$.

Die Matrix des Wechselwirkungsoperators ist also bereits diagonal, was nichts anderes bedeutet, als daß die m-Zustände in achsialsymmetrischen Feldgradienten bereits die Eigenzustände sind.

Wir eliminieren jetzt das reduzierte Matrixelement $\langle I \| q^{(2)} \| I \rangle$ unter Verwendung des spektroskopischen Quadrupolmoments Q_I (Gleichung 327):

$$Q_I = \frac{4}{e} \cdot \left(\frac{\pi}{5}\right)^{1/2} \cdot \frac{1}{(2I+1)^{1/2}} \cdot \langle I\, 2\, I\, 0 | I\, I \rangle \cdot \langle I \| q^{(2)} \| I \rangle$$

und erhalten:

(383) $$\langle W_e \rangle = \frac{e}{4} \cdot V_{zz} \cdot Q_I \cdot \frac{\langle I\,2\,m\,0 | I\,m \rangle}{\langle I\,2\,I\,0 | I\,I \rangle},$$

oder nach Einsetzen der algebraischen Ausdrücke für die Clebsch-Gordan-Koeffizienten erhält man schließlich:

(384) $$\langle W_e \rangle = \frac{e}{4} \cdot V_{zz} \cdot Q_I \cdot \frac{3\,m^2 - I(I+1)}{I \cdot (2I-1)}.$$

Es ist üblich, die Stärke der elektrischen Wechselwirkung durch eine elektrische Wechselwirkungsfrequenz ω_E auszudrücken, die definiert ist durch:

(385) $$\hbar \omega_E = \frac{e \cdot Q \cdot V_{zz}}{4I \cdot (2I-1)}.$$

Damit lassen sich die Eigenwerte in der Form schreiben:

(386) $$\langle W_e \rangle = \hbar \omega_E \cdot (3m^2 - I(I+1)).$$

Das Termschema der elektrischen Hyperfeinstrukturaufspaltung eines 2^+-Zustandes ist in Figur 172 dargestellt. Hierbei ist vorausgesetzt, daß der elektrische Feldgradient axialsymmetrisch* ist und daß keine magnetische Wechselwirkung vorliegt.

Gerdau et al. untersuchten das Mößbauer-Absorptionsspektrum der $(2^+ \rightarrow 0^+)$-Übergänge am ^{176}Hf, ^{178}Hf und ^{180}Hf unter Verwendung eines HfO$_2$-Absorbers. In allen drei Fällen wurde eine Einlinienquelle dadurch hergestellt, daß die Aktivitäten in das Gitter metallischen Molybdäns eingebaut wurden. Figur 173 zeigt als Beispiel das Absorptionsspektrum des ^{178}Hf. Die Analyse ergab, daß tatsächlich keine magnetische Wechselwirkung vorliegt und daß der elektrische Feldgradient axialsymmetrisch ist. Die Aufspaltung ist so klein, daß die dicht beieinander liegenden Übergänge zu den Hyperfeinstrukturtermen mit $m = 0$ und ± 1 nicht getrennt sind, sondern als ein intensiver breiter Absorptions-„peak" erscheinen. Der kleinere „peak" gehört zu dem Übergang zum $m = \pm 2$ Term.

---

*Bei Kristallfeldern ist es nicht selbstverständlich, daß der Feldgradient axialsymmetrisch ist. Tatsächlich hat man in vielen Fällen Axialasymmetrie beobachtet. Der Operator für die Wechselwirkungsenergie ist dann komplizierter, und die m-Zustände sind keine Eigenzustände mehr. Eine Behandlung dieses komplizierten Falles findet man z.B. in den Arbeiten: Matthias, Schneider und Steffen, Phys.Rev. 125, 261 (1962) und Arkiv för Fysik 24, 97 (1963).

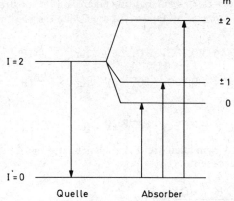

Figur 172:

Elektrische Hyperfeinstrukturaufspaltung eines (2 + → 0 +)-Übergangs (Termschema).

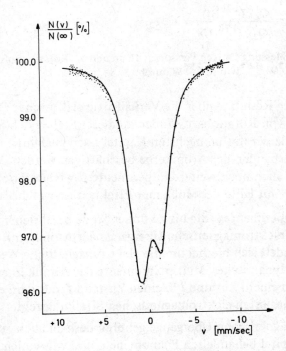

Figur 173:

Elektrische Hyperfeinstrukturaufspaltung des (2 + → 0 +)-Übergangs im ^{178}Hf, beobachtet mit Hilfe des Mößbauer-Effekts. Die Figur ist der Arbeit von Gerdau et al. in Matthias und Shirley: „Hyperfine Structure and Nuclear Radiation", North Holland Publ.Comp., Amsterdam 1968, Seite 261ff., entnommen.

Experimente zur elektromagnetischen Wechselwirkung

Die absolute Größe der Energieaufspaltung ergab sich für die drei Isotope etwas verschieden. Gerdau et al. fanden für die Größe der elektrischen Wechselwirkung die Werte:

$$\hbar\omega_E = -0{,}102_1 \cdot 10^{-6} \text{ eV} \quad \text{für} \quad ^{176}\text{Hf}$$

$$\hbar\omega_E = -0{,}100_1 \cdot 10^{-6} \text{ eV} \quad \text{für} \quad ^{178}\text{Hf}$$

und

$$\hbar\omega_E = -0{,}091_1 \cdot 10^{-6} \text{ eV} \quad \text{für} \quad ^{180}\text{Hf}.$$

Da der Feldgradient V_{zz} in allen drei Fällen gleich ist, folgt für die Verhältnisse der Quadrupolmomente:

$$\frac{Q_{2+}(^{176}\text{Hf})}{Q_{2+}(^{180}\text{Hf})} = 1{,}09_2$$

und

$$\frac{Q_{2+}(^{176}\text{Hf})}{Q_{2+}(^{178}\text{Hf})} = 1{,}02_2.$$

Eine ähnliche Messung führten Persson et al. an den 2^+-Rotationszuständen der Isotope ^{182}W, ^{184}W und ^{186}W durch.

Wir wollen die Resultate über die Verhältnisse elektrischer Quadrupolmomente von Rotationszuständen an dieser Stelle noch nicht diskutieren, da wir uns im nächsten Kapitel noch ausführlich mit den Rotationsbanden der Atomkerne beschäftigen werden. Wir werden dann auch noch weitere Experimente zur Rotationsstruktur studieren, die mit Hilfe des Mößbauer-Effekts durchgeführt wurden.

Bei vielen Experimenten, die bis zu dieser Stelle beschrieben wurden, spielten elektromagnetische Übergänge der Atomkerne eine Rolle. Es handelt sich hierbei um die elektromagnetische Wechselwirkung der dynamischen Multipolmomente der Atomkerne beim Übergang von einem Zustand i in einen Zustand f mit dem emittierten oder absorbierten elektromagnetischen Strahlungsfeld.

Die elektromagnetischen Übergänge gehören deshalb auch zu den in diesem Kapitel behandelten Phänomenen, und wir wollen uns im folgenden eingehender mit den elektromagnetischen Übergängen der Atomkerne befassen.

Experimente zur elektromagnetischen Wechselwirkung

Die Physiker haben die wichtigsten Eigenschaften und Gesetzmäßigkeiten der elektromagnetischen Strahlung durch ein Studium der optischen Ausstrahlung angeregter Atomhüllen kennengelernt. Insbesondere lieferte dieses Studium folgende Eigenschaften:

1. Die erlaubten Übergänge der Atomhülle folgen den Auswahlregeln

   $\Delta L = \pm 1$ und $\Delta J = \pm 1$ oder 0, außer $0 \to 0$

   (L = Bahndrehimpulsquantenzahl,
   J = Quantenzahl des Gesamtdrehimpulses der Atomhülle).

Dieses Ergebnis legt nahe, daß die Photonen einen Eigendrehimpuls haben mit der Quantenzahl $S_{\text{Photon}} = 1$.

Aus dem Drehimpulserhaltungssatz folgt nämlich z.B. für einen Übergang mit $\Delta J = \pm 1$, daß das Photon mindestens eine Drehimpulseinheit übernimmt. Es ist jedoch schlecht möglich, daß dieser Drehimpuls als Bahndrehimpuls übernommen wird, wie eine einfache klassische Abschätzung zeigt (s. Figur 174):

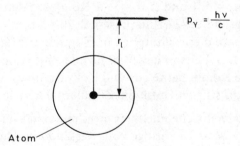

Figur 174: Klassische Abschätzung der Exzentrizität, mit der ein Photon ein Atom verlassen muß, um Bahndrehimpulse zu übertragen.

Ein Photon der Energie $h\nu$ und mit dem Impuls $h\nu/c$ soll mit einer solchen Exzentrizität aus einem Atom emittiert werden, daß die z-Komponente des Bahndrehimpulses $\mathbf{l} = \mathbf{r}_l \times \mathbf{p}_\gamma$ gerade den Wert $l_z = 1 \cdot \hbar$ annimmt. Dann gilt für die Exzentrizität $r_{l=1}$:

$$r_{l=1} = \frac{\hbar \cdot c}{h\nu} = \frac{c}{2\pi\nu} = \frac{\lambda}{2\pi} = \lambdabar$$

538 Experimente zur elektromagnetischen Wechselwirkung

oder wenn man für λ die mittlere Wellenlänge sichtbaren Lichts von etwa 6000Å einsetzt:

$$r_{1=1} \approx \frac{6000}{2\pi} \text{ Å} \approx 1000\text{Å}.$$

Diese Exzentrizität ist aber bereits etwa 1000mal größer als der Atomradius, so daß auch die Quantenmechanik für einen solchen Prozeß nur eine verschwindend kleine Übergangswahrscheinlichkeit liefern würde.

2. Wenn die Komponente des Eigendrehimpulses der Photonen in Flugrichtung $+1 \cdot \hbar$ beträgt, dann ist die Strahlung vollständig rechtsherum und entsprechend bei $-1 \cdot \hbar$ linksherum zirkularpolarisiert.

Der experimentelle Nachweis läßt sich leicht dadurch führen, daß man die Zirkularpolarisation einer einzelnen Zeeman-Komponente beim normalen Zeeman-Effekt in einem äußeren Magnetfeld untersucht. Wenn man die Strahlung in Feldrichtung austreten läßt, so folgt für die $\Delta m = +1$ und $\Delta m = -1$ Komponenten des „Lorentz-Tripletts*" aufgrund des Drehimpulserhaltungssatzes, daß die Drehimpulskomponente dieser Photonen in Flugrichtung den Wert $-1 \cdot \hbar$ bzw. $+1 \cdot \hbar$ haben muß. Man blendet mit Hilfe eines Monochromators eine Komponente aus und kann dann mit Standardmethoden der klassischen Optik die Zirkularpolarisation nachweisen.

3. Die Übergangswahrscheinlichkeit pro Zeiteinheit für erlaubte elektromagnetische Übergänge vom Zustand i in den Zustand f beträgt:

(387) $$W_{i \to f} = \frac{4 \cdot \omega_{if}^3}{3\hbar \cdot c^3} \cdot |\langle \psi_f | e\mathbf{r} | \psi_i \rangle|^2$$

---

*Der normale Zeeman-Effekt spaltet die einzelnen Terme der Atomhülle in äquidistante Multipletts auf, deren Komponenten sich durch die magnetische Quantenzahl m unterscheiden. Übergänge zwischen zwei Komponenten dieser Multipletts verschiedener Terme folgen der Auswahlregel $\Delta m = \pm 1$ oder 0. Diese drei Möglichkeiten liefern drei verschiedene Übergangsenergien, und man spricht vom „Lorentz-Triplett".

mit

$$\hbar \cdot \omega_{if} = E_i - E_f.$$

[Auf Seite 441 wurde gezeigt, daß bei einem elektromagnetischen Übergang mit einer Änderung des Gesamtdrehimpulses von $\Delta J = \pm 1$ oder 0 und einer Änderung der Parität (aus $\Delta L = 1$ folgt, daß sich die Parität ändert) im Übergangsstadium ein mit der Frequenz ω_{if} schwingendes elektrisches Dipolmoment vorhanden ist. Man spricht deshalb auch von elektrischer Dipolstrahlung. Wie die Ausstrahlungsleistung in der klassischen Elektrodynamik ist die Übergangswahrscheinlichkeit proportional zum Quadrat der Amplitude der Dipolschwingung. Auf die exakte Herleitung dieser quantenmechanischen Formel sei hier verzichtet.]

Die elektromagnetischen Übergänge in den Atomkernen zeigen aufgrund der folgenden beiden Umstände vielseitigere Phänomene:

1. Die Größenordnung der Energie bei Gamma-Übergängen der Atomkerne liegt bei Millionen eV, d.h., sie ist 10^6 mal höher als bei den aus der Atomhülle emittierten Lichtquanten. $\lambdabar$ ist deshalb 10^6 mal kleiner als bei optischen Lichtquanten und damit in der Größenordnung von 10^{-11} cm. Da bei schweren Kernen die Kernradien größer als 10^{-12} cm sind, ist bei Gamma-Übergängen die Übertragung von „Bahndrehimpuls" nicht mehr stark verboten. Dies ist der Grund dafür, daß bei den Atomkernen sehr häufig auch Übergänge beobachtet werden mit $\Delta I = 2, 3$ oder noch größer.

2. Als Konkurrenzprozeß zur Emission eines Gamma-Quants wird die Übertragung der Zerfallsenergie auf ein Elektron der eigenen Atomhülle beobachtet. Man spricht vom Prozeß der inneren Umwandlung oder der Emission von Konversionselektronen.

Wir wollen uns mit dem Konversionsprozeß später noch ausführlich beschäftigen und zunächst die Gamma-Emission studieren.

Die durch das günstigere Verhältnis von $\lambdabar$ zum Radius des emittierenden Objekts ermöglichte Übernahme von größeren Bahndreh-

Experimente zur elektromagnetischen Wechselwirkung

impulsen durch das Gamma-Quant muß zunächst eingehender diskutiert werden.

Der Drehimpulserhaltungssatz fordert:

(388) $\quad \mathbf{I}_i = \mathbf{I}_f + \mathbf{L},$

wo **L** der vom Photon übernommene Drehimpuls ist. Dabei ergibt sich für die Quantenzahl L (da der Eigendrehimpuls 1 ist, kann L nur ganze Zahlen $\geqslant 1$ annehmen) die Auswahlregel:

(389) $\quad I_i + I_f \geqslant L \geqslant |I_i - I_f|.$

Da ƛ immer noch kleiner als der Kernradius R ist, wird im allgemeinen nur der tiefste Wert von L realisiert. Es tritt jedoch gelegentlich der Fall ein, daß für den tiefsten Wert von L das Matrixelement des Gamma-Übergangs aufgrund der besonderen Kernstruktur der beteiligten Niveaus besonders klein wird. Dann beobachtet man mit merklicher und gelegentlich auch überwiegender Amplitude zusätzlich den Übergang mit $L = L_{m\,in} + 1$.

Eine Untersuchung der elektromagnetischen Eigenschaften des Atomkerns während des Übergangs ergibt, daß ein mit der Frequenz der emittierten Strahlung schwingendes elektrisches oder magnetisches Multipolmoment der Multipolordnung 2^L vorliegt entsprechend den Multipolauswahlregeln:

Tabelle 10

$\Delta\pi$ \ ΔI	0; 1	2	3	4	...
ja	$E1(M2)$	$M2$	$E3$	$M4$	...
nein	$M1\,(E2)$	$E2$	$M3$	$E4$	...

Das Symbol $M2$ bedeutet magnetische Quadrupolstrahlung, $E3$ elektrische Oktupolstrahlung usw. Auf den allgemeinen Beweis sei hier verzichtet*.

---

*Zur Veranschaulichung sei der Nachweis jedoch für den speziellen Fall eines $E2$-Einteilchenübergangs im Schalenmodell geführt. Es handelt sich um einen

Fortsetzung der Fußnote * auf Seite 541

Experimente zur elektromagnetischen Wechselwirkung

Fortsetzung der Fußnote * von Seite 540

Protonen-Übergang, und der Protonenspin sei vernachlässigt. Der Übergang möge zwischen einem Zustand E_i mit den Quantenzahlen $I_i = l_i = 2$ und $m_i = 0$ und einem Zustand E_f mit den Quantenzahlen $I_f = l_f = 0$ und $m_f = 0$ stattfinden. Dann lautet die Wellenfunktion der beiden Zustände:

$$\Psi_{i,f} = \psi_{i,f}(\mathbf{r}) \cdot e^{-i\frac{E_{i,f}}{\hbar} \cdot t}$$

mit

$$\psi_i(\mathbf{r}) = \frac{u_i(r)}{r} \cdot Y_0^2(\theta,\varphi); \quad \psi_f(\mathbf{r}) = \frac{u_f(r)}{r} \cdot Y_0^0(\theta,\varphi)$$

und

$$Y_0^2 = \sqrt{\frac{5}{16\pi}} \cdot (3\cos^2\theta - 1); \quad Y_0^0 = \frac{1}{\sqrt{4\pi}}.$$

Während des Übergangs setzen wir für die Wellenfunktion an:

$$\Psi = c_i \Psi_i + c_f \Psi_f$$

und berechnen den Erwartungswert des elektrischen Quadrupolmoments

$$\langle Q \rangle = \langle \Psi | Q_{op} | \Psi \rangle, \text{ mit } Q_{op} = 3z^2 - r^2 = r^2(3\cos^2\theta - 1).$$

Wir erhalten durch Einsetzen der Wellenfunktion Ψ:

$\langle Q \rangle =$

$$= c_i^* c_i \cdot Q_i + c_f^* c_f Q_f + \left(c_i^* c_f \cdot e^{+i\frac{E_i - E_f}{\hbar} \cdot t} + c_i c_f^* \cdot e^{-i\frac{E_i - E_f}{\hbar} \cdot t} \right) \times$$

$$\times \int\int \left(\frac{5}{16\pi}\right)^{1/2} \cdot (3\cos^2\theta - 1) \cdot r^2 \cdot (3\cos^2\theta - 1) \cdot \frac{1}{(4\pi)^{1/2}} \cdot \frac{u_i(r)}{r} \times$$

$$\times \frac{u_f(r)}{r} \cdot r^2 d\Omega dr$$

$$= c_i^* c_i Q_i + c_f^* c_f Q_f + 2 \cdot \text{Re}\left(c_i c_f^* \cdot e^{-i\frac{E_i - E_f}{\hbar} t}\right) \times$$

$$\times \frac{2}{5^{1/2}} \cdot \int Y_0^2(\theta) \cdot Y_0^2(\theta) d\Omega \cdot \int u_i(r) \cdot u_f(r) \cdot r^2 dr$$

Experimente zur elektromagnetischen Wechselwirkung

Zur Berechnung der Übergangswahrscheinlichkeit für elektromagnetische Übergänge geht man von dem schon mehrfach benutzten Ausdruck (s. Gleichung 39) der Störungstheorie aus:

$$W_{i \to f} = \frac{2\pi}{\hbar} \cdot |\langle f | H | i \rangle|^2 \cdot \rho(E_f),$$

wobei man für H die Wechselwirkungsenergie zwischen dem elektromagnetischen Strahlungsfeld und den sich im Kern bewegenden Ladungen und magnetischen Momenten der Nukleonen einzusetzen hat.

Wir gehen von der vereinfachenden Annahme aus, daß ein einzelnes Proton der Atomkerne den elektromagnetischen Übergang macht und die übrigen Nukleonen des Kerns unbeteiligt sind. Ihre Rolle liegt allein darin, daß sie das mittlere Kernpotential $V(\mathbf{r})$ produzieren, in dem sich das einzelne Leuchtnukleon bewegt. Der totale Hamilton-Operator dieses Leuchtnukleons unter Berücksichtigung seiner Wechselwirkung sowohl mit dem Kernpotential als auch mit dem durch das Vektorpotential $\mathbf{A}(\mathbf{r}, t)$* beschriebenen Strahlungsfeld lautet:

---

*Die Elektrodynamik führt das Vektorpotential $\mathbf{A}$ durch die Beziehung ein: rot $\mathbf{A} = \mathbf{H}$. Diese Differentialgleichung legt $\mathbf{A}(\mathbf{r})$ noch nicht eindeutig fest. Üblicherweise macht man die Definition durch die zusätzliche Bedingung: div $\mathbf{A} = 0$ eindeutig (Coulomb-Eichung).

Fortsetzung der Fußnote * von Seite 541

oder

$$\langle Q \rangle = c_i^* c_i Q_i + c_f^* c_f Q_f + 2 \cdot \{ \text{Re}(c_i c_f^*) \cdot \cos \omega t - \text{Im}(c_i c_f^*) \cdot \sin \omega t \} \times$$

$$\times \frac{2}{5^{1/2}} \cdot \int u_i u_f \cdot r^2 dr$$

mit:

$$\hbar \omega = E_i - E_f.$$

Q_i und Q_f sind die statischen elektrischen Quadrupolmomente in den Zuständen i und f, und das dritte Glied stellt ein mit der Frequenz der Strahlung schwingendes elektrisches Quadrupolmoment dar.

(390) $$H_{op} = \frac{1}{2m}(p - e\mu_0 A)^2 + V(r) - \mu_s \cdot \text{rot } A.*$$

Die Wechselwirkung mit dem Strahlungsfeld allein beträgt damit:

(392) $$H' = -\frac{e\mu_0}{2m} \cdot (p \cdot A + A \cdot p) - \mu_s \cdot \text{rot } A.$$

Hierbei ist das quadratische Glied in A vernachlässigt.

Zur Berechnung der Übergangswahrscheinlichkeit geht man mit diesem Operator in den Ausdruck für $W_{i \to f}$ ein. Der Anfangszustand i ist der Kern im angeregten Zustand, der Endzustand f enthält den Kern im Endzustand und zusätzlich das emittierte Strahlungsquant.

Die Durchführung der Berechnung der Übergangswahrscheinlichkeit ist recht kompliziert. Man findet eine Darstellung z.B. in allen Lehrbüchern der Quantenmechanik. Besonders hingewiesen sei auf den Artikel von Moszkowsky: „Theory of Multipole Radiation" in Siegbahn: „Alpha-, Beta- and Gamma-Ray Spectroscopy II", North Holland Publ. Comp., Amsterdam 1968, S. 863ff.; auf das Buch Heitler: „Quantum Theory of Radiation", Oxford at the Clarendon Press (1954) und auf das Kapitel: „Interaction of Nuclei with Electromagnetic Radiation" in Blatt und Weisskopf: „Theoretical Nuclear Physics", J. Wiley and Sons, New York (1956).

Man erhält als Ergebnis für die Übergangswahrscheinlichkeit vom Kernzustand i in den Kernzustand f unter Emission elektromagnetischer Strahlung der Multipolarität L:

(393) $$W_{i \to f}(\sigma, L) = \frac{2(L+1)}{\epsilon_0 L[(2L+1)!!]^2} \cdot \frac{1}{\hbar}\left(\frac{E_\gamma}{\hbar c}\right)^{2L+1} \cdot B_{i \to f}(\sigma L).$$

---

* Hierbei ist berücksichtigt, daß der klassische Impulsvektor $p_{klass} = m \cdot v$ bei der Bewegung einer Ladung e in einem Magnetfeld nicht mehr die zum Ortsvektor kanonisch konjugierte Größe ist, sondern daß der kanonische konjugierte Impuls p durch die Beziehung gegeben ist:

(391) $$mv = p - e\mu_0 A.$$

Die Größe p ist der Operator $p = -i \text{ grad}$.

Hierbei charakterisiert σ, ob es sich um elektrische oder magnetische Multipolstrahlung handelt; σ steht also für E oder M.

Das Symbol $(2L+1)!!$ bedeutet $1 \cdot 3 \cdot 5 \ldots (2L+1)$, und $B(\sigma L)$, die „reduzierte Übergangswahrscheinlichkeit", ist gegeben durch:

$$(394) \qquad B_{i \to f}(\sigma L) = \frac{1}{2I_i + 1} \sum_{m_i, m_f} |\langle I_f, m_f | M^\sigma_{LM} | I_i m_i \rangle|^2.$$

Die reduzierte Übergangswahrscheinlichkeit ist also gleich der Summe der Quadrate der Matrixelemente des Multipoloperators M^σ_{LM} summiert über die Endzustände m_f und gemittelt über die Anfangszustände m_i. Wegen des Drehimpulserhaltungssatzes gilt natürlich:

$$M = m_i - m_f.$$

Die Multipoloperatoren M^σ_{LM} lauten für ein Proton:

$$M^E_{LM} = e \cdot r^L Y^{M*}_L - i \cdot \frac{1}{L+1} \cdot \frac{E_\gamma}{\hbar c} \cdot (\mu_s \times \mathbf{r}) \cdot [\text{grad } r^L Y^M_L]^*$$
(395)

und

$$M^M_{LM} = \frac{e \mu_0 \hbar}{m_P} \cdot \frac{1}{L+1} \cdot (\mathbf{L} \cdot [\text{grad } r^L Y^M_L]^*) + (\mu_s \cdot [\text{grad } r^L Y^M_L]^*).$$
(396)

Zur numerischen Auswertung der Matrixelemente dieser Multipoloperatoren kann man z.B. Schalenmodellwellenfunktionen verwenden[*]. Ein noch einfacheres Modell verwendet eine Radialfunktion, die für $r < R$ einen konstanten Wert hat und für $r > R$ verschwindet. Mit diesem Modell kommt man zu der bequemen Abschätzung[**]

---

[*]Moszkowsky, Phys.Rev. 89, 474 (1953).

[**]Moszkowsky in Siegbahn: „Alpha-, Beta-, Gamma-Ray **Spectroscopy**", North Holland Publ.Comp., Amsterdam 1968, S. 879 u. 880.

$$W_{i\to f}(EL) = \frac{4{,}4 \cdot (L+1)}{L\,[(2L+1)!!]^2} \cdot \left(\frac{3}{L+3}\right)^2 \cdot \left(\frac{E_\gamma}{197\text{ MeV}}\right)^{2L+1} \times$$

(397) $$\times \left(\frac{R}{10^{-13}\text{ cm}}\right)^{2L} \cdot S \cdot 10^{21}\text{ sec}^{-1}$$

und

$$W_{i\to f}(ML) = \frac{0{,}19\,(L+1)}{L\,[(2L+1)!!]^2} \cdot \left(\frac{3}{L+2}\right)^2 \cdot \left(\frac{\mu_p}{\mu_k} \cdot L - \frac{L}{L+1}\right)^2 \times$$

(398) $$\times \left(\frac{E_\gamma}{197\text{ MeV}}\right)^{2L+1} \cdot \left(\frac{R}{10^{-13}\text{ cm}}\right)^{2L+1} \cdot S \cdot 10^{21}\text{ sec}^{-1}$$

mit:

(399) $$S = S(I_i, L, I_f) = (2\,I_f + 1) \cdot \langle I_i\, I_f\, \tfrac{1}{2} - \tfrac{1}{2}\,|\,L\,0\rangle^2.$$

Der Faktor $\langle I_i\, I_f\, \tfrac{1}{2} - \tfrac{1}{2}\,|\,L\,0\rangle$ ist ein Clebsch-Gordan-Koeffizient*.
Die Clebsch-Gordan-Koeffizienten werden in jedem Lehrbuch der Quantenmechanik bei der Behandlung der Addition von Drehimpulsvektoren behandelt (z.B. in Messiah: „Quantum Mechanics", North Holland Publ. Comp., Amsterdam 1965 (S. 560)). Der Faktor S liegt in der Nähe von 1. Man findet ihn in dem zitierten Übersichtsartikel von Moszkowsky tabelliert.

Wenn man $S = 1$ setzt und für die magnetischen Übergänge eine noch etwas einfachere Abschätzung verwendet, kommt man zur sogenannten Weisskopf-Formel**:

$$W_{i\to f}(EL) = \frac{4{,}4\,(L+1)}{L\cdot [(2L+1)!!]^2} \cdot \left(\frac{3}{L+3}\right)^2 \cdot \left(\frac{E_\gamma}{197\text{ MeV}}\right)^{2L+1} \times$$

(400) $$\times \left(\frac{R}{10^{-13}\text{ cm}}\right)^{2L} \cdot 10^{21}\text{ sec}^{-1}$$

---

* Wir hatten die Clebsch-Gordan-Koeffizienten durch Gl. 326 definiert.
**Weisskopf, Phys.Rev. 83, 1073 (1951).
Blatt and Weisskopf, „Theoretical Nuclear Physics", J. Wiley and Sons, New York (1956), S. 627.

und

$$W_{i\to f}(ML) = \frac{1{,}9 \cdot (L+1)}{L \cdot [(2L+1)!!]^2} \cdot \left(\frac{3}{L+3}\right)^2 \cdot \left(\frac{E_\gamma}{197\,\text{MeV}}\right)^{2L+1} \times$$

(401) $$\times \left(\frac{R}{10^{-13}\,\text{cm}}\right)^{2L-2} \cdot 10^{21}\,\text{sec}^{-1}.$$

Diese Abschätzung wird von den Experimentatoren sehr gerne zum Vergleich mit experimentell bestimmten Übergangswahrscheinlichkeiten verwendet. Man gibt häufig experimentell bestimmte Übergangswahrscheinlichkeiten in „Weisskopf-Einheiten" an und spricht von beschleunigten Übergängen, wenn eine Zahl größer als eins herauskommt und von verzögerten Übergängen, wenn sie kleiner als eins ist. Der reziproke Wert der Übergangswahrscheinlichkeit ist die mittlere Lebensdauer τ:

(402) $$\frac{1}{W_{i\to f}} = \tau = \frac{T_{1/2}}{\ln 2}.$$

Man muß allerdings darauf achten, daß man bei mehreren Zerfallskanälen die partiellen Übergangswahrscheinlichkeiten jedes Zerfallskanals addieren muß. Insbesondere spielt bei niedrigen Gamma-Energien und hohen Multipolordnungen der Konversionsprozeß eine sehr große Rolle.

In Figur 175 und 176 sind die Halbwertszeiten für Gamma-Übergänge entsprechend der „Weisskopf-Abschätzung" graphisch dargestellt. Die gestrichelten Linien geben die partiellen Halbwertszeiten allein aufgrund der Gamma-Emission wieder; die ausgezogenen Kurven geben die Halbwertszeit wieder, wenn man die Zerfallsmöglichkeit durch Konversion mitberücksichtigt.

Wir hatten gesehen, daß Gamma-Übergänge mit $L > 1$ im Teilchenbild eine exzentrische Emission voraussetzen, wobei die Exzentrizität umso kleiner ist, je größer die Gamma-Energie ist. Diese Exzentrizität war größer als der Kernradius, so daß die Übergangswahrscheinlichkeit für Übergänge mit $L > 1$ erheblich kleiner ist als bei $L = 1$. Man erwartet aufgrund dieses Bildes, daß z.B. die Retardierung der $E2$-Übergänge gegenüber den $E1$-Übergängen mit zunehmender

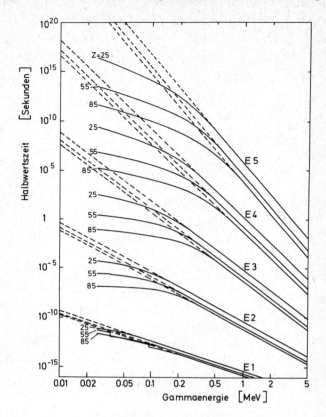

Figur 175:

Graphische Darstellung der Halbwertszeiten von elektrischen Multipol-Übergängen, abgeschätzt mit Hilfe der Weißkopf-Formel. Die gestrichelten Kurven sind die partiellen Halbwertszeiten, die allein aufgrund der Gamma-Emission auftreten. Die ausgezogenen Kurven berücksichtigen zusätzlich die Konversion. Diese Figur ist dem Buch von Wapstra, Nijgh und van Lieshout: „Nuclear Spectroscopy Tables", North Holland Publ.Comp., Amsterdam 1959, entnommen.

Gamma-Energie empfindlich kleiner wird. Ein Blick auf Figur 175 bestätigt die Richtigkeit dieses Schlusses.

Die theoretisch vorhergesagten Halbwertszeiten erstrecken sich über einen sehr großen Zeitbereich. Heute ist fast der gesamte Zeitbereich der Messung zugänglich. Die wichtigsten Methoden sind im folgenden beschrieben:

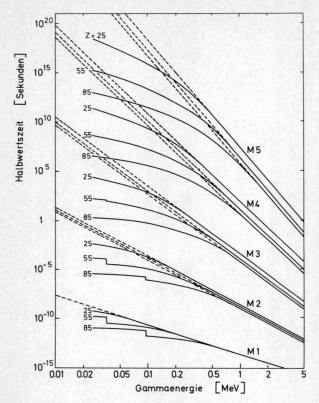

Figur 176:

Graphische Darstellung der Halbwertszeiten von magnetischen Multipolübergängen, abgeschätzt mit Hilfe der Weißkopf-Formel. Diese Figur ist dem gleichen Buch wie Figur 160 entnommen.

64 Bestimmung der Halbwertszeiten von Gamma-Übergängen durch verzögerte Koinzidenzen, „pulsed beam"-Techniken und durch chemische Methoden

Lit.: Bell in Siegbahn: „Alpha-, Beta-, and Gamma-Ray Spectroscopy",
North Holland Publ.Comp., Amsterdam 1968, chapter XXVII
Li and Schwarzschild, Phys.Rev. 129, 2668 (1963)
Tove, Nucl.Instr. 1, 95 (1957)
Radeloff, Buttler, Kesternich, and Bodenstedt, Nucl.Instr. 47, 109 (1967)

Experimente zur elektromagnetischen Wechselwirkung

Die einfachste und am häufigsten angewendete Methode zur Bestimmung von Halbwertszeiten von Gamma-Übergängen ist die der „verzögerten Koinzidenzen".

Figur 177 zeigt schematisch den Versuchsaufbau. Die einfachere Version a) arbeitet nach folgendem Prinzip:

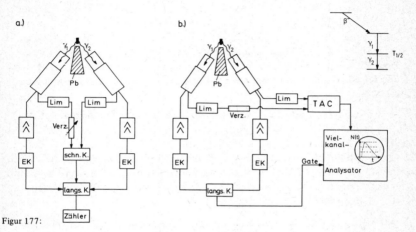

Figur 177:

Block-Diagramme für die Messungen der Halbwertszeiten mit Hilfe der Methode verzögerter Koinzidenzen. Figur 177a zeigt eine fast-slow Koinzidenzanordnung, bei der im schnellen Teil eine variable Verzögerungsleitung eingebaut ist. Die Abkürzungen bedeuten im einzelnen: Lim Limiter oder Begrenzerstufen, EK Einkanaldiskriminator und schn.K. Schnelle Koninzidenzstufe. Figur 177b zeigt die Erweiterung der in a gezeigten Skizze unter Verwendung eines Zeitimpulshöhenkonverters (TAC) in Verbindung mit einem Vielkanalanalysator. Das Ausgangssignal der langsamen Koinzidenz wird dazu verwendet, den Vielkanalanalysator anzusteuern.

Es soll die Halbwertszeit des mittleren Niveaus einer Gamma-Gamma-Kaskade im Zerfall eines radioaktiven Isotops bestimmt werden. Als Gamma-Detektoren werden zwei Szintillationsdetektoren verwendet. Ist die Halbwertszeit größer als 10^{-9} sec, so können NaJ(Tl)-Szintillatoren benutzt werden. Bei kürzeren Halbwertszeiten ist man auf organische Szintillatoren angewiesen, die eine kürzere Abklingzeit der Leuchtzentren haben.

Die Lichtblitze werden mit Photomultiplier-Röhren in elektrische Impulse umgewandelt, die anschließend durch einen Linearverstärker verstärkt werden. Die zwei folgenden Einkanaldiskriminatoren werden auf die Photolinien der beiden gewünschten Gamma-Strahlungen eingestellt. Sie lassen damit nur diejenigen Impulse hindurch, die von Gamma-Quanten der gewünschten Energie herrühren. Die Ausgänge dieser beiden Einkanaldiskriminatoren führt man einer langsamen Koinzidenzstufe mit einer Zeitauflösung von mehreren Mikrosekunden zu. Neben dieser sogenannten langsamen Koinzidenz verwendet man noch einen schnellen Koinzidenzkreis, der nur diejenigen Ereignisse passieren läßt, bei denen die Zeit zwischen der Emission von Gamma 1 und Gamma 2 in einem kleinen vorgegebenen Zeitintervall lag.

Als Zeitsignal verwendet man den allerersten Anstieg der Anodenimpulse der Photomultiplier-Röhren. Durch Begrenzer- und Impulsformerstufen formt man einheitliche Impulse sehr kurzer Länge und führt sie einer schnellen Koinzidenzstufe zu. Diese gibt nur dann ein Ausgangssignal, wenn sich beide Impulse überlappen. Koinzidenzen werden nur dann auftreten, wenn man die Verzögerungszeit zwischen der Emission von Gamma 1 und Gamma 2 durch ein Verzögerungskabel künstlich kompensiert, das hinter den Limiter (Begrenzerstufe) des Detektors für Gamma 1 geschaltet wird. Den Ausgang der schnellen Koinzidenz gibt man auf den dritten Eingang der langsamen Koinzidenzstufe.

Damit ist sichergestellt, daß insgesamt nur dann ein Ausgangssignal auf den elektronischen Zähler gelangt, wenn sowohl beide Gamma-Quanten die richtige Energie haben, als auch die Verzögerungszeit zwischen Gamma 1 und Gamma 2 in einem vorgeschriebenen Zeitintervall liegt. Die Breite dieses Zeitintervalls ist durch die Zeitauflösung der schnellen Koinzidenzstufe bestimmt. Die Lage des Zeitintervalls ist durch die Länge des eingeschalteten Verzögerungskabels festgelegt.

Die Messung wird so durchgeführt, daß die Koinzidenzzählrate nacheinander bei einer großen Anzahl verschiedener Verzögerungen beobachtet wird. Es muß natürlich berücksichtigt werden, daß es auch zufällige Koinzidenzen gibt. Ihre Zahl ist unabhängig von der eingestellten Verzögerung*. Wenn man des-

---

*Wenn die radioaktive Probe die Aktivität von N Zerfällen pro sec hat und in jedem Zerfall die untersuchte $\gamma\gamma$-Kaskade enthalten ist, dann beträgt die zufällige Koinzidenzzählrate:

(404) $\qquad N_{Zuf} = 2\tau \cdot N_1 \cdot N_2,$

wo:

(405) $\qquad N_1 = N \cdot \epsilon_1 \quad \text{und} \quad N_2 = N \cdot \epsilon_2$

die Einzelzählraten der beiden Detektoren bedeuten. ϵ_1 und ϵ_2 sind die Ansprechwahrscheinlichkeiten der Detektoren unter Einschluß der Raumwinkel. 2τ ist die Auflösezeit der schnellen Koinzidenz.

Wenn 2τ groß ist gegenüber der Lebensdauer des mittleren Niveaus, dann beträgt die wahre Koinzidenzzählrate:

(406) $\qquad N_W = N \cdot \epsilon_1 \cdot \epsilon_2,$

und das Verhältnis von zufälligen Koinzidenzen zu wahren Koinzidenzen ist allein bestimmt durch:

(407) $\qquad \dfrac{N_{Zuf}}{N_W} = \dfrac{2\tau \cdot N^2 \cdot \epsilon_1 \cdot \epsilon_2}{N \cdot \epsilon_1 \cdot \epsilon_2} = N \cdot 2\tau.$

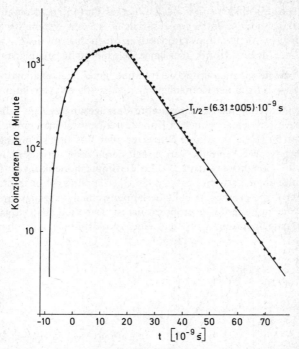

Figur 178:

Messung der Lebensdauer des 80 keV Niveaus von ^{133}Cs mit Hilfe einer Apparatur entsprechend dem Block-Schaltbild in Figur 177a. Diese Figur ist der Arbeit von Bodenstedt, Körner und Matthias, Nucl. Phys. 11, 584 (1959), entnommen.

halb die Verzögerung sehr groß macht oder die Verzögerungsleitung in den anderen Kanal legt, so mißt man direkt die Rate der zufälligen Koinzidenzen. Sie muß von den Meßwerten abgezogen werden.

Figur 178 zeigt als Beispiel die auf diese Weise bestimmte Lebensdauer des 80 keV Niveaus von ^{133}Cs. Man erwartet bei einem Zerfall des mittleren Niveaus entsprechend dem radioaktiven Zerfallsgesetz

(403) $$N(t) = N(0) \cdot e^{-\lambda t} = N(0) \cdot 2^{-\frac{t}{T_{1/2}}},$$

daß die Koinzidenzzählrate $N(t)$ bei logarithmischer Darstellung als Funktion der Verzögerungszeit in einer Geraden abfällt, und aus der Steigung dieser Geraden liest man die Halbwertszeit ab.

Heute wird meist eine technisch verfeinerte Methode verwendet. Sie ist in der Version b) der Figur 177 schematisch dargestellt. Man möchte den Nachteil der Version a) vermeiden, daß die einzelnen Punkte der Meßkurven einzeln nacheinander bestimmt werden müssen. Dieses Verfahren ist nicht nur sehr zeitraubend, sondern es entstehen zusätzliche Quellen systematischer Fehler dadurch, daß die Aktivität des radioaktiven Mutterisotops abklingt und dadurch, daß die Meßelektronik über lange Zeit hin nicht beliebig stabil ist.

Figur 177b zeigt, wie man unter Verwendung eines Vielkanalanalysators das gesamte Zeitspektrum der Koinzidenzen gleichzeitig erfassen kann.

Man verwendet jetzt eine fest eingestellte Verzögerungszeit im Kanal von Gamma 1. Anstelle einer schnellen Koinzidenz benutzt man einen Zeitimpulshöhenkonverter (time amplitude converter oder TAC). Als Eingangsimpulse werden lange Rechteckimpulse verwendet, deren erste Anstiegsflanke dem Zeitpunkt des Ereignisses entspricht. Im Zeitimpulshöhenkonverter werden beide Impulse überlagert, und es wird die Überlappung beobachtet. Die Elektronik dieser Stufe produziert bei Überlappung einen Ausgangsimpuls, dessen Höhe der Überlappungsdauer proportional ist. Der Vielkanalanalysator speichert jeden einzelnen Impuls in dem seiner Impulshöhe entsprechenden Zähl-

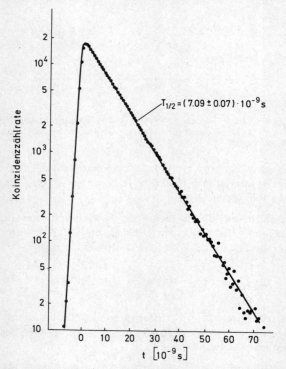

Figur 179: Messung der Lebensdauer des 305 keV Niveaus von ^{48}V mit einer dem in Figur 177b dargestellten Blockschaltbild entsprechenden Apparatur. Diese Figur ist der Arbeit von Auerbach, Braunsfurth, Maier, Bodenstedt und Flender, Nucl.Phys. A 94, 427 (1967), entnommen.

Experimente zur elektromagnetischen Wechselwirkung

kanal. Durch ein von der langsamen Koinzidenz gesteuertes Eingangs-gate werden nur solche Ereignisse zugelassen und im Vielkanalanalysator registriert, bei denen die Energien beider Gamma-Quanten stimmen. Als Beispiel zeigt Figur 179 die nach dieser Methode durchgeführte Messung der Lebensdauer des 305 keV Niveaus von ^{48}V. Interessant ist ein Vergleich zwischen den beiden in Figur 178 und Figur 179 dargestellten Meßkurven. In beiden Fällen ist die Lebensdauer in der gleichen Größenordnung, und es wurden NaJ(Tl)-Detektoren verwendet. Die Flankensteilheit der Zeitspektren der Koinzidenzen, die man mit beiden Anordnungen bei einem prompten Zerfall erhalten würde, ist etwa gleich. Die recht verschiedene Gestalt der beiden Meßkurven auf der linken Seite wird dadurch hervorgerufen, daß in der ersten Messung die Breite des Zeitfensters durch die schnelle Koinzidenzstufe bestimmt ist, die auf den recht breiten Wert von etwa $2\tau = 25$ nsec eingestellt war. Da $2\tau \gg T_{1/2}$ ist, folgt die linke Seite der Meßkurve etwa der Funktion $1 - e^{-\lambda t}$; beim „TAC" ist die Breite des Zeitintervalls durch die sehr kleine Kanalbreite des Vielkanalanalysators bestimmt. Die linke Seite der Meßkurve fällt deshalb etwa mit der Flankensteilheit der „prompten Kurve" ab.

Zu kurzen Lebensdauern hin liegt die technische Grenze der Methode für mittlere Gamma-Energien und bei Verwendung von schnellen Plastik-Szintillatoren etwas unterhalb von 10^{-10} sec. Figur 180 zeigt als Beispiel eine Messung der Lebensdauer des 4^+-Rotationszustandes von ^{166}Er durch Li und Schwarzschild. Die endliche Breite der „prompten Kurve" ist vor allem durch die statistische Schwankung der Verzögerungszeit zwischen der Absorption des Gamma-Quants und der Auslösung der ersten Fotoelektronen aus der Kathode des Multipliers bestimmt.

Zu langen Lebensdauern hin liegt die Grenze der „TAC-Technik" bei etwa 10^{-5} sec. Sie ist dadurch bestimmt, daß bei langen Verzögerungszeiten die wahren Koinzidenzen empfindlich durch zufällige Koinzidenzen blockiert werden.

Tove zeigte, daß das folgende Schaltungsprinzip den Meßbereich erweitert; man verwendet einen Gamma (1)-Impuls, um die Zeitmeßeinheit zu starten. Nach diesem Startimpuls wird die Verzögerungszeit jedes folgenden Gamma (2)-Signals innerhalb eines fest vorgegebenen Zeitintervalls registriert. Danach wird der Meßvorgang unterbrochen, und der nächste Gamma (1)-Impuls löst eine erneute Messung aus. Man muß mit extrem schwachen Präparaten arbeiten, um die zufällige Koinzidenzrate niedrig zu halten. Dies erfordert andererseits, daß die Detektoren eine möglichst große Ansprechwahrscheinlichkeit haben, damit die Gesamtmeßdauer in vernünftigen Grenzen bleibt.

Die längste bisher mit dieser Methode verzögerter Koinzidenzen an einem radioaktiven Präparat gemessene Halbwertszeit ist die des 1315 keV Niveaus des ^{177}Hf. Radeloff et al. bestimmten sie zu $T_{1/2} = 1,1$ sec. Die Autoren

554 Experimente zur elektromagnetischen Wechselwirkung

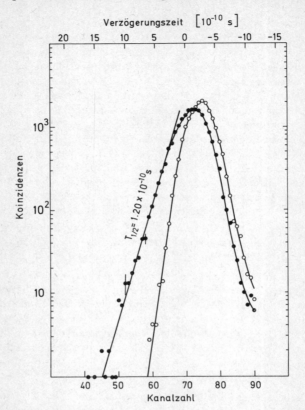

Figur 180:

Messung der Halbwertszeit des 4+ Rotationszustands von ^{166}Er mit Hilfe der Methode verzögerter Koinzidenzen. Diese Meßkurve ist der Arbeit von Li und Schwarzschild, Phys.Rev. 121, 2668 (1963), entnommen.

nutzten bei dieser Messung bei beiden Detektoren den vollen Raumwinkel von 4π aus. Es zeigte sich, daß jetzt Störungen bei den zufälligen Koinzidenzen durch die Korrelation zwischen den Gamma (1)- und Gamma (2)-Impulsfolgen auftreten.

Das Gebiet der isomeren Zustände mit Lebensdauern oberhalb von 10^{-4} sec ist leicht zugänglich, wenn das Niveau direkt durch eine Kernreaktion erreicht werden kann; in diesem Fall regt man es in sehr vielen Kernen gleichzeitig durch einen kurzen Strahlimpuls aus einem Teilchenbeschleuniger an und mißt danach das Zeitspektrum der Zerfalls-Gamma-Strahlung.

Oberhalb von etwa 0,1 bis 1 sec gelingt es in den meisten Fällen, das Isomer von der radioaktiven Muttersubstanz chemisch abzutrennen und dann das Abklingen der Radioaktivität direkt auszumessen.

Experimente zur elektromagnetischen Wechselwirkung

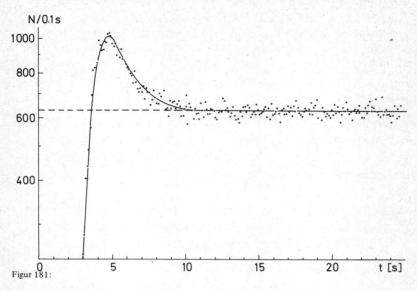

Figur 181:

Messung der Halbwertszeit des 1315 keV Niveaus von ^{177}Hf. Das Niveau wird durch einen Beta-Zerfall vom ^{177}Lu erreicht. Die Lebensdauer wurde dadurch gemessen, daß die Aktivität nach einer raschen Abtrennung des Hafniums vom Lutetium zeitlich verfolgt wurde. Die Figur ist der Arbeit von Radeloff, Buttler, Kesternich und Bodenstedt, Nucl.Instr. and Meth. 47, 109 (1967), entnommen.

Figur 182 zeigt eine Anordnung, mit deren Hilfe es gelang, die oben erwähnte Lebensdauer des 1315 keV Niveaus von ^{177}Hf nach der chemischen Methode zu bestimmen. Das Mutterisotop ^{177}Lu wurde aus der salzsauren Lösung durch Oxalsäure im Zeitpunkt $t = 0$ ausgefällt und das 1,1 sec Isomer mit

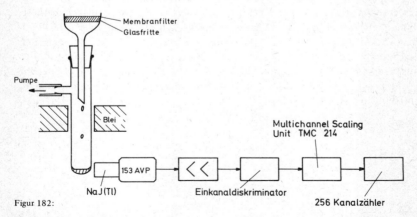

Figur 182:

Skizze der Anordnung für die in Figur 181 dargestellte Lebensdauermessung. Die Figur ist der gleichen Arbeit entnommen.

der flüssigen Phase durch ein Membranfilter abgesaugt. Figur 181 zeigt, wie die Aktivität der flüssigen Phase mit der Zeit abklingt. Der konstante Untergrund rührt daher, daß die Oxalsäurefällung der Muttersubstanz nicht vollständig ist.

Bei längeren Lebensdauern wird die Anwendung der chemischen Methode trivial.

Für die Bestimmung von Lebensdauern, die so kurz sind, daß die Methode verzögerter Koinzidenzen versagt, sind mehrere weitere Verfahren entwickelt worden. Die wichtigsten dieser Verfahren werden im folgenden beschrieben:

65 Bestimmung von kurzen Halbwertszeiten aus der natürlichen Linienbreite von Gamma-Übergängen und durch Ausnutzung des Rückstoßes bei Anregung durch eine Kernreaktion

Lit.: Devons, „The Measurement of Very Short Lifetimes" in Ajzenberg-Selove: Nuclear Spectroscopy, part A, Academic Press, New York and London 1960, S. 512ff.
Schwarzschild and Warburton, Ann.Rev.Nucl.Sc. 18, 265 (1968)

In der Atomphysik besteht eines der wichtigsten Verfahren zur Bestimmung von Lebensdauern in der Ausmessung der natürlichen Linienbreite. Die Übertragung dieses Verfahrens auf die Kernspektroskopie ist dadurch erschwert, daß im allgemeinen die Auflösung eines Gamma-Spektrometers nicht ausreicht, um die natürliche Breite einer Gamma-Linie zu beobachten.

Ein geeignetes Verfahren lieferte der Mößbauer-Effekt. Mit Hilfe einer Einlinienquelle und eines Einlinienabsorbers läßt sich direkt die Breite der Absorptionslinie ohne irgendwelche Dopplerverbreiterungen ausmessen. Bei der Berechnung der Lebensdauer aus der Breite der Absorptionslinie ist allerdings zu berücksichtigen, daß die Form der Absorptionslinie im Mößbauer-Spektrum durch eine Faltung der Absorptionslinie mit der Emissionslinie entsteht, und es gilt exakt:

(408) $\Gamma_{exp} = 2\Gamma.$*

Man erhält die Lebensdauer durch Anwendung der Unbestimmtheitsrelation zu:

(409) $\tau = \dfrac{\hbar}{\Gamma} = \dfrac{2\hbar}{\Gamma_{exp}}.$

*Γ_{exp} ist die gemessene volle Halbwertsbreite der Absorptionslinie im Mößbauer-Spektrum.

Experimente zur elektromagnetischen Wechselwirkung

Das Verfahren ist nicht frei von systematischen Fehlern, vor allem ist es schwierig, sicherzustellen, daß keine Linienverbreiterung durch nichtaufgelöste Hyperfeinstrukturaufspaltungen vorliegt.

Ein anderes Verfahren beruht darauf, den Rückstoß nach einer Kernreaktion auszunutzen, den der getroffene Targetkern erfährt. Bei leichten Kernen liegen die Rückstoßgeschwindigkeiten bei 10^{-8} bis 10^{-9} cm pro sec. Man läßt die Rückstoßkerne aus einer extrem dünnen Targetfolie frei ins Vakuum austreten und beobachtet, wie die emittierte Gamma-Intensität mit zunehmendem Abstand von der Targetfolie abnimmt. Bei einer Lebensdauer von 10^{-10} sec ist der im Mittel zurückgelegte Weg bis zur Gamma-Emission in der Größenordnung von 10^{-2} bis 10^{-1} cm und damit direkt meßbar. Figur 183 zeigt das Prinzip einer Meßanordnung. Durch den schmalen Spalt des Bleikollimators erreicht man, daß der Gamma-Detektor nur ein schmales, scharf definiertes Gebiet des Strahls der Rückstoßkerne anvisiert. Mit Hilfe einer Mikrometerschraube verschiebt man den Detektor und beobachtet, wie sich die Gamma-Zählrate verändert.

Eine aussichtsreiche Variante dieses Verfahrens liegt darin, die Dopplerverschiebung der Gamma-Strahlung der Rückstoßkerne zu beobachten. Sie ist im allgemeinen groß genug, um sie mit Hilfe eines Germanium-Detektors direkt ausmessen zu können. Dann läßt man in den Rückstoßraum Gas einströmen. In diesem Gas werden die Rückstoßkerne rasch abgebremst. Wenn die Abbremsdauer kürzer ist als die Lebensdauer des Kernniveaus, verschwindet die Dopplerverschiebung. Man mißt nun die Größe der Dopplerverschiebung als Funktion des Gasdrucks. Daraus läßt sich die Lebensdauer ableiten, wenn man den zeitlichen Verlauf der Abbremsung als Funktion des Gasdrucks kennt. Leider ist der Abbremsmechanismus bei tiefen Energien nicht sehr gut untersucht, so daß die Genauigkeit der bisher erzielten Meßergebnisse mäßig ist.

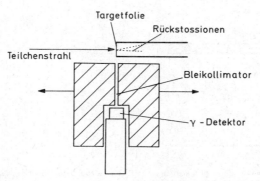

Figur 183:

Schematische Darstellung einer Anordnung zur Messung der Halbwertszeit von Kernzuständen, die durch eine Kernreaktion angeregt werden, durch Beobachtung des räumlichen Abklingens der Aktivität der angeregten Rückstoß-Ionen.

558 *Experimente zur elektromagnetischen Wechselwirkung*

Eine detaillierte Beschreibung der zuletzt genannten Verfahren findet man in dem Übersichtsartikel von Devons zusammen mit Tabellen über bis 1960 erzielte Meßresultate und vor allem in dem Artikel von Schwarzschild und Warburton.

Eine sehr wichtige indirekte Methode der Bestimmung der Halbwertszeiten von Gamma-Übergängen besteht darin, den Wirkungsquerschnitt für den Umkehrprozeß, d.h. die Resonanzanregung zu messen.

Wir wollen zunächst die theoretischen Grundlagen verfolgen:

Wir betrachten den Gamma-Übergang von einem Zustand i mit der Anregungsenergie E_0 und dem Spin I_i in dem Grundzustand mit dem Spin I_f unter Emission eines Gamma-Quants. (S. Figur 184.) Der angeregte Zustand habe die mittlere Lebensdauer τ. Dann ist die Halbwertsbreite der Linie:

$$(410) \qquad \Gamma = \frac{h}{\tau}.$$

Die genaue Linienform ist, wie die Atomphysik lehrt*, durch den Ausdruck gegeben:

$$(411) \qquad \rho(E) \cdot dE = \frac{\Gamma}{2\pi} \cdot \frac{1}{(E-E_0)^2 + \Gamma^2/4} \cdot dE.$$

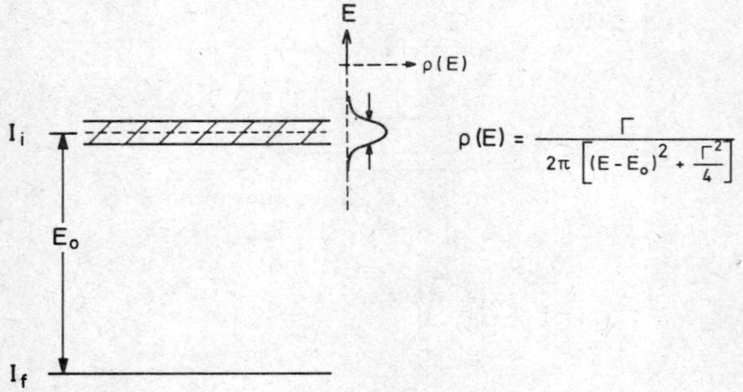

Figur 184: Schematische Darstellung der natürlichen Linienform.

---

*S. z.B. Burcham, Nuclear Physics, Longmans (1963), S. 92ff.

Experimente zur elektromagnetischen Wechselwirkung 559

Hierin bedeutet $\rho(E) \cdot dE$ die Wahrscheinlichkeit dafür, daß der durch eine Messung beobachtete Wert der Anregungsenergie des Niveaus gerade einen Wert zwischen E und $E + dE$ hat. Der Faktor $\Gamma/2\pi$ normiert den Ausdruck so, daß

(412) $$\int_{-\infty}^{+\infty} \rho(E) \cdot dE = 1.$$

Damit ist $\rho(E) \cdot dE$ auch identisch mit dem gemessenen Spektrum der elektromagnetischen Strahlung, die bei einem Übergang von $i \to f$ emittiert wird. Man nennt diese Gestalt die „Lorentz"-Form einer Spektrallinie*.

Wir wenden nun das Prinzip des detaillierten Gleichgewichts an (s. auch Seite 159):

(413) $\quad\quad\quad W_{f \to i} \cdot \rho_f = W_{i \to f} \cdot \rho_i$

oder:

(414) $\quad\quad\quad W_{f \to i} = W_{i \to f} \cdot \dfrac{\rho_i}{\rho_f}.$

Wir können die Größe $W_{i \to f}$ ersetzen durch:

$$W_{i \to f} = \frac{1}{\tau} = \frac{\Gamma}{\hbar}.$$

Bei der Berechnung der Zustandsdichten ρ_i und ρ_f müssen wir die Multiplizitäten der Kernzustände $2I_i + 1$ bzw. $2I_f + 1$ berücksichtigen und außerdem die Multiplizität 2 des im Endzustand auftreten-

---

* Eine halbklassische Herleitung der Lorentz-Form gelingt in folgender Weise: Man deutet das radioaktive Zerfallsgesetz für den angeregten Zustand durch einen kontinuierlichen Abstrahlungsprozeß, d.h., die Energie des angeregten Zustands nimmt nach der Gleichung

$$W = W_0 \cdot e^{-\frac{t}{\tau}}$$

und entsprechend die Amplitude der elektromagnetischen Welle mit $e^{-t/2\tau}$ ab. Das durch die Lorentz-Form gegebene Frequenzspektrum ist nichts anderes als die Fourier-Transformierte dieser gedämpften Welle.

den Gamma-Quants einsetzen. (Der Eigendrehimpuls des Gamma-Quants kann die beiden Orientierungen $m_z = +1$ bzw. -1 haben.)
Wir erhalten:

(415) $$\rho_i = (2I_i + 1) \cdot \frac{\Gamma}{2\pi} \cdot \frac{1}{(E-E_0)^2 + \Gamma^2/4} \, .$$

Zur Berechnung von ρ_f müssen wir die pro Einheitsenergieintervall verfügbare Zahl der Quantenzellen im Phasenraum für das Gamma-Quant berechnen:

$$N_\gamma(p)dp = \frac{4\pi \, p^2 \, dp}{h^3} V.$$

V ist das Volumen im Ortsraum. Mit $p_\gamma = \frac{E_\gamma}{c}$ und $dp = \frac{1}{c} \cdot dE$ und $p = h/\lambda$ ergibt sich:

$$\rho_\gamma = 2 \cdot \frac{4\pi \cdot V}{c \cdot h \cdot \lambda^2} \, .$$

Da der Grundzustand des Kerns stabil ist, ergibt sich insgesamt für ρ_f:

(416) $$\rho_f = 2 \cdot (2I_f + 1) \cdot \frac{4\pi \, V}{c \cdot h \cdot \lambda^2} \, .$$

Damit ist die Wahrscheinlichkeit für die Resonanzabsorption $W_{f \to i}$:

$$W_{f \to i} = \frac{\Gamma}{\hbar} \cdot (2I_i + 1) \cdot \frac{\Gamma}{2\pi \cdot [(E-E_0)^2 + \Gamma^2/4]} \cdot \frac{c \cdot h \cdot \lambda^2}{2(2I_f + 1) \cdot 4\pi \cdot V}$$

(417)

oder:

(418) $$W_{f \to i} = \frac{c\lambda^2}{4\pi \, V} \cdot \frac{2I_i + 1}{2(2I_f + 1)} \cdot \frac{\Gamma^2}{(E-E_0)^2 + \Gamma^2/4} \, .$$

Wir wollen nun anstelle von $W_{f \to i}$ den Wirkungsquerschnitt für Resonanzanregung einführen. Wenn sich das Gamma-Quant im Volu-

Experimente zur elektromagnetischen Wechselwirkung 561

men V mit der Geschwindigkeit c herumbewegt und der Wirkungsquerschnitt σ_{res} beträgt, so ist das pro Sekunde abgetastete Volumen $\sigma_{res} \cdot c$ und damit $W_{f \to i}$, die Wahrscheinlichkeit einer Reaktion, gleich dem Verhältnis des abgetasteten Volumens zum Gesamtvolumen:

$$W_{f \to i} = \frac{\sigma_{res} \cdot c}{V}$$

oder:

(419) $$\sigma_{res} = \frac{V}{c} \cdot W_{f \to i}.$$

Damit erhalten wir insgesamt:

(420) $$\sigma_{res} = \pi \lambdabar^2 \cdot \frac{2I_i + 1}{2(2I_f + 1)} \cdot \frac{\Gamma^2}{(E - E_0)^2 + \Gamma^2/4}.$$

Die hiermit gewonnene wichtige Beziehung ist ein Spezialfall der sogenannten Breit-Wigner-Formel für den Wirkungsquerschnitt einer Resonanzreaktion. Die Anwendung dieser Formel zur Ableitung der Halbwertszeit eines Kernniveaus aus der Messung des Wirkungsquerschnitts für klassische Resonanzstreuung von Gamma-Strahlung (Resonanzstreuung ohne Mößbauer-Effekt) wird im folgenden am Beispiel einer Messung der Lebensdauer zweier hochangeregter Niveaus des ^{16}O gezeigt.

(66) Bestimmung extrem kurzer Halbwertszeiten von Kernniveaus durch Messung des Wirkungsquerschnitts für Resonanzstreuung am Beispiel der 6,91 MeV und 7,12 MeV Niveaus von ^{16}O

Lit.: Swann and Metzger, Phys.Rev. 108, 982 (1957)

Wir hatten bei der Diskussion des Goldhaber-Experiments (s. Seite 408ff.) diskutiert, warum Resonanzstreuung von Gamma-Strahlung an Atomkernen im allgemeinen nicht stattfindet. Wegen der Energieübertragung infolge des Gamma-Rückstoßes ist die Energie der Emissionslinie um den Betrag:

(421) $$E_R = \frac{(h\nu)^2}{2Mc^2}$$

562 Experimente zur elektromagnetischen Wechselwirkung

kleiner als die Anregungsenergie des Kerns, und die Absorptionslinie liegt um den gleichen Betrag darüber. Die natürliche Linienbreite ist im allgemeinen wesentlich kleiner als E_R, so daß keine Überlappung stattfindet.

Wenn man jedoch die Gamma-Emission nach Anregung des Kerns durch eine Kernreaktion mit geladenen Teilchen zur Resonanzstreuung ausnutzt, erhält man in vielen Fällen eine Dopplerverbreiterung der Gamma-Linie durch den Rückstoß der Reaktionsteilchen, die ein Vielfaches von E_R beträgt, so daß nunmehr eine Überlappung von Emissionsspektrum und Absorptionsspektrum vorliegt und die Resonanzstreuung stattfinden kann.

Eines der ersten Experimente dieser Art wurde von Swann und Metzger mit der 6,91 MeV- und der 7,16 MeV-Strahlung des ^{16}O unter Verwendung der Kernreaktion:

$$^{19}F(p, \alpha) \, ^{16}O^*$$

durchgeführt.

Die Autoren bestrahlten ein dünnes CaF_2-Target mit dem 2,9 MeV Protonenstrahl eines Van-de-Graaff-Generators. Entsprechend dem in Figur 185 gezeigten Termschema beobachtet man Gamma-Übergänge des ^{16}O Kerns von 7,12 MeV, 6,91 MeV und 6,14 MeV. Sowohl der 7,12 MeV- als auch der 6,91 MeV-Übergang haben eine Lebensdauer, die kürzer ist als die Dauer des Abbremsvorgangs des ^{16}O Kerns im Target nach der Teilchenreaktion. Der Rückstoß des Alpha-Teilchens erfolgt statistisch nach allen Richtungen, so daß die Rückstoßbewegung des ^{16}O Kerns eine kontinuierliche Dopplerver-

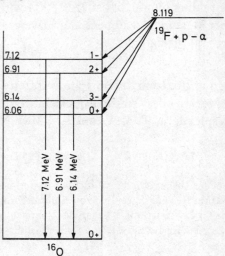

Figur 185: Termschema des ^{16}O.

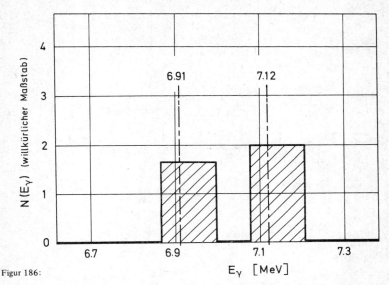

Figur 186:

Ausschnitt aus dem Emissionsspektrum von $^{16}O^*$ nach der Kernreaktion:

$$^{19}F(p, \alpha)^{16}O^*.$$

Durch den Rückstoß, den der ^{16}O-Kern bei der Emission des Alpha-Teilchens erfährt, sind die beiden emittierten Gamma-Linien aufgrund des Doppler-Effekts verbreitert. Diese Figur ist der Arbeit von Swann und Metzger, Phys.Rev. 108, 982 (1957), entnommen.

breiterung der emittierten Gamma-Strahlung hervorruft. Zusätzlich verursacht der Rückstoß der Protonen noch eine kleine Verschiebung des Spektrums. Die kinematische Rechnung liefert das in Figur 186 dargestellte Emissionsspektrum für die beiden Übergänge. Die volle Dopplerbreite beträgt 132 bzw. 134 keV. Mit den heute verfügbaren hochauflösenden Ge(Li)-Detektoren wäre es unmittelbar möglich, diese berechnete Gestalt der Spektren durch eine Messung nachzuprüfen.

Das Resonanzexperiment wurde in Ring-Geometrie, d.h. mit Hilfe eines ringförmig angeordneten Streuers durchgeführt (s. Figur 187). Als Streumaterial diente H_2O. Der Detektor, ein NaJ(Tl)-Kristall, befindet sich hinter dem Target auf der Achse des Streurings. Durch eine dicke Gold- und Schwermetallabschirmung wird verhindert, daß direkte Gamma-Strahlung vom Target in den Detektor gelangt.

Natürlich beruht nicht alle im Detektor nachgewiesene Strahlung auf Resonanzstreuung. Um ihren Anteil exakt zu bestimmen, wurde das Streumaterial H_2O durch ein **sauerstoffreies Material ähnlicher Dichte, Benzol,** ersetzt.

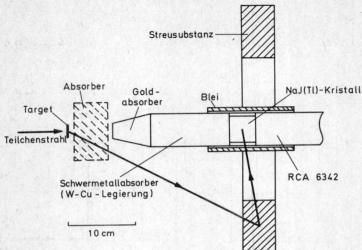

Figur 187:

Meßanordnung zur Bestimmung des Wirkungsquerschnitts für Resonanzstreuung der 6,91 MeV und der 7,12 MeV Gamma-Strahlung von ^{16}O. Für den Streuer wurde eine Ringgeometrie verwendet. Der NaJ-Detektor für die gestreute Gamma-Strahlung ist durch einen massiven Absorber aus Gold bzw. Schwermetall gegen die direkte Strahlung abgeschirmt. Diese Figur ist der zitierten Arbeit von Swann und Metzger entnommen.

Tatsächlich lieferte der H_2O-Streuring eine wesentlich größere Zählrate, und die Zählratendifferenz wurde der Resonanzstreuung zugeschrieben.

Um den absoluten Wirkungsquerschnitt σ_{res} zu messen, ist es notwendig, auch die Primärstrahlintensität zu bestimmen. Dies geschah durch eine Beobachtung der Gamma-Strahlung des Targets in Richtung des Streuers mit Hilfe des gleichen NaJ(Tl)-Detektors. Die Protonenstrahlintensität wurde bei dieser Messung um einen bekannten Faktor reduziert, um den Gamma-Detektor nicht mit unzulässig hohen Gamma-Dosen zu belasten.

Bei der endgültigen Auswertung ist zu berücksichtigen, daß die nach der Resonanzabsorption wieder ausgestrahlte Gamma-Strahlung eine für die Spins charakteristische Winkelverteilung hat. Um den totalen Wirkungsquerschnitt für Resonanzstreuung zu ermitteln, muß die Resonanzstreuung als Funktion des Streuwinkels untersucht werden. Der totale Streuquerschnitt ergibt sich durch eine Mittelung über alle Winkel. Der Streuwinkel wurde variiert, indem der Gamma-Detektor in der in Figur 171 gezeigten Anordnung längs der Achsenrichtung verschoben wurde.

Die Autoren nutzten übrigens die sehr verschiedenen Winkelverteilungen für die Resonanzstreuung am 6,91 MeV- und am 7,12 MeV-Niveau aus, um zwischen beiden Prozessen zu diskriminieren und auf diese Weise getrennte Werte für

Experimente zur elektromagnetischen Wechselwirkung

beide Wirkungsquerschnitte zu erhalten. Heute würde man unter Verwendung von Germanium-Detektoren beide Linien direkt sauber trennen können.

Die Ableitung der totalen Linienbreite Γ entsprechend der auf Seite 561 gewonnenen Formel für $\sigma_{res}(E)$ geschieht dadurch, daß man zunächst $\sigma_{res}(E)$ mit dem Emissionsspektrum (Figur 186) faltet:

(422) $$\sigma_{res\ eff} = \int \sigma_{res}(E) \cdot N(E)\ dE$$

und dann den gemessenen totalen Resonanzstreuquerschnitt einsetzt. Das Resultat war:

$$\tau\ (6{,}91\ \text{MeV}) = (1{,}2 \pm 0{,}3) \cdot 10^{-14}\ \text{sec}$$

und

$$\tau\ (7{,}12\ \text{MeV}) = (1{,}0 \pm 0{,}3) \cdot 10^{-14}\ \text{sec}.$$

Eine besonders interessante Variante dieses Verfahrens ist ein Absorptionsexperiment. Sie wurde auch bereits von Swann und Metzger angewendet. Man bringt in der Streuanordnung (s. Figur 187) hinter dem Target einen weiteren ^{16}O Absorber an und untersucht, wie sich die im Detektor gemessene Streuintensität verändert. Natürlich absorbiert dieser ^{16}O Absorber genau den resonanzfähigen Teil der vom Target kommenden Gamma-Strahlung, und man erhält aus der Zählratenveränderung unmittelbar den totalen Wirkungsquerschnitt für Resonanzstreuung. Der Vorteil dieses Verfahrens liegt darin, daß die mit großen Fehlern behaftete Messung der absoluten Intensität der primären Gamma-Strahlung entfällt und daß außerdem die genaue Gestalt des Primär-Gamma-Spektrums $N(E)$ nicht eingeht.

Das hier geschilderte Verfahren der Bestimmung sehr kurzer Lebensdauern angeregter Kernzustände aus einer Messung des absoluten Wirkungsquerschnitts für Resonanzstreuung ist inzwischen in sehr vielen Fällen durchgeführt worden. Da der Rückstoß nach Teilchenreaktionen die Gamma-Linien recht kräftig verbreitert, ist man keineswegs darauf angewiesen, als Gamma-Quelle für die Resonanz-Streuexperimente die Resonanzstrahlung selbst zu verwenden. In vielen Fällen gelangen Resonanzexperimente mit Gamma-Strahlungen anderer Isotope, deren Energien zufällig hinreichend gut mit der Anregungsenergie des Resonanzniveaus übereinstimmen.

Es sei noch erwähnt, daß man auch das kontinuierliche Bremsstrahlspektrum einer leistungsstarken Röntgenröhre sowie das kontinuierlich variable Compton-Streuspektrum einer sehr starken ^{60}Co-Quelle erfolgreich für Resonanzstreuexperimente verwendet hat.

Ein weiteres wichtiges Verfahren zur Bestimmung von kurzen Lebensdauern besteht darin, den Wirkungsquerschnitt für den sogenannten „Coulomb-Anregungsprozeß" zu messen.

Man beschießt ein Target, das das interessierende Isotop im Grundzustand enthält, mit einem Strahl beschleunigter Protonen, Deuteronen, Alpha-Teilchen oder schwerer Ionen. Die Energie des Teilchenstrahls wählt man so niedrig, daß selbst bei einem zentralen Zusammenstoß mit einem Targetkern die Coulomb-Abstoßung ausreicht, um eine Annäherung der beiden Partikel bis in die Reichweite der nuklearen Wechselwirkung zu verhindern. Es kann deshalb keine Teilchenreaktion stattfinden. Die Kernphysiker sagen, die Teilchenenergie ist niedriger als die Coulomb-Barriere.

Die geladenen Teilchen werden deshalb in der Regel entsprechend der Rutherfordschen Streuformel (s. Seite 131) elastisch gestreut. Es besteht jedoch eine geringe Wahrscheinlichkeit dafür, daß die elektromagnetische Wechselwirkung des am Streukern vorbeifliegenden Partikels eine elektromagnetische Anregung des Kerns bewirkt. Man spricht dann von einer inelastischen Streuung, denn die Energie des geladenen Teilchens wird bei diesem Prozeß um die Anregungsenergie des Atomkerns verringert.

Die quantenmechanische Berechnung des Wirkungsquerschnitts für diesen Prozeß läßt sich unter Verwendung der Störungstheorie durchführen. Eine Ableitung findet man in dem bekannten zusammenfassenden Artikel von Alder et al.* In den Wirkungsquerschnitt geht einmal das gleiche Kernmatrixelement ein, das wir bei der Beschreibung der elektromagnetischen Ausstrahlung der Atomkerne kennengelernt haben, die sogenannte reduzierte Übergangswahrscheinlichkeit:

$$B(\sigma \lambda).$$

Außerdem enthält der Wirkungsquerschnitt die Wellenfunktion des im Coulomb-Feld des Kerns gestreuten Teilchens.

---
*Alder, Bohr, Huus, Mottelson, and Winther, Rev.Mod.Phys. 28, 432 (1956).

Speziell für $E2$-Anregungen des Atomkerns lautet der differentielle Wirkungsquerschnitt für die unelastische Streuung in das Raumwinkelelement $d\Omega$ (im Schwerpunktsystem):

(423) $$\frac{d\sigma_{Cbexc.}}{d\Omega} = \frac{m^2 \cdot v_f^2}{Z_2^2 \cdot e^2 \cdot \hbar^2} \cdot B(E2) \cdot \frac{df_{E2}(\theta, \xi)}{d\Omega}$$

mit:

$$\xi = \frac{Z_1 Z_2 e^2}{4\pi \epsilon_0 \hbar} \cdot \left(\frac{1}{v_f} - \frac{1}{v_i}\right).$$

In dieser Formel bedeuten:

m = reduzierte Masse des gestreuten Ions = $\dfrac{m_{Ion} \cdot M_{Kern}}{m_{Ion} + M_{Kern}}$,

v_f = Geschwindigkeit des Ions nach der Streuung (Schwerpunktsystem),

v_i = Geschwindigkeit des Ions vor der Streuung,

Z_1 = Ordnungszahl des Ions,

Z_2 = Ordnungszahl des Kerns,

θ = Streuwinkel des Ions im Schwerpunktsystem,

$B(E2)$ = reduzierte Übergangswahrscheinlichkeit, definiert wie auf Seite 544. Es ist jedoch zu beachten, daß hier i den Grundzustand und f den Anregungszustand des Kerns charakterisieren.

$\dfrac{df_{E2}(\theta, \xi)}{d\Omega}$ wurde von Alder et al. unter Verwendung der Beschreibung der Bahn des gestreuten Teilchens durch eine klassische Hyperbelbahn berechnet und tabelliert*. Die quantenmechanische Rechnung liefert eine kleine Korrektur. Diese ist in der gleichen Arbeit angegeben*.

Aus einer Messung der absoluten Größe des Wirkungsquerschnitts $d\sigma_{Cbexc.}/d\Omega$ für einen reinen $E2$-Übergang des Kerns (z.B.

---

*Alder, Bohr, Huus, Mottelson, and Winther, Rev.Mod.Phys. 28, 432 (1956), Tabelle von $df_{E2}(\theta, \xi)/d\Omega$ auf Seite 464; quantenmechanische Korrektur auf Seite 462.

0+ → 2+) leitet man mit dieser Formel die reduzierte Übergangswahrscheinlichkeit $B(E2)$ ab. Aus der Definition von $B(E2)$ auf Seite 544 liest man ab, daß die reduzierte Übergangswahrscheinlichkeit für den Gamma-Übergang des angeregten Kerns wieder in den Grundzustand mit $B(E2)_{\text{Cbexc}}$ durch die Beziehung zusammenhängt:

(424) $$B(E2)_\gamma = \frac{2I_f + 1}{2I_i + 1} \cdot B(E2)_{\text{Cbexc}}.$$

mit I_i = Kernspin im angeregten Zustand,
I_f = Kernspin im Grundzustand.

Diesen Ausdruck hat man in die Formel für die Gamma-Übergangswahrscheinlichkeit auf Seite 543 einzusetzen und erhält:

$$W_{i \to f}(E2)$$
$$= \frac{2 \cdot 3}{\epsilon_0 \cdot 2 \cdot (1 \cdot 3 \cdot 5)^2} \cdot \frac{1}{\hbar} \cdot \left(\frac{E_\gamma}{\hbar c}\right)^5 \cdot \frac{2I_f + 1}{2I_i + 1} \cdot B(E2)_{\text{Cbexc}}.$$

(425)
$$= \frac{1}{75 \cdot \epsilon_0} \cdot \frac{1}{\hbar} \cdot \left(\frac{E_\gamma}{\hbar c}\right)^5 \cdot \frac{2I_f + 1}{2I_i + 1} \cdot B(E2)_{\text{Cbexc}}.$$

Das angeregte Niveau kann natürlich außer durch Gamma-Emission auch durch Konversion zerfallen. Definiert man als Konversionskoeffizient:

(426) $$\alpha = \frac{W_{i \to f}(\text{Konversion})}{W_{i \to f}(\gamma\text{-Emission})},$$

so ergibt sich für die totale Zerfallswahrscheinlichkeit des angeregten Niveaus:

(427) $$W_{i \to f}(\text{total}) = \frac{1}{\tau} = W_{i \to f}(\gamma) \cdot (1 + \alpha)$$

oder für die mittlere Lebensdauer des Niveaus:

(428) $$\tau = 75\,\epsilon_0 \cdot \hbar \cdot \frac{2I_i + 1}{2I_f + 1} \cdot \left(\frac{\hbar c}{E_\gamma}\right)^5 \cdot \frac{1}{(1 + \alpha) \cdot B(E2)_{\text{Cbexc}}}.$$

Experimente zur elektromagnetischen Wechselwirkung

Das exakteste Verfahren zur Messung des absoluten Wirkungsquerschnitts für Coulomb-Anregung $d\sigma_{Cbexc.}/d\Omega$ besteht darin, das Verhältnis der Intensität der inelastisch gestreuten Ionen ($I_{inel.}$) zu der der elastisch gestreuten Ionen ($I_{Ruth.}$) zu messen; der Wirkungsquerschnitt der elastisch gestreuten Ionen wird exakt durch die Rutherfordsche Streuformel beschrieben, und man erhält damit:

$$(429) \qquad \frac{d\sigma_{Cbexc.}}{d\Omega} = \frac{I_{inel.}}{I_{Ruth.}} \times \frac{d\sigma_{Ruth.}}{d\Omega}.$$

Besonders sorgfältig wurden die Rotationsniveaus der stark deformierten gg-Kerne mit Hilfe dieses Verfahrens untersucht:

67 Bestimmung reduzierter Übergangswahrscheinlichkeiten $B(EL)$ aus dem Wirkungsquerschnitt für Coulomb-Anregung

Lit.: Bjerregård, Elbek, Hansen, and Salling, Nucl.Phys. 44, 280 (1963)
Elbek, Nielsen, and Olesen, Phys.Rev. 108, 406 (1957)
Ramsak, Olesen, and Elbek, Nucl.Phys. 6, 451 (1958)

Alle Experimente dieser Art verwenden etwa die gleiche Meßanordnung. Sie ist schematisch in Figur 188 dargestellt (s. auch Elbek et al.).

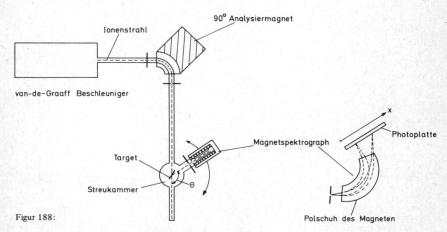

Figur 188:

Schematische Darstellung einer Anordnung zur Bestimmung reduzierter Übergangswahrscheinlichkeiten aus dem Wirkungsquerschnitt für Coulomb-Anregung. Man beobachtet das Energie-Spektrum der gestreuten Ionen mit Hilfe eines Magnetspektrographen.

570 Experimente zur elektromagnetischen Wechselwirkung

Die Ionen (z.B. Protonen oder Deuteronen) werden mit Hilfe eines van-de-Graaff-Beschleunigers auf einige MeV beschleunigt und dann durch einen Analysiermagneten um 90° abgelenkt. Durch schmal eingestellte Eintritts- und Austrittsspalte erreicht man, daß nur Ionen einer scharf definierten Energie auf das in der Streukammer montierte Target abgebildet werden. Das Target enthält das zu untersuchende, mit einem Massenseparator* getrennte Isotop in dünner Schicht (ungefähr 30 $\mu g/cm^2$) auf einer Hostaphan-Trägerfolie.

Zur Beobachtung von Energie und Intensität der gestreuten Ionen als Funktion des Streuwinkels θ wird ein Magnetspektrograph verwendet, der in der θ-Ebene um das Target herum schwenkbar ist und die Teilchen nach oben ablenkt. Je nach ihrer Energie wird ihre Bahn verschieden stark gekrümmt, und sie werden damit auf verschiedene Stellen der Fotoplatte abgebildet. Die Spuren auf der Fotoplatte werden nach der Entwicklung der fotografischen Emulsion einzeln unter einem Mikroskop ausgezählt.

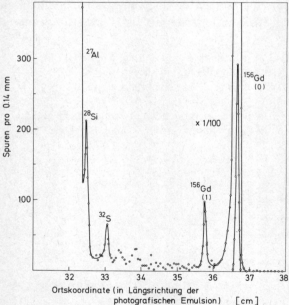

Figur 189:

Diese Figur ist ein Beispiel für eine Messung mit einer der Figur 188 entsprechenden Anordnung. Der intensive „Peak" auf der rechten Seite des Diagramms stellt die elastisch am ^{156}Gd-Target gestreuten Protonen dar, der kleinere „Peak" links davon rührt von Protonen her, die durch Coulomb-Anregung einen entsprechenden Energieverlust erlitten haben. Aus dem Verhältnis der Intensitäten der unelastisch gestreuten Protonen und der elastisch gestreuten Protonen errechnet man den Wirkungsquerschnitt für die Coulomb-Anregung. Diese Figur ist der Arbeit von Ramsak, Olesen und Elbek, Nucl.Phys. 6, 461 (1958), entnommen.

* stromstarkes Massenspektrometer

Experimente zur elektromagnetischen Wechselwirkung

Zur Bestimmung von $B(E2)$ genügt es, die elastisch gestreuten Teilchen und die inelastisch gestreuten Teilchen an einem einzigen festen Winkel θ zu beobachten. Man wählt einen möglichst großen Winkel θ, da dort das Verhältnis von I_{inel}/I_{Ruth} am größten ist.

Figur 189 zeigt als charakteristisches Beispiel das Ergebnis der Aufnahme des Spektrums elastisch und inelastisch an einem ^{156}Gd Target gestreuter Protonen bei einem Streuwinkel von $\theta_{lab} = 145°$. Die Primärenergie betrug 4 MeV. Der intensive „peak" an der Stelle $x = 36{,}7$ cm entspricht in seiner Energie genau den elastisch am ^{156}Gd gestreuten Ionen. Die Energie ist etwas kleiner als 4 MeV, da dem Targetkern im Laborsystem Rückstoßenergie übertragen wird. Dies ist ein für das Experiment äußerst wichtiger Effekt, denn er liefert separate „peaks" für die an verschiedenen Isotopen im Target elastisch gestreuten Protonen. Der kleinere „peak" bei etwa $x = 35{,}8$ cm entspricht in seiner Lage exakt der inelastischen Streuung am ^{156}Gd unter Anregung des 2+-Rotationsniveaus bei 123 keV. Das Intensitätsverhältnis liegt bei etwa 1 : 300.

Unter Anwendung der oben aufgeführten Formel erhält man aus diesem Verhältnis für die reduzierte Übergangswahrscheinlichkeit

$$B(E2)_{Cbexc.} = 3{,}4 ^{+\,0{,}5}_{-\,0{,}3} \cdot e^2 \cdot 10^{-48}\ \text{cm}^4$$

und daraus für die Halbwertszeit des 123 keV Niveaus:

$$T_{1/2} = 1{,}25 \pm 15 \cdot 10^{-9}\ \text{sec}.$$

Heute sind die $B(E2)_{Cbexc.}$-Werte fast aller 2+-Rotationsniveaus der gg-Kerne im Gebiet $150 \leq A \leq 190$ mit dieser Methode genau bestimmt worden. Die Meßgenauigkeit liegt im allgemeinen bei 5%. Mehrere kürzliche Messungen sind in der Arbeit von Bjerregard et al. beschrieben.

Die Halbwertszeiten der meisten 2+-Rotationsniveaus sind auch durch direkte Messungen mit verzögerten Koinzidenzen bestimmt worden. Die Übereinstimmung mit den aus der Coulomb-Anregung abgeleiteten Werten ist ausgezeichnet.

Es sei schließlich noch erwähnt, daß man reduzierte Übergangswahrscheinlichkeiten auch durch die Beobachtung unelastischer Elektronenstreuung bestimmen kann. Die Technik ist ähnlich wie bei den hier beschriebenen Experimenten.

Eine Zusammenstellung der bisher gemessenen Werte für $B(E2)_{Cbexc.}$ für die gg-Kerne findet man in Nuclear Data 1, 21 (1965). Eine ausführliche Tabelle über Lebensdauern angeregter

Experimente zur elektromagnetischen Wechselwirkung

Kernzustände im Gebiet $T_{1/2} > 10^{-10}$ sec wurde ebenfalls kürzlich in Nuclear Data publiziert (Nuclear Data 4, 359 (1968).

Wir wollen die erzielten Ergebnisse mit der theoretischen Abschätzung für Einteilchen(Protonen)-Übergänge von Weisskopf vergleichen:

68 Systematik der Übergangswahrscheinlichkeiten für elektromagnetische Multipolstrahlungen

Lit.: Goldhaber and Weneser, Ann.Rev.Nucl.Sc. 5 (1955)
Goldhaber and Sunyar in Siegbahn: Alpha-, Beta-, and Gamma-Ray Spectoscopy, North Holland Publ.Comp., Amsterdam 1968, II, Seite 931

Ein angeregter Kernzustand kann oft durch verschiedene Gamma-Übergänge und zusätzlich durch Konversion zerfallen. Außerdem kann auch ein einzelner Gamma-Übergang eine Multipolmischung enthalten.

Um gemessene Halbwertszeiten mit der Theorie zu vergleichen, ist deshalb zunächst die partielle Übergangswahrscheinlichkeit für einen einzelnen Gamma-Kanal mit reiner Multipolarität aus den Meßresultaten abzuleiten unter Verwendung gemessener Gamma-Verzweigungsverhältnisse und Konversionskoeffizienten. Die auf diese Weise gewonnenen Werte für die partiellen Lebensdauern für verschiedene Atomkerne weichen auch bei gleicher Multipolarität noch sehr stark voneinander ab. Dies liegt an der empfindlichen Abhängigkeit der Übergangswahrscheinlichkeiten von der Energie E_γ und vom Kernradius.

Es ist deshalb üblich, bei einem systematischen Vergleich der Gamma-Übergangswahrscheinlichkeiten die Abhängigkeiten von E_γ und A so, wie sie in der Weisskopf-Abschätzung (s. Seite 545f.) auftreten, zu eliminieren. Dies gelingt durch Verwendung der Ausdrücke:

$$\tau_\gamma \cdot A^{\frac{2L}{3}} \cdot E_\gamma^{2L+1} \qquad \text{für elektrische Übergänge}$$

und

$$\tau_\gamma \cdot A^{\frac{2L-2}{3}} \cdot E_\gamma^{2L+1} \qquad \text{für magnetische Übergänge.}$$

Man nennt diese Größen auch „comparative half-lives".

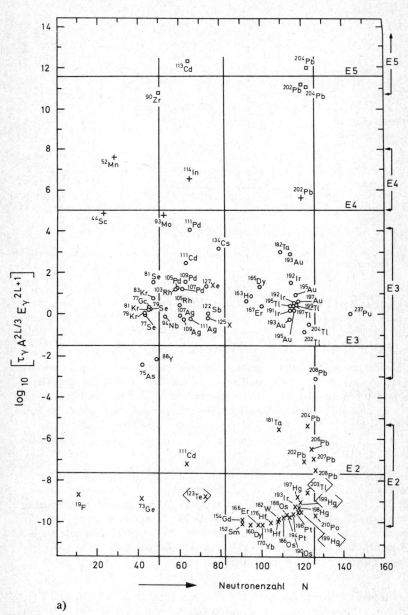

Figur 190

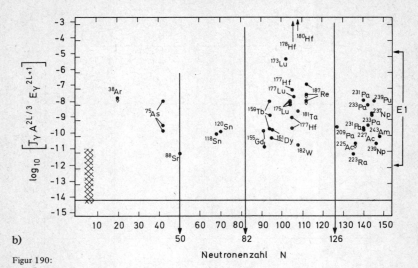

Figur 190:

Graphische Darstellung experimenteller Resultate für die Gamma-Übergangswahrscheinlichkeit elektrischer Multipolstrahlung.

In Figur 190 sind die experimentellen Werte für elektrische Übergänge als Funktion der Neutronenzahl aufgetragen und in Figur 191 in entsprechender Weise die Werte für magnetische Übergänge. Die horizontalen Geraden geben die Werte wieder, die man aus der Weisskopf-Abschätzung erhält.

Man erkennt zunächst einmal, daß allein aufgrund der „comparative half-life" im allgemeinen schon eine Klassifizierung nach Multipolaritäten möglich ist. Darüber hinaus streuen die experimentellen Werte einer Multipolarität jedoch meist über mehrere Zehnerpotenzen. Dies zeigt, daß das Einteilchenschalenmodell eine zu starke Vereinfachung der wirklichen Struktur der Atomkerne darstellt, um daraus die richtige Gamma-Übergangswahrscheinlichkeit abzuleiten.

In der vorliegenden Systematik wurde keine Rücksicht darauf genommen, ob es sich um Protonen- oder Neutronenübergänge handelt. Tatsächlich ergibt der systematische Vergleich, daß die Neutronenübergänge kaum langsamer sind als die Protonenübergänge, obwohl die Neutronen ungeladen sind. Das liegt daran, daß ein umlaufendes Neutron den Restkern in einer solchen Weise polarisiert, daß das elektrische Feld das gleiche ist wie das einer mit dem Neutron umlaufenden „effektiven negativen Ladung". Die Größe dieser „effektiven Ladung" ist nur wenig kleiner als eine Elementarladung.

Es fällt weiterhin auf, daß fast alle Übergänge langsamer sind, als nach der Weisskopf-Formel zu erwarten war. Die Gamma-Matrixelemente sind kleiner,

Experimente zur elektromagnetischen Wechselwirkung

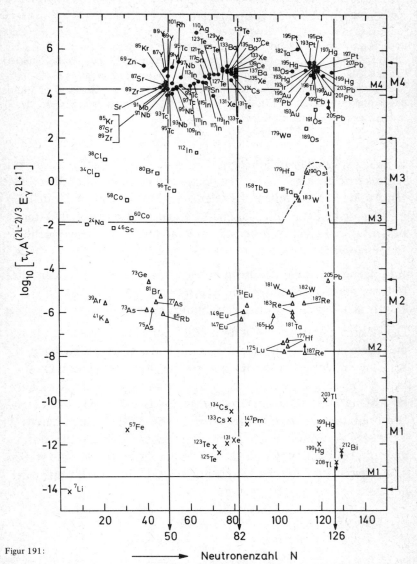

Figur 191: Neutronenzahl N

Graphische Darstellung experimenteller Werte für die Gamma-Übergangswahrscheinlichkeit bei magnetischer Multipol-Strahlung.

als man im Einteilchenmodell errechnet. Offensichtlich ändert sich bei einem Gamma-Übergang mehr als die Wellenfunktion nur eines einzelnen Leuchtnukleons.

576 Experimente zur elektromagnetischen Wechselwirkung

Bei sehr vielen $E2$-Übergängen beobachtet man Übergangswahrscheinlichkeiten, die ein bis zwei Zehnerpotenzen größer sind als die Weisskopf-Abschätzung vorhersagt. Man weiß heute, daß die Ursache dieser Beschleunigung der $E2$-Übergänge darin liegt, daß es sich hier um kollektive Bewegungen der Nukleonen handelt. Man spricht immer dann von einer kollektiven Anregung eines Atomkerns, wenn eine große Zahl von Nukleonen sich am Gesamtdrehimpuls des Atomkerns beteiligt. Ein Beispiel für eine Kollektivanregung ist die Rotation eines deformierten Kerns.

In vielen speziellen Fällen kann man heute die Wellenfunktion von Atomkernen mit gegenüber dem Schalenmodell wesentlich verbesserten Ansätzen beschreiben. Es zeigt sich, daß verfeinerte Modelle im allgemeinen auch die Gamma-Übergangswahrscheinlichkeiten besser wiedergeben. Wir werden im letzten Kapitel dieses Buches einige dieser Entwicklungen diskutieren.

Im folgenden wollen wir uns nun den Phänomenen zuwenden, die mit der charakteristischen Winkelverteilung und Polarisation von elektromagnetischer Multipolstrahlung zusammenhängen.

Die elektromagnetische Ausstrahlung einer radioaktiven Quelle ist im allgemeinen isotrop. Damit ist gemeint, daß sie mit gleicher Wahrscheinlichkeit in alle Richtungen des Raumes erfolgt. Dies liegt daran, daß die statistische Verteilung der Spins der Atomkerne im Anfangszustand normalerweise isotrop ist. Wir hatten bei der Beschreibung des Wu-Experiments (s. Seite 373) gesehen, daß es nur durch Anwendung sehr starker statischer Felder am Kernort und unter Anwendung sehr tiefer Temperaturen gelingt, die statistische Gleichverteilung der Kernspins zu stören und orientierte oder polarisierte Quellen zu erzeugen.

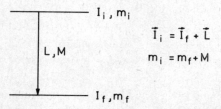

Figur 192:

Quantenzahlen für zwei Kernzustände und den elektromagnetischen Übergang mit reiner Multipolarität.

Sind aber die m-Zustände eines angeregten Kernniveaus nicht gleichbesetzt, so erfolgt die Strahlung anisotrop. Für Multipolstrahlungen der reinen Multipolarität L und der magnetischen Quantenzahl M (s. Figur 192) liefert die klassische Elektrodynamik die charakteristische Winkelverteilung*:

$$F_L^M(\theta) = \frac{1}{L(L+1)} \cdot \left\{ \frac{1}{2}(L-M) \cdot (L+M+1) \cdot |Y_L^{M+1}|^2 + \right.$$
$$\left. + \frac{1}{2}(L+M)(L-M+1) \cdot |Y_L^{M-1}|^2 + M^2 \cdot |Y_L^M|^2 \right\} **$$

(430)

Speziell für Dipol- und Quadrupolstrahlungen lauten diese Funktionen:

(431)
$$F_1^0 = \frac{3}{8\pi} \sin^2\theta,$$

$$F_1^{\pm 1} = \frac{3}{16\pi}(1+\cos^2\theta),$$

$$F_2^0 = \frac{15}{8\pi} \cdot \sin^2\theta \cdot \cos^2\theta,$$

$$F_2^{\pm 1} = \frac{5}{16\pi} \cdot (1 - 3\cos^2\theta + 4\cos^4\theta),$$

$$F_2^{\pm 2} = \frac{5}{16\pi} \cdot (1 - \cos^4\theta).$$

Der Orientierungszustand der Kerne im Zustand i sei durch die Besetzungszahlen $P(m_i)$ der m-Zustände beschrieben. Ferner sei die Übergangswahrscheinlichkeit vom Unterniveau m_i des Anfangszustands in das Unterniveau m_f des Endzustands gegeben durch:

(432) $\qquad W(I_i, m_i \to I_f, m_f) = \text{const.} \cdot G(m_i, m_f).$

---

*Siehe z.B. Jackson: Classical Electrodynamics, J. Wiley and Sons 1962, S. 550ff.

**$F_L^M(\theta)\,d\Omega$ ist die Wahrscheinlichkeit dafür, daß die Strahlung in das Raumwinkelelement $d\Omega$ in Richtung θ emittiert wird.

Experimente zur elektromagnetischen Wechselwirkung

Hierbei ist die Konstante das Kernmatrixelement des Gamma-Übergangs, das natürlich von der Orientierung von I_i und $I_f = I_i - L$ im Raum unabhängig ist, und $G(m_i, m_f)$ ein geometrischer Faktor. Dieser ist exakt gleich dem Quadrat des Clebsch-Gordan-Koeffizienten*:

(433) $$G(m_i, m_f) = \langle I_f \, L \, m_f \, M \mid I_i \, m_i \rangle^2.$$

Den Beweis findet man z.B. in dem Übersichtsartikel von Frauenfelder und Steffen über Winkelkorrelationen in Siegbahn: Alpha-, Beta-, and Gamma-Ray Spectroscopy, North Holland Publ.Comp., Amsterdam 1962, S. 1004.

Damit erhält man für die Winkelverteilung der emittierten Gamma-Strahlung der orientierten Quelle:

$$F_L(\theta) = \sum_{m_i, m_f} P(m_i) \cdot \langle I_f \, L \, m_f \, M \mid I_i \, m_i \rangle^2 \cdot F_L^{m_i - m_f}(\theta).$$
(434)

Andererseits erkennt man aufgrund dieser Überlegungen, daß eine isotrope Quelle nach Emission einer Gamma-Strahlung in einer vorgegebenen Richtung zu einer Orientierung im Endzustand führt. Man erhält nämlich für die Besetzungswahrscheinlichkeit des Unterniveaus m im Endzustand:

(435)
$$P(m) = \sum_{m_i} G(m_i, m) \cdot F_L^M(\theta = 0)$$
$$= \sum_{m_i} \langle I \, L \, m \, M \mid I_i \, m_i \rangle^2 \cdot F_L^M(\theta = 0).$$

Das bedeutet aber, daß man bei Beobachtung der ersten Gamma-Strahlung in einer Gamma-Gamma-Kaskade (s. Figur 193) in einer festen Richtung (z-Richtung) eine Orientierung der Spins im mittleren Zustand erzeugt hat, die eine anisotrope Winkelverteilung der

---

*Wir hatten die Clebsch-Gordan-Koeffizienten auf S. 463 eingeführt. Die Definition wurde durch Gleichung 326 gegeben.

Experimente zur elektromagnetischen Wechselwirkung 579

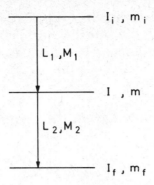

Figur 193:

Quantenzahlen für drei Kernzustände und eine Gamma-Gamma-Kaskade mit reinen Multipolaritäten.

zweiten Strahlung zur Folge hat. Dies bedeutet, daß die Emissionsrichtungen der beiden Gamma-Quanten einer Kaskade korreliert sind. Wir können die Richtungskorrelation aufgrund der bisherigen Überlegung sofort angeben:

Nennen wir die Drehimpulsquantenzahlen des ersten Gamma-Übergangs L_1 und M_1 und des zweiten Gamma-Übergangs L_2 und M_2, so erhält man nach Emission von γ_1 in Richtung der z-Achse die Orientierung im mittleren Zustand:

$$(436) \quad P(m) = \sum_{m_i} \langle I L_1 \, m M_1 | I_i \, m_i \rangle^2 \cdot F_{L_1}^{m_i - m}(\theta = 0)$$

und damit die Winkelverteilung der zweiten Strahlung:

$$(437) \quad F_{L_2}(\theta) = \sum_{m, m_f} P(m) \cdot \langle I_f L_2 \, m_f M_2 | I \, m \rangle^2 \cdot F_{L_2}^{m - m_f}(\theta).$$

Durch Einsetzen der Besetzungswahrscheinlichkeiten $P(m)$ erhält man die Winkelkorrelationsfunktion:

$$W(\theta) = \sum_{m_f, m, m_i} \langle I, L_1 \, m M_1 | I_i \, m_i \rangle^2 \cdot F_{L_1}^{m_i - m}(\theta = 0) \times$$
$$(438) \quad \quad \times \langle I_f L_2 \, m_f M_2 | I \, m \rangle^2 \cdot F_{L_2}^{m - m_f}(\theta)$$

mit $M_2 = m - m_f$ und $M_1 = m_i - m$. Als Beispiel wollen wir diese Formel auf eine 0-2-0-Kaskade anwenden. Wir haben damit die Quantenzahlen einzusetzen: $I_i = 0; I = 2; I_f = 0$ sowie $L_1 = 2$ und $L_2 = 2$.

Man erhält:

$$W(\theta) = \sum_m \langle 2\,2\,m\,-m\,|\,0\,0\rangle^2 \cdot F_2^{-m}(\theta = 0) \times$$

$$\times \langle 0\,2\,0\,m\,|\,2\,m\rangle^2 \cdot F_2^{m}(\theta),$$

wobei über alle möglichen Werte von m: $-2; -1; 0; +1; +2$ zu summieren ist. Nach Einsetzen der Clebsch-Gordan-Koeffizienten* und der charakteristischen Winkelverteilungen $F_L^M(\theta)$ ergibt sich:

$$W(\theta) = \frac{1}{4\pi} \cdot (1 - 3\cos^2\theta + 4\cos^4\theta).$$

Die hier dargestellte naive Theorie der Gamma-Gamma-Richtungskorrelation ist sehr nützlich für das Verständnis der meisten im folgenden dargestellten experimentellen Phänomene. Sie versagt jedoch bei der Beschreibung einer Richtungskorrelation von Gamma-Übergängen mit gemischter Multipolarität.

Auf eine Entwicklung der strengen quantenmechanischen Theorie der Richtungskorrelation sei hier verzichtet. Man findet eine ausführliche Darstellung in dem Übersichtsartikel von Frauenfelder und Steffen**. Es möge hier genügen, das Ergebnis der strengen Theorie anzugeben. Es lautet für die Gamma-Gamma-Kaskade

$$I_i\,(L_1, L_1' = L_1 + 1)\ I(L_2, L_2' = L_2 + 1)\,I_f$$

---

*Z.B. unter Verwendung der Tabelle: Tables of the Clebsch-Gordan-Coefficients, compiled by the Institute of Atomic Energy, Science Press, Peking 1965 und unter Berücksichtigung der Symmetrieeigenschaften (s. z.B. Rose: Elementary Theory of Angular Momentum, J. Wiley and Sons, New York 1957, S. 37).

**Frauenfelder and Steffen: Angular Distribution of Nuclear Radiations, in Siegbahn: Alpha-, Beta-, and Gamma-Ray Spectroscopy, North Holland Publ. Comp., Amsterdam 1968, chapt. XIX.

Experimente zur elektromagnetischen Wechselwirkung

(Diese Schreibweise soll bedeuten, daß die erste Strahlung ein Gemisch der Multipolaritäten L_1 und $L'_1 = L_1 + 1$ sein soll und die zweite Strahlung entsprechend. Wir haben bei der Diskussion der Auswahlregeln für Multipolstrahlungen und der Gamma-Übergangswahrscheinlichkeiten gesehen, daß es genügt, sich auf die beiden niedrigsten, mit den Auswahlregeln verträglichen Multipolordnungen zu beschränken):

$$W(\theta) = 1 + A_2 \cdot P_2(\cos\theta) + A_4 \cdot P_4(\cos\theta) + \ldots$$
(439)
$$\ldots A_k \cdot P_k(\cos\theta).$$

Diese Entwicklung nach Legendre-Polynomen bricht nach einem endlichen Glied ab. Es gilt:

(440) $\quad k_{max} = \text{Min}(2I, 2L_1, 2L_2).$

Praktisch ist noch nie ein höheres Glied dieser Entwicklung als das mit $k = 4$ beobachtet worden.

Für diese sogenannten Winkelkorrelationskoeffizienten A_k gilt:

(441) $\quad A_k = A_k^{(1)} \cdot A_k^{(2)},$

mit

$$A_k^{(1)} = \frac{1}{1+\delta_1^2} \cdot \{\cdot F_k(L_1, L_1, I_i, I) + 2\delta_1 \cdot F_k(L_1, L_1+1, I_i, I) +$$
$$+ \delta_1^2 \cdot F_k(L_1+1, L_1+1, I_i I)\},$$

$$A_k^{(2)} = \frac{1}{1+\delta_2^2} \cdot \{F_k(L_2, L_2, I_f, I) + 2\delta_2 \cdot F_k(L_2, L_2+1, I_f, I) +$$
$$+ \delta_2^2 \cdot F_k(L_2+1, L_2+1, I_f, I)\}.$$

Die Mischungsparameter δ_i sind durch die Verhältnisse der reduzierten Gamma-Matrixelemente definiert:

(443) $$\delta_1 = \frac{\langle I \| \sigma_1' L_1' \| I_i \rangle}{\langle I \| \sigma_1 L_1 \| I_i \rangle} \text{ und } \delta_2 = \frac{\langle I \| \sigma_2' L_2' \| I_f \rangle}{\langle I \| \sigma_2 L_2 \| I_f \rangle} .*$$

Das reduzierte Gamma-Matrixelement für Multipolstrahlung der Ordnung L und der Sorte (elektr. od. magn.) σ ist durch die Beziehung definiert:

(444) $\langle I L m M \sigma | H' | I_i m_i \rangle = \langle I L m M | I_i m_i \rangle \cdot \langle I \| \sigma L \| I_i \rangle.$

H' ist der Hamiltonoperator des Strahlungsübergangs (s. Gl. 392). Diese Beziehung ist ein Spezialfall des Wigner-Eckart-Theorems. δ^2 gibt also das Verhältnis der Intensität der 2^{L+1}-Polstrahlung zur 2^L-Polstrahlung wieder.

Die sogenannten F_k-Koeffizienten sind algebraische Funktionen der vier Quantenzahlen. Man findet sie z.B. tabelliert in der bekannten Tabelle von Ferentz und Rosenzweig**. Darüber hinaus gibt es auch eine Tabelle der Winkelkorrelationskoeffizienten A_2 und A_4 für alle praktisch vorkommenden Spinkombinationen für den Spezialfall, daß einer der beiden Gamma-Übergänge rein ist und nur der zweite Übergang eine gemischte Multipolarität hat***.

Die Messung von Gamma-Gamma-Richtungskorrelationen ist eine der wichtigsten Methoden zur Bestimmung der Spins angeregter Kernzustände und zur Ableitung der Mischungsparameter von Gamma-Übergängen bei Multipolmischungen. Da eine Winkelkorrelation durch nur zwei Zahlenwerte, A_2 und A_4, vollständig beschrie-

---

*Es ist zu beachten, daß in dieser Definition das Vorzeichen von δ davon abhängt, ob der Gamma-Übergang der erste oder der zweite Übergang in einer Kaskade ist. Danach richtet es sich nämlich, welches der beiden Niveaus, zwischen denen der Übergang stattfindet, die Rolle des mittleren Niveaus der Gamma-Gamma-Kaskade übernimmt. Sein Spin ist mit I ohne Index bezeichnet.

**Ferentz and Rosenzweig, Table of F-Coefficients, Argonne National Laboratory, Report: ANL/5324.

***Taylor and McPherson, Gamma-Gamma Directional Correlation Coefficients A_2 and A_4 as Function of the Mixing Ratio δ, Queen's University, Kingston, Canada 1960.

ben wird, andererseits aber die Richtungskorrelation von den drei Spins der Kaskade und den zwei Multipolmischungen der Gamma-Übergänge abhängt, ist das System noch unterbestimmt, und es gelingt meist nur durch Kombination mehrerer Winkelkorrelationsmessungen mit anderen Daten zu eindeutigen Spin- und Multipolzuordnungen zu gelangen.

Zur Verdeutlichung der Anwendungsmöglichkeiten und der technischen Probleme der Winkelkorrelationsmessungen wird als Beispiel eine kürzliche Untersuchung von Gamma-Gamma-Richtungskorrelationen im Zerfall des ^{177}Hf im Experiment (69) beschrieben (Teil 3).